KB151358

국가자격 반려동물 행동지도사

반려견
훈련학

김병부

박영story

서 문

무엇을 알려줄 것인가?

어떻게 알려줄 것인가?

개를 훈련하는 사람들의 고민입니다.

이 책이 반려견과 훈련인의 동행에 도움이 되기를 바랍니다.

22. 2. 1.

목 차

제 1 부
훈련일반

제 2 부

훈련이론의 활용

국가자격 반려동물 행동지도사

훈련 일반

제1장

반려견 훈련의 발달

개와 인간의 만남 _____
출처: www.pexels.com

인간과 개는 서로 도움을 주며 공생한다. 우리는 개가 지닌 독특한 능력을 활용하고, 개는 생존에 긴요한 조건을 제공받는다. 따라서 우리는 그들에게 행동방법을 알려줘야 하고, 그들은 그것을 배워야 한다. 훈련은 개의 가치와 필요성을 높여주는 중요한 수단이다.

개 훈련은 인간과 개의 이익에 수렴되는 방향으로 발전되어 왔다. 훈련의 목적과 방법이 획기적으로 발전된 것은 20세기 이후이다. 동물체의 학습에 대하여 열렬히 연구한 학자들과 지도사들이 노력한 결과이다. 현대에 이르러 이들은 행동주의를 거쳐 인지주의적인 방향으로 전개하고 있다.

인간이 이동생활에서 정착단계로 접어든 시기에 개의 가축화가 시작되었다. 초기에는 길들이는 수준으로 제한적이었다. 개는 인간의 생활공간 주변에서 경계하거나 사냥물을 쫓는 수준으로 활용되었다. 그 과정에서 습득된 요령들이 누적되어 서서히 발전했다. 훈련에 대한 지식이 쌓이면서 전쟁이나 목축, 투견 등에 이용되었지만 오랜 기간 동안 미개한 수준이었다. 훈련기술이 급격히 발전된 계기는 전쟁에서 개의 활용이었다. 독일·영국·프랑스·러시아·미국 등 여러 나라들이 세계 제1·2차 대전에서 경계견·전령견·위생견·정찰견 등으로 다양하게 활용했다.

영웅견^{Stubby}

1916년 미국의 국경수비대에서 근무하던 콘로이^{Robert Conroy}는 부대 주변을 배회하던 핏불테리어 스투비를 구조했다. 스투비는 전장에서 18개월 동안 17명의 부상병을 찾는 공을 세웠다. 1918년 2월 어느 날 침투한 적이 독가스를 살포했다. 스투비는 이를 감지하여 부대원들을 구하고 적을 발견했다. 전쟁이 끝나고 영웅견으로 추대된 스투비는 당시 대통령인 윌슨의 초대로 워싱턴에서 시가행진을 벌이기도 했다. 스투비는 공로를 인정받아 명예 상사 계급과 적십자사의 종신회원, 조지타운 대학의 마스코트로 활약했다.

——— 스투비
출처: Wikipedia

I. 우리나라

1950년 이전까지 우리나라의 개 훈련은 예로부터 내려온 것들이었다. 근대화된 것은 미군이 6.25전쟁에 군견을 운용한 이후이다. 그들은 전장에서 경계견·정찰견·추적견을 활용했다. 우리나라 군대는 1960년대 중반에 미국 군견을 모델삼아 외형적인 모습을 갖추었다.

1970년대 후반 일본에서 전래된 훈련책자 「愛犬의 訓育과 訓練」이 소개되었다. 훈련에 관한 책이 전무한 상태에서 서구의 발전된 훈련^{Schutzhund} 내용이 소개된 것은 행운이었다. 내용을 완전히 이해하기 어려웠고, 소수의 지도사들만 공유했지만 오랫동안 귀중한 자료로 가치를 가졌다. 이 시기는 전반적으로 훈련에 대한 배경지식이 부족해 발전을 기대하기 어려웠다. 군대에서 군견훈련을 경험했던 일부 인원과 소수의 열성 애견인들에 의하여 유지되었다.

——— 애견의 훈육과 훈련

1980년대 중반 정부기관을 중심으로 후각작업견[1] 훈련이 외형적으로 발전한다. 군견 단독으로 운용되고 있던 분야에 관세청·경찰청이 관련조직을 설립하여 탐지견 훈련의 기반을 형성했다.

1990년대는 애견시장의 활황에 힘입어 민간부문이 많이 성장한다. 전국적으로 크게 증가한 사설 애견훈련소들이 중추적인 역할을 수행했다. 주로 독일에서 개에 대한 다양한 지식이 유입되었다.

▶ 표 1-1 우리나라 정부기관의 공익견 현황

구분	경찰청	관세청	수의과학검역원	소방방재청	철도경찰대
시작	1983년	1986년	2002년	2006년	2021년
임무	폭발물 탐지	마약 탐지	식육류 탐지	실종자 수색	폭발물 탐지
로고	경찰 POLICE	관세청 KOREA CUSTOMS SERVICE 1878	국립수의과학검역원	소방방재청 NATIONAL EMERGENCY MANAGEMENT AGENCY	국토교통부

2000년대는 민간부문에서 괄목할만한 성장이 이루어진다. 20여개 대학에 관련학과가 개설됨으로써 개 훈련이 도제식에서 지식이 전수되는 단계로 발전한다. 사설훈련소의 지도사들은 IGP[2]·Agility·diskdog 같은 Dog sports 훈련에 매진한다. 훈련방법 또한 강압적인 형태에서 우호적인 강화물을 이용하는 방향으로 서서히 변화된다. 인터넷의 보급으로 선진외국기술이 활발하게 유입되어 훈련지식이 크게 발전한다. 또한 활발한 해외여행은 선진국의 발달된 훈련기술을 견학할 수 있는 기회가 되었다. 선도적인 일부 지도사는 국제훈련경기대회에 참가하여 우수한 성적을 거둠으로써 훈련수준의 상승을 견인한다.

2010년대는 애견에서 반려견으로 개념이 변화되는 시기이다. 그에 따라 반려견의 문제행동교정이 새로운 분야로 생성된다. 훈련시장은 대형화·고급화와 더불어 인기직업인을 탄생시켰다. 또한 외국에서 공부하고 관련자격을 취득한 새로운 지도사들이

---

1 후각능력을 주로 활용하여 특정한 일을 하는 개
2 International Gebrauchshund Prüfung: 국제 실용견 평가

진입한다. 2020년에는 국가에 의해 반려견 행동교정 NCS가 개발되고, 반려견 행동지
도사 국가자격체계 구축방안이 연구됨으로써 제도적인 뒷받침이 이루어졌다.

디스크 독 프리스타일 ———
출처:pixabay.com

——— IGP protection
출처: 이태원 애견스쿨

▶ 표 1-2 우리나라 개 훈련의 발달

시기	주요 내용
~ 1960	구전, 미국 군견의 6.25 전쟁 활용
~ 1980	「애견의 훈육과 훈련」 책사 노입, 복종훈련 위수
~ 2000	정부기관의 훈련조직 설립, 민간훈련의 외형적 성장
~ 2020	독 스포츠 활성화, 반려견 개념 도입, 문제행동교정, 문제행동교정 NCS 개발, 반려견 행동지도사 국가자격체계 구축방안 연구개발

2. 외국

과학의 발전은 개 훈련을 합리적이고 체계적으로 변화시켰다. 개 훈련은 20세기
에 새로운 내용과 방법으로 비약적 발전을 이룬다. 현대적 감각을 지닌 지도사들이
수준 높은 훈련을 하고자 할 때 과학적 지식에 기반을 둔 행동주의 이론은 큰 힘이
되었다. 초기에는 지도사들에게 널리 전파되지 않았지만, 개가 전쟁과 일상에 많이 활
용되면서 접점이 이루어졌다. 이후 지도사들도 학문적 이론을 이용하여 훈련하기 시
작했다.

2-1 학자

동물의 학습은 학자들의 주요한 관심사다. 20세기 초에 행동주의 이론의 부상으로 이에 대한 개념이 극적으로 전환된다. 파블로프에서 시작된 행동주의는 스키너에 이르러 절정을 이룬다. 행동주의를 대표하는 스키너의 조작적 조건화는 환경이 동물체에 영향을 미칠 때 적응하는 과정에 배경을 두고 있다. 이는 동물훈련을 획기적으로 발전시킨다. 대표적인 학자들을 살펴보면 다음과 같다.

파블로프 _____
출처: 위키백과

러시아의 파블로프^{Ivan petrovich pavlov}는 연구과정에서 개에게 음식을 주지 않아도 침을 흘린다는 사실을 발견했다. 이처럼 음식과 무관하게 침이 분비되는 현상은 음식이 제공자나 또는 다른 조건과 결합된 결과라고 생각했다. 그는 종소리를 먼저 들려주고 음식을 주는 방법으로 실험했다. 그 결과 개는 음식을 주지 않아도 종소리가 들리면 침을 흘렸다. 파블로프는 음식이 제공되기 전에 침이 나오는 현상을 조건화라 했다. 이 연구는 동물체의 학습을 새롭게 인식하는 전환점이 되었다.

손다이크 _____
출처: artvia.tistory.com

미국의 손다이크^{Edward Lee Thorndike}는 동물체가 새로운 환경에서 적응하는 방법을 연구했다. 그는 상자 안에 고양이를 넣어두고 밖으로 나오려고 할 때의 행동을 관찰했다. 고양이는 여러 행동을 하다가 우연히 레버를 건드려 나오게 된다. 점차 레버를 정확하고 빠르게 눌렀다. 손다이크는 이 연구에 고양이가 여러 행동을 시행하던 중에 좋은 결과가 있었던 그 행동을 다시 한다는 사실을 발견했다. 이를 시행착오학습이라 했다.

미국의 왓슨^{John Broadus Watson}은 행동주의 학파의 창시자이다. 알버트라는 11개월 된 아이에게 공포에 대한 연구를 시도했다. 사전에 흰쥐를 가지고 놀게 하여 거부반응을 없앴다. 이후 아이가 쥐를 만지면 큰 소리를 덧붙여 놀라게 했다. 이 과정을 진행한 결과 아이는 큰 소리를 내지 않고 흰쥐만 보여주어도 놀랐다. 알버트는 쥐뿐만 아니라 유사한 것들도 무서워했다. 왓슨은 이어서 알버트가 흰쥐를 보고 놀라는 반응을 교정하기 위해 훈련을 반대로 진행했다. 알버트에게 두려움을 유발했던 큰 소리를 내지 않고 흰쥐를 보여줌으로써 무서움을 제거했다. 이 연구결과는 역조건화를 잘 보여준다.

——— 왓슨
출처: headstuff.org

스키너Burrhus Frederick Skinner는 레버를 누르면 음식이 나오는 문제상자를 이용하여 동물의 학습이 이루어지는 기전을 연구했다. 그는 상자에 쥐를 넣고 실험을 했다. 쥐가 레버를 우연히 접촉하여 음식이 나왔다. 쥐의 레버를 누르는 동작은 급격히 증가했다. 스키너는 이 연구에서 "동물체의 행동은 그 결과에 의해 증감된다."는 사실을 발견했다. 이는 동물체가 실행한 행동의 결과

——— 스키너
출처: famousscientists.org

를 조작하여 행동자체를 변화시키므로 조작적 조건화라 했다. 또는 행동결과가 동물체의 행동을 변화시키는 도구로 작용하므로 도구적 조건화라 부르기도 한다. 스키너는 손다이크의 시행착오학습을 보다 객관화했다. 또한 그의 강화계획에 대한 다각적인 연구는 조작적 조건화의 완성도를 높였다.

미시건 대학의 심리학자 미카엘Jack Michael은 "자극은 상황에 따라 동물체의 행동을 다르게 발생시킨다."는 작동확립을 주장했다. 음식을 규칙적으로 제공받았던 개는 급식이 늦어지면 식기를 물어뜯거나 쓰레기통을 뒤지는 행동을 한다. 음식이 상황에 따라 다른 행동을 발생시킨 것이다. 이는 개의 행동을 정확하게 이해하는 데 도움을 준다.

스콧John Paul Scott이 저술한 Animal Behavior는 개의 행동에 관한 책자 중 기본서로 인정받는다. 개는 성장 초기단계에는 유전적 차이가 크지 않지만 후에 많은 영향

스콧의 저서 ──────
출처: Goodreads.com

을 받는다는 사실과, 사회적 행동은 사회구성원으로서 생활에 필수적이라는 사실을 정립했다. 또한 행동이 발달하는 시기가 언제인지를 아는 것은 개를 이해하는 데 매우 중요하다는 사실을 알려주었다.

2-2 반려견 지도사

목양견 ──────
출처: pixabay.com

BC 127~116년 로마의 배로^{Marcus Varro}는 가축을 지키기 위하여 개를 훈련시켰다. 로마는 BC 55년 전쟁에서 식량원으로 사용할 가축을 이동시키는데 개를 이용했다. 킹^{welsh king}은 943년에 초지에서 채식이 끝난 양들을 집으로 데려오도록 개를 훈련했다. 이처럼 인류는 오래전부터 일에 개를 이용했다. 미국을 중심으로 20세기 대표적인 지도사들의 활약을 알아본다.

워커^{Helen White house Walker} 부인은 1933년에 복종훈련경기대회를 미국에서 처음으로 열었다. 표어는 "당신의 개를 훈련하라"였다. 이듬해에는 North Westchester Kennel Club과 Somerest Hills Kennel Club이 복종훈련대회를 개최했다. 이를 계기로 미국애견연맹^{AKC}은 1936년에 복종훈련경기규정을 만들었다. 그녀는 복종훈련에 대한 애견인들의 열광적인 호응에 힘입어 1937년부터 전국을 돌아다니며 시범을 보였다. 이와 같은 워커의 헌신적인 노력은 미국의 초창기 발전에 크게 기여했다.

던캔^{Lee Duncan}은 전장에서 부상당한 아군을 찾아내는 것이 임무였다. 그의 독일세퍼트 린틴틴은 크게 활약하여 미국인들게 감동을 주었다. 던캔의 개는 후에 영화 '1922년 린틴틴^{Rintintin}'에 출연해 좋은 반향을 얻었고, TV에도 출연해 큰 성공을 거두었다. "미국 정찰대의 가장 가치 있는 병사"로 언급된 린틴틴은 강을 건너는 화려한 도약과 마차를 끄는 말을 조종하는 묘기를 보였다. 린틴틴의 탁월한 능력은 던캔의 특별한 기술과 열정 덕분이다.

영화 래시는 전세계적으로 50년 이상 인기를 끈 반려견을 소재로 한 매우 훌륭한 작품이다. 영화에서 주인공 소년 조^{Joe}는 자신의 개 러프콜리 래시와 더 이상 생활할 수 없게 되자 다른 사람에게 팔았다. 래시는 주인을 그리워하여 온갖 어려움을 극복하고 조를 찾아간다. 1950년대에 미국에서 성장했던 사람들은 일요일 밤이면 래시를 보기 위해 TV 앞에 모였다. 래시는 자신의 주인을 찾기 위해 수많은 장애물을 넘고, 먼 거리를 이동하는 감동적인 모습을 보였다. 조와 래시의 관계는 인간과 동물의 사랑을 감동적으로 표현한 명작이다. 영화에서 래시로 출연한 팔$^{(Pal)}$은 1954년에 네 발 달린 동물 최고 연기상을 받았다. 팔은 웨더와스$^{Rudd\ Weatherwax}$의 혼신을 다한 노력으로 만들어졌다.

독일의 모스트$^{Colonel\ Conrad\ Most}$는 지도사의 관점에서 개의 훈련방법을 소개했다. 1906년에 경찰견 훈련을 시작해 German Dog Farm에서 전문 지도사로 활동했다. 그는 스키너의 조작적 조건화가 발표되기 이전에 1·2차 강화, 조형, 용암, 연쇄와 비슷한 훈련방법을 이용했다. 또한 1차 강화물과 2차 강화물의 차이를 언급하고, 2차 강화물로 친근한 목소리를 사용했다. 모스트가 1910년에 저술한 Training Dogs은 개의 훈련방법을 설명한 최초의 책이다. 그는 책에서 "강화물은 개의 기분을 좋아지게 하는 것"이라고 기술했다.

쾌헬러$^{William\ Koehler}$는 최고의 명예와 권위를 가진 Orange Empire Dog Club에서 최우수 지도사로 선정되었다. 그는 통

————— 린틴틴
출처: 블로그 감나무골정식이

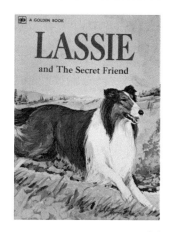

————— 래시
출처: 블로그 bettles55

————— 모스트의 책

쾌헬러의 저서 ———

제력을 높이기 위해 얇고 긴 줄을 사용했고, 개의 자의적인 행동을 억제하기 위해 촉체인을 이용했다. 또한 개가 지도사를 당기면 반대방향으로 빠르게 가는 방법도 개발했다. 그가 창안한 또 다른 방법은 체인 던지기이다. 이격된 상태에서 개가 요구에 응하지 않을 때 체인을 던져 지도사에게 오도록 하는 것이다. 그는 "개의 잘못된 행동은 방치하면 오히려 조장하는 결과를 가져오게 된다. 결과적으로 바람직하지 않은 행동을 강화하게 되므로 통제해야 한다."고 했다.

선더Blanche Saunders는 The complete book of dog obedience 이라는 책을 펴냈다. 이 책에서 언급된 프로그램은 미국의 개 훈련에서 가장 널리 이용되었다. 그녀는 "개는 행동과 결과를 동시에 연관시키므로 상벌을 즉시 해야 한다."고 했다. 음식을 보상으로 제공하는 것은 뇌물을 주는 것과 같은 것으로 여겼다. 다만 특별한 문제를 해결하기 위해서 가끔 사용했다. 일부의 경우이지만 음식을 제공하는 훈련은 기존의 체벌에 의존하는 방법에서 벗어난 의미 있는 시도였다. 그녀는 자신의 책에서 지도사들이 가장 많이 하는 실수는 "칭찬에 너무 인색한 것"이라고 했다. 선더의 방법은 우호적이고 긍정적인 자극을 이용한 훈련의 시발점이 되었다.

스트릭랜드W. Strickland는 훈련경기대회에서 160개의 타이틀과 만점을 40회 획득한 최고 수준의 지도사였다. 그녀는 자신의 Expert Obedience Training for Dogs에서 보상 위주의 훈련을 주장했다. "개를 칭찬하는 것은 매우 훌륭한 방법이다."고 했다. 그러나 "음식 보상은 훈련보다 식욕을 채우는 것일 뿐이다."라고 생각하여 받아들이지 않았다.

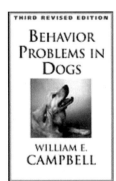

켐벨의 저서 ———
출처: www.amazon.com

캠벨William Campbell의 Behavior Problem in Dogs는 개의 문제행동 분야에서 가장 많이 애용된 책이다. 조작적 조건화에 조예가 깊었던 그는 개의 문제행동에서 실용적인 해결책을 제시했다. 그의 방법은 수의학적 원인, 연령과 관련된 문제, 환경적 요인 등에 의하여 발생되는 문제행동을 교정하는 길잡이로 활용되었다.

미국의 크루즈Marian Kruse는 제2차 세계대전에서 조작적 조건화를 이용하여 펠리칸 프로젝트^{Pelican Project}를 수행했다. 펠리칸 프로젝트는 조종사가 지상의 목표물을 선정할 때 비둘기가 타겟을 쪼아 폭격을 안내하는 것이다. 그는 동물행동회사를 설립하여 쇼핑센터·박람회 등에서 쇼를 보였다. 오리와 닭들은 불빛에 따라 춤을 추고, 작은 피아노를 연주하는 등의 묘기를 실행했다.

베일리^{Bob Bailey}는 캘리포니아 대학에서 적이 설치한 기뢰를 찾아내는 돌고래 프로그램을 진행했다. 그는 비둘기를 이용하여 매복한 적을 찾아내는 연구도 했다.

던바^{Ian Dunbar}는 개의 문제행동에 대한 교육을 확산시켰다. 그는 사람들이 개에게 혐오자극을 사용하는 것을 좋아하지 않는다는 사실에 주목하고 우호성 강화물을 이용하는 방법을 강조했다. 강화·강화계획·자극조절 등의 주제로 행동주의 이론을 역동적으로 보급했다.

프라이어^{Karen Pryor}는 하와이에 있는 Sea life park에서 돌고래 조련사로 일하면서 조작적 조건화를 이용하여 크게 발전시켰다. 또한 지도사들에게 개 훈련의 원리를 보급하는 데 큰 공헌을 했다. 클리커를 이용하여 조작적 조건화를 설명하는 프라이어의 방법은 강화물의 가치를 효과적으로 알렸다. 특히 조형게임과 클리커를 이용하여 지도사들에게 실제적인 훈련방법을 교육했다. 그녀는 "개 훈련을 아는 것은 조작적 조건화를 이해하는 것이다."라고 매우 중요하게 강조했다.

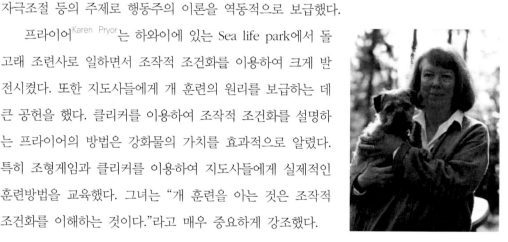

——— 케런 프라이어

2-3 세계의 반려견 훈련

반려견 훈련은 인간과 개의 공생에 필요한 기본행동을 가르치는 것과 취미생활을 위한 분야로 양분할 수 있다. 세계 주요국가의 유력한 단체에서 펼치고 있는 훈련은 다음과 같다.

► 표 1-3 세계 주요국가 반려견 단체의 훈련 프로그램

국가(단체)		프로그램
국제애견연맹 FCI	Dog Sports	Agility, Obedience, BH, IGP, Dog Dancing, Earth Dogs, Utility Dogs, Herding Dogs, Sledge Dogs, Fly ball, Rescue Dogs
미국 AKC	Family Dog Program	Star Puppy, Canine Good Citizen(CGC), Community Canine (CGCA), Urban CGC(CGCU), Trick Dog, Therapy Dog, FIT DOG
	Dog Sports	Companion Sports: Agility, Obedience, Rally®, Tracking
		Performance Sports: Basset Hound Field Trials, Beagle Field Trials, Coursing, Dachshund Field Trials, Herding & Farm Dog, Earth Dog, Pointing breeds, Retrievers, Scent Work, Spaniels
		Title Recognition Program: Barn Hunt, Trick Dog, Canine Good Citizen, Therapy Dogs, Dock Diving, Parent Club and Working Dogs, Fly ball, Search and Rescue
영국 KC	Family Dog Program	GCDS Puppy, GCDS Bronze, GCDS Silver, GCDS Gold
	Dog Sports	Agility, Obedience, Rally, Heelwork to Music, Bloodhound Trials, Field Trials & Working Gundogs, Working, Trials, Fly ball, Canicross
일본 JKC	Dog Sports	CD, Agility, Diskdog, Obedience, BH, IGP, Fly ball, Rescue dogs, Guard Dog
우리나라 KKF/KCC	Dog Sports	CD, Agility, Diskdog, Obedience, BH, IGP, Fly ball, Rescue dogs

제2장

반려견 행동지도사

I. 행동지도사 요건

반려견 행동지도사 윤리

전문가 자세

· 지속적인 연구 활동으로 훈련능력을 개발한다.

· 자신의 전공분야 범위에서 수임한다.

· 자신에게 과중한 문제는 관련 전문가의 도움을 구한다.

· 훈련의 결과를 과장하지 않는다.

· 동료 및 다른 지도사의 의견을 존중한다.

· 공개적 의견은 진중하게 발언한다.

· 물리적 자극을 최소화하고 우호적인 방법으로 훈련한다.

정직

· 서비스 약정과 비용은 계약 전에 명확히 설명한다.

· 서비스 내용은 오해의 소지가 없도록 정직하게 표현한다.

· 고객과 반려견에 대한 서비스 내용을 정확하게 기록 유지한다.

- 자신의 훈련능력과 경험 범위에서 최선의 서비스를 제공한다.
- 자신의 전공 · 역량 · 경험을 사실대로 표현한다.
- 유효한 인증 및 로고를 사용한다.
- 업무상 사기 · 표절 · 저작권침해 · 상표오용 · 비방 등을 금지한다.

고객존중 및 책임감
- 고객을 공평하게 대우한다.
- 반려견 관련 법률을 숙지하고 준수한다.
- 반려견의 관리 및 훈련에 대한 고객의 의사결정을 존중한다.
- 고객과 반려견에 관한 정보는 관계자들의 사전 동의를 얻고 공유한다.
- 반려견에 대한 녹음 · 녹화 · 제3자에 의한 관찰 시 고객의 동의를 얻는다.
- 고객과 반려견 그리고 타인의 안전대책을 강구하고 훈련한다.
- 관계전문가 간의 협업에 필요한 경우 훈련내용을 제공한다.

출처: CCPDT

1-1 윤리의식과 전문가 자세

반려견 행동지도사는 생명체를 대상으로 일하므로 그에 합당한 윤리의식을 지녀야 한다. 윤리적 행위는 높은 수준의 인격과 도덕적 행위가 함께 해야 가능하다. 지도사의 윤리적 권위는 사회적 지위나 지식기술능력보다 더 큰 가치를 가진다. 따라서 행동지도사의 높은 윤리의식은 반려견 문화 발전의 토대를 이룬다.

전문가는 자기 철학과 소신이 명확해야 한다. 그러므로 행동지도사는 자신의 정체성을 자각하고 올바른 가치관을 형성한다. 가치관은 아집이 아닌 검증된 지식에 바탕을 두고, 훈련은 생명체를 성장시킨다는 의식을 가진다. 또한 전문가로서 원칙을 준수하지만 상황변화에 유연하게 대처하며, 개의 존재를 존중하여 발달 가능성을 인정하고 탄력적으로 대처한다.

개 훈련의 3요소는 행동지도사 · 반려견 · 훈련내용이다. 지도사는 전문가로서 자긍심을 지키기 위하여 부단히 공부하고, 훈련 자체에서 즐거움을 찾아야 한다. 지도사는 훈련의 성패를 좌우하는 핵심적인 역할을 수행하므로 "무엇을 어떻게 알려 줄 것인가?"를 명확하게 인식해야 한다. 또한 개를 강압하지 않고 애정으로 쉽게 배우도록 지도한다. 전문가로서 훈련 전체과정에 대한 이해와 개의 소질을 고려하여 능력이 최대한 발휘되도록 통찰력과 현실감각을 가진다. 훈련의 궁극적 목표에 도달하도록 하는 기술뿐만 아니라 잠재력을 유인할 수 있는 능력을 구비한다.

행동지도사는 훈련에 절대적인 영향력을 미치므로 그 역할에 대하여 무거운 책임감을 가져야 한다. 지도사는 훈련내용과 방법 등 모든 부분을 결정하고 실행하는 주체이다. 개가 즐겁고 효과적으로 필요한 행동을 배우도록 훈련목표와 그에 적합한 계획을 준비한다.

행동지도사는 전문가로서 보호자의 기대에 긍정적으로 대응하는 자세를 가져야 한다. 보호자의 반려견에 대한 애정 수준이 상승함에 따라 요구사항이 다양해지고 매우 높아졌다. 따라서 지도사는 보호자에게 일방적으로 제공하는 자세보다 그들의 요구를 적극적으로 수용한다. 이와 같은 수요자 중심의 능동적인 태도는 지도사에 대한 신뢰를 높이는 기반이 된다.

1-2 인성

반려견 지도사는 지식을 수행하는 입장이므로 건전한 사고방식을 구비해야 한다. 지도사는 개에게 직접적으로 영향을 미친다. 따라서 강한 의지와 올바른 사고방식, 조화로운 정서상태, 반려견과 원만한 관계를 유지할 수 있는 인성이 필요하다. 높은 수준의 훈련지식과 기술은 지도사의 양호한 인성과 결합될 때 좋은 결과로 나타난다.

지도사의 정서적 안정은 훈련에서 매우 중요하다. 지도사의 심리상태가 불안하면 개의 행동도 불량해진다. 기분에 따라 수시로 변하는 태도, 성급한 욕심에 무리하게 요구하는 행위 등은 개의 혼란을 가중시킨다. 지도사의 안정된 정서에서 나오는 행동의 일관성은 개의 능력향상에 핵심적 요소로 작용한다. 따라서 다변적인 어려운 상황에서도 확고한 의지로 일정한 상태를 유지한다.

훈련을 수행하는 개는 지도사와 같은 목표를 향하는 동반자이다. 지도사의 의지는 개를 통해서 펼칠 수 있고, 훈련은 개와의 상호작용에 기반하므로 사회적관계가 매우 중요하다. 개가 지도사를 좋아하고 그와 훈련하기를 원할 때 목적하는 바를 이룰 수 있다. 지도사의 친근한 성격은 개와 관계를 긴밀하게 만들고 상호작용을 원활하게 한다. 따라서 지도사는 개가 믿을 수 있도록 우호적으로 접촉하고 함께 행동하는 것을 즐겨 돈독한 관계를 유지한다.

인격은 생각으로 이루어지지 않는다. 자신을 끊임없이 담금질해야 한다.

-Henry David Thoreau

인격은 지성보다 높다.

-Ralph Waldo Emerson

1-3 생명체 존중의식

인간과 개는 생물학적으로 다른 '종'으로서 저마다 고유한 가치를 가지고 있다. 지도사는 개를 훈련할 때 생명체에 대한 존중감을 가지고 대한다. 개와 인간은 유사한 부분도 많지만 다른 구석도 상당하다. 그에 따른 상이한 사고의 수준과 방식, 행동양식은 마땅히 존중받아야 한다. 지도사는 개가 인간의 필요에 맞춰 행동을 습득하는 것이 매우 어렵다는 사실을 인식하고 충분히 배려한다.

개는 인간과 공생하는 한 생명유지에 필요한 대부분의 요소를 제공받아야 한다. 지도사의 가장 기본적인 역할은 개의 건강과 안전을 지켜주는 것이다. 질병과 부상을 예방하고 정신적인 안정을 제공한다. 개체유지행동3에서부터 사회적행동4까지 모든 부분에 소홀함이 없어야 한다.

지도사는 개의 정서를 이해하고 안정을 도모한다. 사람과 다른 개, 물리적 환경 등에 융화할 수 있는 평정심을 가지도록 도와준다. 개의 정상적인 정서는 훈련동기에도 긍정적인 효과로 작용한다. 동기는 그 중요성이 크게 부각되고 있다. 지도사는 전

---

3 생명을 유지하기 위해 반려견이 혼자 그 기능을 완결하는 행동
4 반려견 2두 이상이 관계됨으로써 이루어지는 행동

문적인 능력과 더불어 개의 정서 상태를 안정적으로 유지하며 훈련해야 한다.

　개는 사회생활을 하는 동물이지만 개별화된 존재이다. 개성의 근본이 되는 행동발달에 대한 중요성에 특별한 관심을 가지고 다양한 상황에서 발생되는 개체별 특성에 대한 이해를 바탕으로 훈련해야 한다. 개의 개성은 행동발달에 따라 점진적으로 표현되므로 유의한다.

1-4 지식 및 수행능력

　지도사는 훈련을 주관하는 주체적 위치에 있다. 자신의 역할을 제대로 수행하려면 충분한 지식과 기술이 있어야 한다. 개와 해당 훈련에 대한 해박한 학식은 경제적이고 효율적인 훈련의 지름길이다. 개 훈련은 육체적으로 실현되지만 지식을 이용하는 것이므로 지도사의 풍부한 식견이 방향타 역할을 한다. 지도사는 정립된 지식에 근거한 좋은 방법으로 잘 가르치기 위해 끊임없이 노력해야 한다.

　현대에 이르러 개의 용처가 많아지고 요구되는 수준이 높아짐에 따라 지도사의 지식기술 함양은 필수적이다. 훈련은 개의 능력을 이끌어내는 과정이므로 그에 관계된 제반 지식이 풍부해야 한다. 필요한 소양을 먼저 습득하고 훈련을 시작하는 것이 절대적이다. 관리학·행동학·훈련학 등 배경지식과 더불어 깊은 학식을 터득한다. 필요지식이 부족한 상태에서 진행되는 훈련은 이방인이 길을 안내하는 것처럼 위험하다.

　지도사는 지식 전달자가 아닌 수행자이다. 지도사의 지식은 자신의 의도를 개가 행동하도록 하는 필요조건이지만 결국 수행능력으로 나타난다. 특히 개 훈련은 기능 위주로 진행되므로 지도사는 그에 적합한 행동능력을 가져야 한다. 지식의 이해 단계를 넘어 훈련에 적용될 수 있는 숙련된 상태이어야 한다.

　지도사는 훈련목석을 달성할 때까지 포기하지 않는 지속적인 수행능력을 가져야 한다. 합리적인 목적과 실현가능한 계획이 수립되었으면 진도에 따라 정확하게 실천한다. 훈련계획은 목적하는 훈련에 필요한 내용과 시간으로 편성되어 있다. 따라서 지도사는 계획을 미루거나 생략하지 않고 반드시 실천해야 한다.

2. 반려견 행동지도사 자격

2-1 우리나라 반려견 행동지도사 국가자격

■ 직무 및 응시자격

▶ 표 2-1 자격등급별 직무

1급	2급	3급

• 고급훈련
    – 행동분석 및 교정
    – 반려동물 관리시설 운영
    – 반려동물 훈련시설 운영
    – 초급자, 중급자 교육
    – 보호자 교육
    – 심사위원
	• 중급훈련
	    – 행동분석 및 교정 보조
	    – 반려동물 시설관리
	    – 반려동물 생활관리
	    – 초급자 교육
		• 기초훈련
		    – 행동분석 및 교정 보조
		    – 반려동물 시설관리
		    – 반려동물 생활관리

▶ 표 2-2 응시자격

종목	등급	내용
반려동물 행동지도사	1급	① 2급 자격 소지자 ② 최근 3년 이내 3,000시간[1] 이상 반려견 훈련실적[2]
	2급	① 3급 자격 소지자 ② 최근 3년 이내 900시간 이상 반려견 훈련실적
	3급	① 고졸 이상 ② 최근 3년 이내 300시간 이상 반려견 훈련실적

※자격등급별 ①, ② 요건 충족 시 응시 가능
 1) 1일 2~8시간 일지 작성 후 확인
 2) 반려견 관련학교, 지도사 사범 자격 보유 훈련소 또는 지정훈련소

■ 시험과목 및 합격기준

▶ 표 2-3 시험과목

검정방법	시험과목	등급		
		3급	2급	1급
이론평가	반려견 관리학	V	V	V

	반려견 행동학	∨	∨	∨
	반려견 훈련학	∨	∨	∨
	반려견 생활법률		∨	∨
	반려견 보호자교육		∨	∨
	반려견 고객 상담		∨	∨
실기평가	반려견 훈련실무 1	∨		
	반려견 훈련실무 2		∨	
	반려견 훈련실무 3			∨

► 표 2-4 합격기준

등급	차수	방법		
1급	1차	이론평가	5지선다 60문항	• 선택·필답형: 80점 이상 • 과락: 40점 이하
	2차	실기평가	–	• 3인 채점 평균 80점 이상
2급	1차	이론평가	5지선다 60문항	• 선택·필답형: 70점 이상 • 과락: 40점 이하
	2차	실기평가	–	• 3인 채점 평균 70점 이상
3급	1차	이론평가	4지선다 30문항	• 선택형: 60점 이상 • 과락: 40점 이하
	2차	실기평가	–	• 3인 채점 평균 60점 이상

■ 등급별 출제기준

► 표 2-5 이론평가

과목	과제	세부내용
반려견 관리학	반려견의 복지	반려견의 생물학적 적응도, 복지수준의 평가, 복지의 개선과 저해 요인
	영양관리	영양소의 소화와 흡수, 영양소의 종류 및 대사작용, 영양과 사료, 영양과 질병, 연령별 관리
	건강관리	질병의 조기발견 및 감염병 예방, 기생충 구제, 신체부위별 관리 및 목욕, 응급처치 및 간호

	환경관리	열 환경, 빛과 소음, 공기의 환기·정화, 생활 시설의 구조 및 구성, 청소와 소독, 훈련 및 생활용품 관리
	운동 및 행동관리	개체적 행동 관리, 사회적 행동 관리, 운동의 정신적·육체적 기능, 운동의 종류와 실행 방법
반려견 행동학	반려견 행동의 개념 및 분류	행동의 정의와 특성, 반려견의 행동 특성, 유전 및 학습, 반려견의 행동 분류
	행동발현 기전 및 행동발달	자극과 반응 기전, 동기유발, 행동발달
	반려견의 정상행동	개체유지행동의 종류와 특성, 사회적 행동의 종류와 특성
	반려견의 실의행동	갈등행동의 의미와 분류, 이상행동의 의미와 분류
	반려견의 문제행동	문제행동의 개념, 문제행동의 종류 및 예방
반려견 훈련학	반려견 훈련일반 및 영향요인	반려견 훈련의 발달, 반려견 행동지도사, 반려견의 생물학적 요인, 반려견 개체특성 및 환경적 요인
	반려견 훈련원리	반려견 훈련의 조건 및 원칙, 행동주의적 훈련 이론, 인지주의적 훈련 이론
	훈련원리의 적용	행동강화 및 약화, 자극조절, 조형 및 연쇄, 일반화와 변별
	훈련원리의 활용	반려견 기본훈련(CD·BH), 반려견 스포츠(IGP·어질리티 등), 공익견 훈련(탐지·인명구조·증거물수색 및 식별), 문제행동교정
	훈련능력 평가	평가의 개념, 평가의 적용(성격·공격성·사회화), 실기평가 1·2·3급 내용 및 절차
반려견 생활법률	동물보호법	동물보호법 시행령(동물의 범위, 등록대상동물의 범위), 동물보호법 시행규칙(반려동물의 범위, 맹견과 관련된 조항, 적절한 생활관리 방법, 학대행위의 금지, 동물등록제와 관련된 조항, 인식표의 부착, 안전조치, 영업과 관련된 조항)
	가축전염병 예방법	총칙, 가축의 방역, 위 항목과 관련된 벌칙과 과태료
	소비자기본법	소비자의 권리와 책무, 사업자의 책무, 소비자분쟁의 해결, 위 항목과 관련된 벌칙과 과태료
	기타 생활법률	반려동물로 인한 타인의 상해나 사망, 타인 소유 개의 상해나 사망, 반려동물과의 이동, 반려동물 장례 및 사체처리, 반려동물 공공장소 입장, 공동주택의 반려동물 생활관리, 위 항목과 관련된 벌칙과 과태료

반려견 보호자 교육	반려동물 보호자	보호자의 역할과 책임감, 보호자의 문제행동 인식과 대처, 반려동물에 대한 보호자 태도 변화
	반려동물 보호자 교육 방법 계획	반려동물 문제행동 주요 원인 분석, 주요 교정 교육과목 설정, 교정 교육 기간 및 실행 계획 수립
	반려동물 훈련방법 설명	훈련용품 사용법, 행동 증강기법, 행동 감소기법
	반려동물 문제행동 예방훈련	반려동물 공공예절, 주요 문제행동 원인과 대처, 주요 문제행동 관련 법규
	반려동물 보호자 교육수행	조사와 주제 선정, 교육 지도 방법 설계, 교육 운영과 평가
반려견 고객상담	고객 상담 개념	보호자 민원 유형 분석, 대응 매뉴얼 개발 및 관리, 매뉴얼에 의거 민원 대응, 고객 유형 분류
	반려견 위탁서비스 운영 관련 상담	위탁 서비스 종류 선택 상담, 반려견 정보 요청, 반려견 보호자와 개인정보 관리, 보호자에게 반려견 인계
	훈련 사후관리 및 상담	사후 특이사항 확인 관리, 문제상황 원인 분석 후 해결방안 제시, 교육기간 만료 후 지속적 관리

▶ 표 2-6 실기평가 항목

등급	선택과목	세부내용
1급	가정견 훈련 3 (CD 3)	동행, 앉아, 엎드려, 서, 대기, 평지 덤벨운반, 허들통과 덤벨운반, 악수, 굴러, 차렷, 냄새 선별, 판벽통과 덤벨운반, 넓이뛰기, 기어, 하우스, 짖어, 물건 지키기
	국제 실용견 시험 (IGP 1)	**복종: 100점** 동행, 앉아, 엎드려, 서, 대기, 평지 덤벨운반, 허들통과, 덤벨운반, 판벽통과 덤벨운반, 전진 중 엎드려 **추적: 100점** **방위: 100점**
2급	가정견 훈련 2 (CD 2)	동행, 앉아, 엎드려, 서, 대기, 평지 덤벨운반, 허들통과 덤벨운반, 악수, 굴러, 차렷, 냄새 선별
	반려견 훈련 (BH)	**복종 60점** 동행, 앉아, 엎드려, 대기, 와
		교통 순응성 40점 미지인 무리(4인) 만남, 자전거 타는 사람 만남, 조깅하는 사람 만남, 단시간 고정 상태 미지인 만남
3급	가정견 훈련 1 (CD 1)	동행, 앉아, 엎드려, 서, 대기, 와

► 표 2-7 실기 평가항목별 배점

		세부내용	1급		2급		3급
			CD 3	IGP 1	CD 2	BH	CD 1
복종	1	줄 매고 동행				15	20
	2	줄 없이 동행	30	15	15	15	
	3	동행 중 앉아	10	10	10	10	15
	4	동행 중 엎드려					15
	5	동행 중 엎드려/와	10	10	10	10	
	6	와					20
	7	동행 중 서	10		10		15
	8	대기	10	10	10	10	15
	9	악수	15		5		
	10	굴러	15		5		
	11	차렷	15		5		
	12	기어	15				
	13	하우스	15				
	14	전진 중 엎드려		10			
	15	짖어	15				
	16	물건 지키기	15				
	17	넓이뛰기	15				
	18	평지 덤벨운반	20	15	15		
	19	허들 넘어 덤벨운반	30	15	15		
	20	판벽 넘어 덤벨운반	30	15			
	21	냄새 선별	30				
성격	1	미지인 만남				10	
	2	이동하는 자전거 만남				5	
	3	운행 중인 자동차 만남				5	
	4	조깅하는 미지인 만남				5	
	5	미지견들 만남				10	
	6	단독대기 중 미지견 만남				5	
추적	1	족적취 추적		79			
	2	유류품 발견		21			

방호	1	블라인드 수색	5			
	2	헬퍼 억류	15			
	3	헬퍼 도주저지	20			
	4	감시 중 반격에 대항	30			
	5	공격에 대항	30			
합계			300	300	100	100	100

2-2 미국의 반려견 전문훈련사 자격(CCPDT)[5]

■ 응시자격 및 평가기준

▶ 표 2-8 응시자격

종목	시험방법	세부내용
반려견 전문훈련사	이론평가	• 고등학교 이상 졸업자 • 최근 3년 이내에 300시간 이상의 훈련 경험 − 225시간은 개인 또는 그룹 훈련·상담, 1두 이상 직접 훈련 − 75시간은 동물보호소 등에서 봉사·상담·훈련·사육관리 등 − 단, 자기 개를 훈련한 시간은 불허
	실기평가	• 반려견 전문훈련사 이론평가 합격자 • CCPDT 윤리강령 및 혐오자극 최소 사용지침에 대한 서약

▶ 표 2-9 이론평가

구분	고객상담	사양관리	행동학	훈련이론	훈련용품
배점	48%	4%	7%	36%	5%
주요 항목	고객응대 교수법 훈련환경관리 직무수행	예방접종 이해 감염성 질병 이해 건강과 복지 행동패턴 및 동기	성격평가 공격성수준 평가 이상행동 식별 음성신호 해석 바디랭귀지 해석 문제행동 관찰	고전적 조건화 조작적 조건화 문제행동 교정 생활환경관리	훈련용품 선택·사용 신체 정신적 풍부화 훈련용품 관리 유혹동물 이용

---

5 CCPDT: The Certification Council for Professional Dog, 전문훈련사 자격 위원회.

구분		세부내용
장비	필수	• 3x3m 공간을 고깔·테이프·로프·링게이트 등으로 명확히 구분 • 디지털이나 아날로그의 분·초가 항상 확실하게 보이는 시계
	선택	• 장비를 보관할 수 있는 테이블(평가장 밖에 위치) • 응시자와 응시견이 편안하게 앉을 수 있는 의자 또는 기타 장비
합격 기준		• 합격 또는 불합격 • 평가기준에 의한 절대평가
실기 항목		• 응시자는 응시견이 훈련을 배우지 않았다는 증거 제시 • 응시견은 해당 시험에만 활용 • 보호자·응시자·응시견은 촬영시간 동안 노출 • 평가자가 응시자의 표정, 신체적 암시, 제스쳐를 볼 수 있도록 몸 전체 노출 • 넓은 구역에서는 훈련공간 네 모서리가 보이도록 명확하게 표시
평가 내용		• 실기평가는 4가지로 구성 • 실습 중 3가지는 응시견과 응시자를 포함 • 응시자가 응시견과 단독으로 훈련하는 경우 해당 비디오에 보호자 노출 불필요 • 교수능력 24%, 훈련기술 56%, 기술적용 12%, 훈련용품 사용 7%, CCPDT 지침 준수 1%

CCPDT 시험장 및 테스트 모습 ———
출처: CCPDT-Handbook

■ 이론 및 실기평가 내용

► 표 2-11 이론평가 내용

과목	과제	세부내용
고객 상담	고객 응대	• 반려견의 이력(건강 · 생활환경 · 훈련 · 행동문제) 파악 • 고객의 훈련목적과 기대에 대한 질문 • 고객이 갖추어야 할 권고사항 • 고객에게 적합한 견종 및 강아지 선택방법 • 상담 종료시점 판단 • 개별 진행 상황에 따른 훈련계획 조정 • 후속 일정 결정 • 고객과 유지보수 및 관리계획 수립 • 개인 및 그룹 수업 • 고객에 대한 피드백 및 피드백 시 공감능력 • 고객이 훈련에 참여하도록 동기 부여 • 고객에게 특별한 도움의 필요 여부 판단
	교수법	• 고객의 훈련목표 설정 시 지도능력 • 고객의 훈련과정 관찰 • 훈련계획 작성 • 재택훈련 기준 설정 • 훈련경과에 대한 데이터 수집 • 훈련방법 교육 • 훈련용품의 올바른 사용방법 • 음성신호 사용방법 • 위험상황 식별, 방지 및 대응방법 • 문제행동 예방방법 • 강화물 제공방법 • 훈련기술 적용요령 • 훈련일지 작성방법 • 바디랭귀지 • 대안행동 • 반려견의 정서 안정화 방법 • 반려견과 놀이 방법 • 행동발달의 중요성과 영향 • 선행통제 방법 • 자극조절과 일반화 • 고객에 대한 친절한 태도 • 훈련결과 예상 • 훈련결과 작성 • 후속조치 수행

	훈련 환경 관리	• 사람과 반려견의 상호작용 • 안전한 훈련환경 • 훈련을 위한 최적의 환경 조성 • 비상계획 수립
고객 상담	직무 수행	• 업무 개시 및 진행에 필요한 능력 • 수업 준비 • 고객에게 서명 받을 보안양식 준비 및 작성 • 고객의 사전 동의 획득 • 고객의 역할 및 권리, 책임 • 고객에게 훈련방침 설명 • 인도적 훈련절차에 의한 계획 • 관계 전문가(수의사 · 행동전문가 · 변호사 · 보험설계사)와 협업 • 훈련과정 기록 • 고객정보의 안전한 관리 • 반려견 관련 법규
	사양관리	• 반려견 예방접종 파악 • 감염성 질병 및 인수공통전염병에 대한 지식 • 반려견의 일반적인 건강과 복지에 대한 지식
	행동학	• 행동패턴 및 동기 식별 • 행동 및 성격 평가 수행능력 • 공격성 수준 평가능력 • 음성신호 해석능력 • 바디랭귀지 해석능력 • 문제행동 관찰능력 • 이상행동 식별능력
훈련 이론	고전적 조건화	• 조건화 및 역조건화 • 점진적둔감화 및 홍수법
훈련 이론	조작적 조건화	• 강화물 및 약화물 선택 • 루어링, 캡쳐, 몰딩, 셰이핑 • 연쇄 • 타겟팅 • 바디 블로킹 • 암시, 용암 • 정적강화와 부적강화를 이용한 행동교정 • 정적약화와 부적약화를 이용한 행동교정 • 소멸을 이용한 행동교정 • 지속 강화계획 • 고정비율 및 변동비율 강화계획 • 고정간격 및 변동간격 강화계획

		• 차별강화계획 • 박탈을 이용한 행동교정
	환경관리	• 선행통제를 이용한 행동교정
	훈련용품	• 훈련에 필요한 훈련용품 선택 및 관리 • 신체적, 정신적 풍부화 • 훈련용품의 올바른 착용 및 사용 • 개나 고양이 같은 유혹동물 이용

▶ 표 2-12 실기평가 내용

과목	과제	세부내용	
교수 능력	고객 응대	• 고객소통	의사소통 능력
		• 고객과 상호작용	특별한 요구가 있는 고객응대능력 고객에 호응능력 강의실 관리
	교수 기술	• 소개 및 동기 부여	
		• 훈련 절차	안내 및 시범 다양한 상황에 따른 대응 과학적 지식에 근거한 정보
		• 종료	고객의 이해 수준 차후 훈련에 대한 동기 유발
	일반 행동	• 전문성 • 속도 • 우호적 훈련환경 조성	
훈련 기술	바디 랭귀지	• 스트레스 • 두려움 • 필요 시 훈련 중단 또는 변경	
	훈련 환경 관리	• 안전 • 물리적 배치 • 주의분산/혼란	
	훈련 절차	• 공감대 형성 • 기준 및 임무 분할 • 훈련계획 변경	

이론적용	• 강화물 사용	우호적 강화물 혐오적 강화물 1차 강화물 2차 강화물 강화계획 적용
	• 처벌의 사용	정적 약화 부적 약화 강화계획 적용
	• 자극 통제	암시 또는 용암 환경적 단서 일반화 변별
기술적용	• 루어링 • 캡쳐 • 셰이핑 • 바디 블로킹 • 타겟팅	
훈련용품	• 올바른 사용법	
지침준수	• 인도적 훈련절차 적용, e 칼라, 혐오자극 최소 사용지침, 지도사 윤리	

제3장

반려견 훈련요건

I. 생물학적 요건

지도사는 개를 훈련할 때 생물체로서 가치를 존중하고, 동물학적 '종' 특성에 대하여 유념해야 한다. 개의 동물적 특성은 훈련의 한계에 큰 영향을 미치므로 성격·동기·정서 등이 적절해야 한다. 이와 같은 요건이 구비되었을 때 지도사의 훈련지식과 기술이 효과적으로 발휘될 수 있다.

1-1 개과동물의 특성

인간과 개의 공존은 1만 4000여 년에 이르지만, 외형적인 모습만큼 사고방식과 수준에 차이가 있다. 이를 인정하고 존중할 때 원활한 훈련진행과 만족할만한 성과를 기대할 수 있다. 보호자를 리더로 인식하고, 사람과 관계를 쉽게 맺으며, 친소를 구분할 수 있는 능력은 우리와 비슷하다. 하지만 그들은 여전히 강한 수렵성과 후각 의존 행동 등 여러 특성에서 많은 차이가 있다.

► 표 3-1 인간과 개의 진화 비교

지구 탄생	작은 박테리아	큰 박테리아	다세포 유기체	여류	파충류	포유류
138억년	30억년	10억년	6억년	3.5억년	3억년	1.8억년

미아키스 (개의 원형)　토마크터스　　　　늑대 (80만년)　　　　빙하기 가견

오스트랄로 피테쿠스 (원시인류)	호모 에렉투스 (직립)	네안 데르탈인	호모 사피엔스 (현생인류)	(언어능력)
4000만년　2600만년	400만년	200만년	30만년	20만년　10만년　1만년

► 표 3-2 동물분류학적 개과동물의 종류

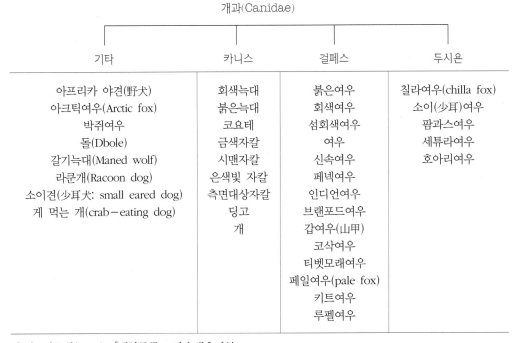

개과(Canidae)

기타	카니스	걸페스	두시욘
아프리카 야견(野犬)	회색늑대	붉은여우	칠라여우(chilla fox)
아크틱여우(Arctic fox)	붉은늑대	회색여우	소이(少耳)여우
박쥐여우	코요테	섬회색여우	팜파스여우
돌(Dbole)	금색자칼	여우	세튜라여우
갈기늑대(Maned wolf)	시맨자칼	신속여우	호아리여우
라쿤개(Racoon dog)	은색빛 자칼	페넥여우	
소이견(少耳犬: small eared dog)	측면대상자칼	인디언여우	
게 먹는 개(crab-eating dog)	딩고	브랜포드여우	
	개	갑여우(山甲)	
		코삭여우	
		티벳모래여우	
		페일여우(pale fox)	
		키트여우	
		루펠여우	

출처: 이효원(2000). 「애완동물」, 방송대출판부.

► 표 3-3 동물별 가축화 역사

| | | | | | 기원 전 → | | ← 기원 후 |

개	양 염소	소 돼지	라마	말, 낙타 아시아물소 당나귀	거위, 금붕어 닭 모르모토 고양이	집오리 비둘기 토끼	쥐 생쥐, 잉꼬 카나리아
14000	8000	7000	5000	3000	2000	1000	BC 1000

출처: Messent(1996), 이효원(2000). 「애완동물」, 방송대출판부.

훈련은 개의 신체적 특성이 적합할 때 용이하게 진행된다. 사람은 바닥에 놓인 동전을 쉽게 집을 수 있지만 개는 불가능하다. 몸이 정방형에 가까운 진돗개는 장방형의 닥스훈트보다 뒷발로 일어서 걷는 행동을 더 잘 할 수 있다. 이처럼 신체적 조건은 훈련의 한계에 직접적으로 연결된다.

견종에 따라 행동능력에도 차이가 있다. 셰퍼드 그룹은 일반적으로 경계능력이 좋고, 리트리버 그룹은 입으로 운반하는 능력이 뛰어나다. 싸이트하운드 그룹은 주력이 좋은 경향이 있다.

골든 리트리버 ───────
출처: pixabay.com

─────── 그레이하운드
출처: pixabay.com

► 표 3-4 견종에 따른 능력 분류

순위	Top Dogs for Watchdog Barking	Top Least Likely to Succeed as Watchdogs	The most Effective Guard Dogs
1	Rottweiler	Bloodhound	Bullmastiff Doberman pinscher Rottweiler Komondor Puli Giant schnauzer German shepherd Rhodesian Ridgeback Kuvasz Staffordshire terrier Chow chow Mastiff Belgian sheepdog/Malinois/Tervurn
2	German shepherd	Newfoundland	
3	Scottish terrier	Saint Bernard	
4	West Highland white terrier	Basset hound	
5	Miniature schnauzer	English bulldog	
6	Yorkshire terrier	Old English sheepdog	
7	Cairn terrier	Clumber spaniel	
8	Chihuahua	Irish wolfhound	
9	Airedale terrier	Scottish deerhound	
10	Poodle (standard or miniature)	Pug	
11	Boston terrier	Siberian husky	
12	Shih Tzu	Alaskan malamute	
13	Dachshund		
14	Silky terrier		
15	Fox terrier		

출처: Intelligence of dogs. stanley coren

► 표 3-5 견종 특성에 따른 그룹 분류(FCI)

그룹		견종
1	쉽독 캐틀독	오스트렐리언 캐틀 독, 오스트렐리언 셰퍼드, 비어디드 콜리, 보더 콜리, 부비에 데 플랑드르, 벨지언 셰퍼드, 러프 콜리, 스무스 콜리, 코몬도르, 올드 잉글리쉬 쉽독, 풀리, 저먼 셰퍼드, 셰틀랜드 쉽독, 웰시 코기 카디건, 웰시 코기 펨브로크
2	핀셔 슈나우저	아펜핀셔, 불독, 불마스티프, 버니즈 마운틴, 복서, 도고 아르헨티노, 도베르만, 프레사 까나리오, 그레이트 덴, 피레니언 마운틴 독, 자이언트 슈나우저, 레온베르거, 마스티프, 미니어쳐 핀셔, 미니어쳐 슈나우저, 뉴펀들랜드, 네오폴리탄 마스티프, 로트바일러, 세인트 버나드, 슈나우저, 도사, 티베탄 마스티프

3	테리어	아메리칸 스태포드셔 테리어, 에어데일 테리어, 베들링턴 테리어, 불 테리어, 케언 테리어, 댄지 딘몬트 테리어, 저먼 헌팅 테리어, 아이리쉬 소프트 코티드 휘튼 테리어, 잭 러셀 테리어, 게리 블루 테리어, 레이크랜드 테리어, 미니어쳐 불 테리어, 맨체스터 테리어, 노퍽 테리어, 노리치 테리어, 파슨 러셀 테리어, 스무스 폭스 테리어, 실키 테리어, 스카이 테리어, 스코티쉬 테리어, 와이어 폭스 테리어, 웰시 테리어, 웨스트 하일랜드 화이트 테리어, 요크셔 테리어
4	닥스훈트	닥스훈트
5	스피츠 프리미티브 타입	호카이도, 알라스칸 말라뮤트, 바센지, 차우차우, 아메리칸 아키타, 시베리안 허스키, 코리아 진도 독, 아키타, 키슈, 시바, 시코쿠, 키스혼드, 노르위전 엘크하운드, 포메라니언, 파라오 하운드, 사모예드, 재패니즈 스피츠, 타이 리지백 독
6	센트 하운드	비글, 바셋 하운드, 블랙 앤 탄 쿤 하운드, 달마시안, 쁘띠 바셋 그리폰 벤딘, 로디지안 리즈백, 블러드 하운드
7	포인팅 독	브리타니 스파니엘, 잉글리쉬 포인터, 잉글리쉬 세터, 저먼 숏 헤어드 포인팅 독, 저먼 와이어 헤어드 포인팅 독, 아이리쉬 레드 앤 화이트 세터, 라지 먼스터랜더, 비즐라, 바이마라너
8	리트리버 플러싱 독 워터 독	아메리칸 코커 스파니엘, 잉글리쉬 코커 스파니엘, 플랫 코티드 리트리버, 아이리쉬 워터 스파니엘, 래브라도 리드리버, 노바 소코사 딕 톨링 리트리버, 포르투기즈 워터 독, 골든 리트리버, 잉그리쉬 스프링거 스파니엘
9	반려견 토이독	비숑 프리제, 브뤼셀 그리폰, 보스턴 테리어, 차이니즈 크레스티드 독, 치와와, 프렌치 불독, 캐벌리어 킹 찰스 스파니엘, 킹 찰스 스파니엘, 라사 압소, 말티즈, 퍼그, 페키니즈, 빠삐용, 시츄, 꼬똥 드 툴레아, 티베탄 테리어, 리틀 라이언 독
10	싸이트 하운드	아프간 하운드, 보르조이, 디어 하운드, 그레이 하운드, 아이리쉬 울프 하운드, 이탈리안 사이트 하운드, 살루키, 휘핏

출처: Federation Cynologique Internationale

► 표 3-6 개과동물의 행동

표현행동	Dog	Wolf	Fox	Coyote
은신처 만들기				
눕기 전에 주변을 돌아다님	F, N	M	T	
흙을 파서 잠자리를 만듦		M	T	
땅을 파서 굴의 크기를 넓힘	F	M, Y	T	
몸단장				
자신의 몸을 긁음	F, N		T	
몸을 물체에 문지름	F		T	
몸을 땅에 문지르거나 굴러다님	E			M
자신의 털을 묾	F, N		T	
몸을 흔들어 턺	F		T	
자신의 생식기나 항문 부위를 핥음	F, N		T	
새끼의 생식기나 항문 부위를 핥고 배설물을 먹음	N	Y	T	
음식공급				
새끼들에게 젖을 먹임	F, N		T	
음식을 새끼들에게 게워 줌	N	Y		
음식을 새끼들에게 가져다 줌		M, Y	T	
음식을 묻어 숨김	N	M, C	T	M
복합				
보금자리로 새끼를 옮김	N	Y	T	
코로 새끼를 밀침	N	Y	T	
경고 표시로 낑낑거림	N	Y		
돌봄 유발				
낑낑거림	F, N	M		
캥캥거리고 짖음	N	S		
꼬리 흔들기	F, N	M, Y, S	T	
꼬리를 흔들며 사람의 얼굴이나 손을 핥음	F, N	S, C	T	
앞발로 접촉하기	N	M	T	
다툼				
공격과 포식				

표현행동	Dog	Wolf	Fox	Coyote
추격	F	M, Y	T	M
물기	F	M, Y, C	T	M
이로 덥석 묾	K	Y, S		
때때로 두발로 선 상태에서 앞발질	N		T	
이를 드러내고 으르렁거림	F, N	M, Y, S		
으르렁거림	F, N	M, Y, C	T	
짖음	F, N	M, Y	T	
꼬리 끝부분을 흔듦	K	S	T	
꼬리 흔듦		S	T	
장난치며 싸움	F, N		T	
달려들거나 뛰어오름		M, S	T	M
사냥감을 공중으로 던지는 행위		M	T	
무리 짓기	K	M, Y, C		

방어와 도주

표현행동	Dog	Wolf	Fox	Coyote
앉음				
웅크림	F, N	M	T	
도주	F, N	M	T	
이를 보이며 캥캥거림	N	S		
다리사이에 꼬리를 넣음	F, N	Y, S		
등을 구부리고 앞발질을 하며, 방어자세로 다리를 쭉 뻗음	F, N	M	T	

우세 태도

표현행동	Dog	Wolf	Fox	Coyote
앞발을 등에 올림, 으르렁거림, 꼬리를 세움	F, N	S		
다른 개를 딛고 섬, 으르렁거림	F			
다리를 꼿꼿하게 하고 꼬리를 올리고 서 있거나 걸어 다님	F, N	S		
머리를 내리고 등을 아치 형태로 구부림, 꼬리를 내림			T	M
올라탐, 꼬리를 내림, 골반을 내밀지 않고 목을 묾			T	

종속 태도

표현행동	Dog	Wolf	Fox	Coyote
우세한 개체에게 자신의 등 위에 발을 올리게 함, 꼬리를 세움	N			
꼬리를 내림, 기어 다님, 귀를 내림	F, N	S		

표현행동	Dog	Wolf	Fox	Coyote
꼬리를 다리 사이에 넣음	N	M, S		
등을 구부리고 다리를 쭉 뻗음, 꼬리를 다리 사이에 넣음	N	M, S		
복합: 털을 곤두세움	K	S		
조사				
지면에 코를 대고 킁킁거리며 걷거나 달림	F, N	M	T	
고개를 들고 킁킁거리며, 이쪽저쪽을 뛰어다님	F		T	
항문, 생식기의 냄새를 맡음	F, N	Y, S	T	
코 또는 얼굴의 냄새를 맡음	F, N	M, S	T	
고개를 올리고 귀를 세움	F, N	M	T	
소변, 대변의 냄새를 맡음	F, N	Y, S	T	
앞으로 기어가며 고개를 양 옆으로 움직이며 냄새를 맡음	N	M	T	
모방(돌봄 유발, 조사, 공격행동과 복합)				
같이 걷거나 달림	F, N	M		M
같이 앉거나 엎드림	F, N	M		
같이 일어남	F, N	M		
같이 자기	F, N	M		
일제히 울부짖음	N	M,Y,S,C		M[*]
외로움에 단독으로 울부짖음	N	M, Y	T	
생식(♂)				
암컷과 달리기	F	Y		T
앞발을 뻗음, 몸을 허리에 의존하게 함, 머리를 한 쪽에 둠	F, N	C		
암컷의 생식기를 핥음	F, N	S	T	
올라타기	F, N	Y, S	T	
감아쥐어 잡기	F, N	Y	T	
골반을 내밀기	F, N	Y	T	
교미행위	F, N	Y	T	
생식(♀)				
수컷과 달리기				
앞발을 뻗음, 몸을 허리에 의존하게 함, 머리를 한 쪽에 둠	F	M, C	T	
올라타기	N	S	T	
감아쥐어 잡기	N	M	T	

표현행동	Dog	Wolf	Fox	Coyote
골반을 내밀기	N		T	
수컷을 지탱함	F, N		T	
꼬리를 한 쪽으로 치워줌	F	S	T	
암수 모두: 레슬링하는 것처럼 앞발을 서로의 목에 감기	E			

배설

표현행동	Dog	Wolf	Fox	Coyote
네다리를 편 상태로 배뇨	N		T	
뒷다리를 들고 배뇨	K	S	T	
암컷 쪼그려서 배뇨	F, N		T	
어슬렁거리며 땅의 냄새를 맡은 후에 배변	F, N			
배변	F, N	Y, S	T	
배변 후 네발로 땅을 긁음(암컷의 경우 드묾)	K, N	Y		
이전 배변 장소에 다시 배변	F, N	Y	T	

섭식

표현행동	Dog	Wolf	Fox	Coyote
핥아먹음, 꼬리를 아래로 내림	F, N	Y, S	T	
씹고 삼킴	N	S	T	M
발로 음식을 잡아 갉아 먹음	K		T	M
풀을 뜯어 먹음	F	M	T	
빨아먹음, 머리나 앞발 뒷다리를 밀어 넣음, 꼬리를 내림	N		T	

안락추구

표현행동	Dog	Wolf	Fox	Coyote
짚, 풀 등에 엎드림	N	M	T	
서로 같이 가까이 엎드림	F	M	T	
몸을 둥글게 오그림	F, N	M	T	

복합

표현행동	Dog	Wolf	Fox	Coyote
자는 도중 씰룩거림	N		T	
스트레칭	F, N	M	T	
하품을 함	F, N	M, C	T	
옆 구르기	F, N	M	T	M

범례: F(야생), N(실험실), K(견사), M(Murie), C(Crisler), Y(Young), S(Scheukei), T(Teambrock)

출처: 'Genetics and Social Behavior of the dog' by Scott & John Paul Fuller. 1974

1-2 유전적 영향

유전에 의한 행동학적 특성이나 질병은 훈련에 지속적으로 영향을 미친다. 멘델 Gregor Mendel 은 1865년에 생물체의 유전원리를 발표했다. 우열의 법칙, 분리의 법칙, 독립의 법칙이다. 핵심은 "생물체의 특성은 유전자에 의해서 결정된다. 그리고 선대로부터 물려받은 유전자는 생식세포로 전달된다."이다. 이후 모건의 돌연변이 입증, 왓슨·클릭의 DNA 이중나선구조의 발견, 유전자지도 작성 등 유전학은 획기적으로 발전한다.

■ 유전력

유전력은 자손이 부모를 닮는 것으로 유전형질이 후대에 전달되는 정도이다. 표현형 분산에 대한 유전분산의 비율로 선발결과를 예상할 수 있다. 표현형은 유전적 효과와 환경변이가 혼합되어 있다. 따라서 유전력이 낮은 형질은 환경변이와 혼동하기 쉬우므로 선발결과를 기대할 수 없다.

유전력은 유전형질의 종류에 따라 다르고, 동일한 환경에서 자란 동배자견 사이에도 차이가 있다. 유전력 1.0은 유전에 의해서 완전히 결정된다는 것이다. 0은 유전과 무관하게 환경의 지배를 받는 경우이다. 0.3정도는 부모견의 형질이 상당히 유전된다는 의미로 육종가치를 가진다. 선천적인 반사와 고정행위형태는 1.0에 가까워 후대에 비교적 영속적으로 유전된다.

▶ 표 3-7 독일 세퍼드의 암·수 유전력

형질	암	수
친화성	0.09	0.17
자기방어	0.16	0.04
공격성	0.21	0.16
대담성	0.13	0.05
자극에 대한 회복력	0.17	0.10
환경 적응력	0.04	0.00

출처: Willis, Reuterwall and Ryman

유전형질	후각능력 Scenting power	추적능력 Tracking ability	주시능력 pointing	사냥능력 Hunting ability
유전력	0.39	0.46	0.38	0.41

출처: Geiger(1972)

■ 유전성 질병

훈련에 악영향을 주는 유전성 질병은 고관절이상·전신골염·간질·진행성망막위축증·안검내번·안검외번 등이 있다. 고관절 이상은 훈련에 큰 지장을 주는 질병으로 유전력이 0.25－0.40이다. 이는 이 질병이 유전자에 의해 상당히 지배되고 있음을 시사한다. 전신골염은 장골에 감염되는 질병으로 보행이 심각하게 불편해진다. 상완골·척골·요골·대퇴골·경골에 주로 발생한다. Linset et al.(1986)은 "독일세퍼트의 4.5% 정도에서 발생한다."고 했다. 진행성 망막 위축증은 안질환으로 점차적으로 시력을 잃게 된다. 일반적으로 여러 견종에서 발생하고 상염색체6에 결함이 있다. 안검내번과 안검외번은 매우 흔한 질환으로 안검외번은 눈꺼풀이 뒤집어진다. 보통 눈썹과 눈 사이의 접촉으로 통증이 있다. 이 또한 유전적 원인에 의하여 발병된다. 근래에는 유전체 분석으로 비교적 쉽게 유전성 질병을 진단할 수 있다.

► 표 3-9 반려견의 유전성 질병

질병	증상	주요 빈발 견종
시스틴뇨증 Cystinuria	신장·방광·요도 결석	뉴펀들랜드, 래브라도 리트리버, 오스트렐리언 캐틀 독, 미니어쳐 핀셔
선천성 갑상선 저하증 Congenital Hypothyroidism	황달, 변비, 갑상선종대	테리어
피루베이트 키나아제 결핍증 Pyruvate Kinase Deficiency	무기력, 발육부진, 비장비대	레브라도 리트리버, 퍼그, 비글, 케언 테리어, 화이트 테리어
고관절 이형성 Hip dysplasia	보행 장애	독일 세퍼드, 래브라도 리트리버

---

6 성염색체를 제외한 다른 형질을 결정하는 보통 염색체

■ 후성유전

와이즈만은 1899년 "생식세포의 형질개념"에서 "생물체가 성장하는 과정에서 경험으로 습득하는 것은 체세포이다. 따라서 생식세포에 존재하는 유전형질은 변하지 않고 계속된다."고 했다. 그에 반하여 다윈^{Charles Robert Darwin}은 "인간의 유래와 성 선택"에서 "생물체는 생존에 불리할지라도 이성이 좋아하는 행동은 후대에 증대된다."고 학습된 행동이 유전될 수 있다는 점을 시사했다.

최근 유전학 분야에 후성유전이 부각되고 있다. "유전은 DNA 정보만 전달되는 것이 아니라, 후천적으로 습득된 형질도 자손에게 이어질 수 있다."는 것이다. 일란성 쌍둥이는 태어날 때 유전정보가 대부분 같지만 성인이 되면 일치했던 부분이 많이 달라진다. 그리고 쥐가 임신기간에 영양이 부족하면 그 새끼는 에너지를 아끼도록 유전자의 발현이 변한다. 그 결과 자손은 비만이나 심장병에 걸릴 확률이 높아진다.

► 표 3-10 독일 포인터의 유전형질 간 상호관계

형질 1	형질 2	상호관계
총성 반응	성격	0.715
총성 반응	골격 두께	0.366
골격 두께	근육	0.304
성격	근육	0.451
사냥 열정	속도	0.630

출처: Stur

1-3 성격특성

성격은 환경에 대한 개의 행동양식으로 개별적인 특성을 명확히 나타낸다. 유전적 영향이 강해 일정한 상태로 오랫동안 지속되지만 환경의 영향으로 변화가 가능하다. 따라서 성격은 유전과 후천적 요인이 혼재되어 있다. 유전성 특질은 모든 행동에 영향을 미치며 쉽게 변하지 않지만 후천성은 부분적으로 나타나고 변할 수 있다.

성격이 좋은 개는 안정적이어서 좋은 적응력으로 다른 개나 사람과 잘 지낸다. 신체와 그 기능은 성격형성에 많은 역할을 한다. 강한 조건을 가진 개는 자신감과 안정성이 있다. 성장기간 동안 욕구충족 여부에 따라 원만한 성격이 결정된다. 어릴 때 적절한 스킨십은 스트레스에 잘 견디게 한다. 그렇지 않은 경우 겁이 많고 스트레스에 약하다.

개의 성격은 행동으로 표현되는 양상이 몇 가지 형태로 나타난다. 사교적인 형태, 쾌활한 형태, 냉담한 형태, 성급한 형태, 우울해지는 형태 등이 있다. 이들을 특질을 기준으로 나누면 신경성·친화성·외향성·개방성·우위성으로 분류할 수 있다.

■ 신경성

신경성은 정서적 안정에 크게 영향을 미치는 요인으로 상황이나 사물에 대한 상태이다. 유전적 소인이 상당히 높다. 부정적 반응을 유발하는 자극의 종류는 개체별로 다르지만 일반적으로 의심과 분노로 표현된다. 의심은 사람·동물·물건에 대한 불신이다. 낯선 사물의 접근 시 주로 나타내는 행동은 뒤로 물러나는 것이다. 꼬리는 경직되며 불규칙한 속도와 패턴으로 움직인다. 의심스러운 물건에 머리를 가까이 가져가기 위해 목을 뻗는다. 또한 의심스러운 물체에서 멀어지려고 머리를 재빨리 든다. 몸 전체를 낮추거나 앞 쪽만 구부린다. 신경성 분노는 미지인, 교통수단, 낯선 장소에 대하여 뒤로 물러서거나 질색한다. 일반적으로 줄을 당기고, 얼굴 근육이 긴장되어 있으며, 귀는 뒤로 바짝 재껴져 있다. 등을 구부리기도 하고 꼬리는 아래로 향한 채 다리 사이로 숨긴다.

■ 친화성 및 외향성

친화성과 외향성은 사람의 목소리나 접촉에 대한 반응, 견줄 자극에 대한 반응으로 나타난다. 수줍음은 두려움을 내포하고 있지만 차이가 있다. 흥분은 자극에 대한 개의 고조된 행동양식이고, 훈련에 성공하는 매우 중요한 요소이다. 성공적인 개들은 높은 에너지와 활력을 가지고 있다. 하지만 활력도가 지나치게 높고 흥분도가 높으면 부주의해질 수 있다. 흥분은 중수준이 좋다. 귀를 뒤로 눕힌 채 꼬리는 곧게 세우고 불규칙적으로 빠르게 흔든다. 청각과 신체적인 감응성은 훈련에 큰 영향을 준다. 표현되는 모습은 입을 약간 벌린 채 얼굴을 자극 쪽으로 향한다. 꼬리는 높이 세우고 줄을 당긴다.

■ 개방성

개의 개방성은 집중력과 관계가 크다. 집중력은 행동을 유발하는 자극에 대하여 모으는 힘이다. 훈련성과에 매우 큰 영향을 주는 요인으로 주의력이 분산된 상태에서는 훈련이 어렵다. 집중력의 수준은 산만해지는 정도와 반비례한다. 주의력이 집중된 모습은 귀를 세우고, 꼬리는 높게 세우고, 반응을 유발하는 자극을 향해 줄을 당긴다. 시선은 자극요인에 고정된다. 다른 개에 주의력이 분산되면 몸을 낮추고 냄새를 맡는다. 또는 줄을 심하게 당기고 머리를 다른 개에게 가까이 하거나 머리를 올린 채 꼬리를 빨리 흔든다. 주의력을 분산시키는 주요한 대상은 개·고양이·음식 등이다.

■ 우위성

우위성은 다른 동물들에 대한 방어와 적대적 행동이다. 이로 인한 공격성은 상대를 적대적으로 대하고 파괴적인 행동을 나타내는 것이다. 진화에 의한 유리한 산물이지만 사람과 동물에 대한 공격성은 훈련을 방해한다. 개와 사람에 대한 공격성은 직접적으로 보여주는 위협으로 입이 뒤로 당겨진 긴장된 상태로 움직임을 주시한다. 귀는 뒤로 눕힌 상태에서 호흡이 가쁘다. 꼬리는 곧게 세우고 작은 폭으로 불규칙하게 보행 속도에 맞추어 천천히 움직인다.

■ 성격평가

성격평가는 항목이 타당하고 기준이 신뢰할 수 있어야 한다. 평가자는 평가 시 개의 행동학적 특성을 바탕으로 파악해야 오류를 줄일 수 있다. 또한 한 동작에 여러 요소가 혼합되어 있을 수 있으므로 주의한다.

► 표 3-11 반려견의 성격 테스트 항목

구분	테스트 항목	신경성	친화성	외향성	개방성	우위성
1	미지인에 의한 목줄 접촉					
2	미지인과 동행					
3	미지인의 우호적 접근					
4	미지인의 위협적 접근					
5	미지인의 접촉					
6	미지인에 의한 신체 압박					
7	미지견에 대한 반응					
8	환경 변화에 대한 반응					
9	동적 사물에 대한 반응					
10	동적 인형에 대한 반응					
11	음식 욕구					
12	미지인에 대한 수용력					
13	놀이능력					
14	미지견에 대한 사회성					
15	활동력					
16	보호자와의 관계					

※ 평가 장소는 반려견이 안정감을 느껴야 한다.

인간과 다른 동물의 진화적 연속성은 성격을 구성하는 요인이 공통적일 수 있다는 것을 암시한다. 신경성·친화성·외향성·개방성은 연관도가 높다. 다만, 개는 인간의 5요인에 포함되지 않는 우위성이 높다.

► 표 3-12 반려견의 FFM(Five-Factor Model)

	FFM 요인	표현
N	신경성 vs 정서 안정성	불안, 우울증, 감응력 약
A	친화성 vs 적대감	신뢰, 친근, 협동, 공격성 약
E	외향성 vs 내향성	사교, 고립, 활동성, 긍정적 정서
O	개방성 vs 폐쇄성	호기심, 놀이, 자신감, 집중력
C	우위성 vs 의존성	자신감, 영역확보, 사회적 우위

출처: John (1990) and Costa and McCrae (1992)

▶ 표 3-13 동물별 성격구성 요인

성격요인 동물종목	인간의 성격 요인(Five-Factor Model)					추가 요인	
	신경성	친화성	외향성	개방성	성실성	우위성	활동성
침팬지	시청각 반응 흥분성-동요	친화성 공격성; 친화성a	외향성 사회적 놀이	개방성	신뢰	우위성 순종	활동성
고릴라	두려움	이해	외향성			우위성	
Rhesus 원숭이	긴장-두려움 흥분 두려움	공격성 적대감	고독 사교성 우호성	호기심-장난		자신감	
Vervet 원숭이		기회적 이기성	놀이 호기심			사회적 자신감	
하이에나	흥분	사교성; 인간 친화성		호기심		독단적	
개	안정 vs 흥분	애정 사교성: 공격성a 공격성(불쾌)	에너지 사교성 쾌활 반응성(급성)	자신감c 학습 및 복종능력c 훈련능력		우위성 - 영역	
고양이	정서적 반응	친화성	역동성	자신감c			
당나귀		완고	쾌활				
돼지		공격성	사회성	탐구-호기심			
쥐	감응성	싸움 vs 소심 부동 vs 공격성					
구피	두려움 회피		접근				
문어	반응성		대담 접근 - 회피				활동성

출처: Coren(1998)과 Hart and Hart(1985)
a. 친화성과 관련된 두 가지 별도 요인 도출 b. 외향성과 개방성을 모두 반영 c. 개방성과 성실성을 결합

1-4 동기수준

동기^{motivation}는 행동을 발생시키는 내·외부적 힘으로 욕구와 추동을 거쳐 발생된다. 욕구^{needs}는 내부의 결핍된 상태에서 벗어나고자 할 때 생긴다. 이러한 욕구가 추동[7]^{drive}을 일으키고 이어서 동기를 발생시킨다. 동기는 행동을 통해 욕구가 충족됨으로써 평형상태를 회복하여 해소된다.

욕구와 추동 그리고 동기의 발생

추동은 동기로 이행되기 전 에너지가 분출되는 포괄적인 상태이다. 추동은 크게 2가지 요인에 의하여 발생된다. 먼저 생체항상성을 유지하기 위한 것과 좋지 않은 자극을 피하고자 하는 것이다. 개체유지행동인 섭식욕구·음수욕구·휴식욕구·배설욕구·호신욕구·고통회피욕구 등에서 유발된다. 다음은 사회적 동물 특성에서 발생되는 사회적 추동이다. 상호놀이·친화행동·애착·공격·게임 등이다.

출처: pixabay.com

■ 동기

동기는 추동이 구체화된 힘으로 목적지향적이다. 행동방향과 힘, 지속성을 결정한다. 대부분 의도하지 않은 상태에서 불수의적으로 일어난다. 생리적 욕구에서 발생된 1차적 동기와 사회적 욕구에서 유발된 2차적 동기로 구분할 수 있다. 1차적 동기가 2차적 동기로 승화되면 훈련에 더 효과적이다.

동기는 내적인 것과 외적인 것으로 경계를 구분하기 쉽지 않다. 다만 내적동기는

---

7 추동: 推動, drive, 충동이라고도 함, 행동을 일으키는 힘

행동 자체의 즐거움과 내적 만족감을 얻기 위해 유발되어 생리적이거나 생식적인 욕구를 충족시킨다. 이는 무조건적이므로 하고 싶어서 또는 행동자체에서 만족감을 얻는다.

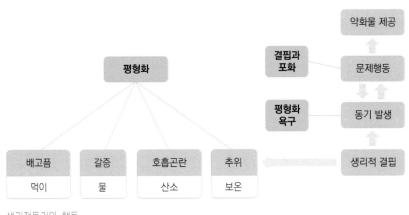

생리적동기와 행동. _____
출처:NCS. 반려동물 행동교정. 2020

외적 동기는 보상이나 벌을 피하고자 하는 상태에서 생긴다. 외부에서 주어지는 상벌에 의한 조건부 동기로 효과가 빠르고 단순해서 훈련에 효과적이다. 이는 훈련에 본질적으로 몰입하게 만드는 요인은 아니지만 내적 동기를 유발하는 기능을 할 수 있다. 다만 보상이 주어지는 행동에만 집중하고 훈련 자체의 즐거움을 감소시킬 수 있다.

로렌츠Lorenz의 수압론

수압론에 의하면 동기는 수조 내부의 물과 같다. 수조의 물이 가득 차거나 개폐구를 열면 물이 나오듯이 동기는 욕구의 충만이나 외적자극에 의해 활성화된다. 만수위에 이르면 자동으로 열리거나, 외부에서 누를 때 열리는 것과 같다.

틴버겐Tinbergen의 열쇠론

행동의 생득적 해발기전은 열쇠와 같다. 억제기전에 의해 눌려있던 행동이 적합한 자극이 주어지면 개시된다. 행동을 해발시키는 열쇠자극은 환경 또는 사회 구성원에 의해서 이루어진다.

■ 동기유발

동기유발은 내적 유발과 외적 유발로 구분할 수 있다. 내적 유발은 자발적으로 호기심과 흥미를 갖는 것이고, 외적 유발은 강화물에 행동이 발생하도록 하는 방법이다. 자극원은 물·음식·성·수면과 같은 평형화를 요구하는 요인과 호기심·안락·안전·안정을 위한 요인이 있다.

동기의 종류와 수준은 개체별 차이에 따라 유발조건이 다르다. 효과적인 자극원을 파악하여 이용한다. 또는 개체가 흥미와 관심을 가지고 있는 요인과 결합한다. 개체별로 적합한 동기를 찾아내려면 개의 성격·정서·사회적 관계 등을 종합적으로 파악해야 한다.

동기를 유발할 때는 결핍과 포화를 적절히 활용한다. 다만 결핍이 과도하면 이상행동을 하거나 소실될 수 있고, 과잉충족으로 포화상태에 이르면 흥미를 잃는다. 또한 부주의하게 관리하면 결핍과 만족의 균형이 깨져 동기가 감소한다.

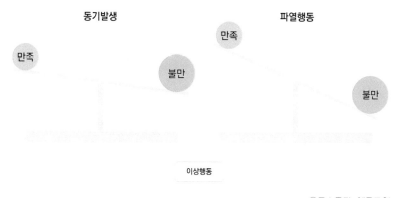

동기발생   파열행동

만족   만족

불만   불만

이상행동

———— 욕구수준과 행동표현
출처: NCS. 반려동물행동교정. 2020

1-5 준비성

준비성은 새로운 행동을 배울 수 있는 요건이 갖추어진 상태로, 그 수준에 따라 습득능력의 차이가 발생한다. 경제적이고 높은 수준의 성취를 위해서는 육체적 성장과 더불어 행동발달의 성숙도를 고려해야 한다.

준비와 훈련

· 준비상태는 습득능력에 영향을 준다.
· 훈련과제의 성취도는 그에 필요한 행동발달에 영향을 받는다.
· 준비수준과 훈련시기가 적합할 때 문제행동이 발생하지 않는다.

적절한 훈련시기는 외형적 성장에서 점차 내면적 발달을 중시하는 방향으로 이동하고 있다. 미성견은 축소된 성견이 아니고, 체구의 차이만큼이나 사고능력에 차이가 있기 때문이다. 행동은 성장시기에 따라 발달내용이 다르다. 따라서 적정시기에 자연스럽게 표출될 것을 미리 훈련하는 것은 낭비일 수 있다. 다만 시기가 늦으면 습득 정도가 느리거나 생활에서 배운 잘못된 행동들이 훈련을 방해할 수 있다.

사회적 관계는 생후 3개월 이전에, 후각사용 능력은 학습기인 5~8개월 사이에 크게 발달한다. 고수준의 절제력이나, 강한 행동력은 성견기에 준비된다. 따라서 생활 예절훈련은 3개월, 후각을 활용하는 공익견은 5개월, 경기용 복종훈련은 성견기에 실시한다.

■ 민감기

로렌츠와 각인된 새끼오리 _____

민감기는 학습이 매우 잘 이루어지는 특정한 시기로 각인이 대표적이다. 이 때 형성된 기억은 성장 후에도 쉽게 변하지 않는다. 1910년 독일의 동물학자 하인로트[Oscar Heinroth]는 인공부화기에서 태어난 새끼 거위들이 관리인을 어미처럼 따른다는 사실을 발견했다. 사람과 사회적으로 관계가 형성된 새끼거위는 어미를 보고도 따르지 않았다. 로렌츠[Konrad Lorenz]는 1935년에 이 현상을 검증한 결과 새끼들은 어미의 소리에 본능적으로 반응하지만 모습을 추종하지 않는 결론을 얻었다. 여기서 각인[imprinting] 이라는 개념을 정립했다. 각인은 주로 조류와 유제류[8]에서 볼 수 있는데, 생애 특정한 시기에 동종 전체에서 나타난다.

---

8 척추동물 포유류 중 발 끝에 발굽이 있는 동물

■ 행동발달

개는 태어나서 성견이 될 때까지 성장시기별로 행동발달 내용이 다르다. 스콧^{John}
^{Scott}은 행동발달 특징에 따른 시기를 신생기·전이기·사회화기·사춘기·성견의 5단
계로 나누었다. 또한 울맨^{Uimann}은 신생기·과도기·각인기·사회화기·서열형성기·학
습기·사춘기의 7단계로 구분했다. 학자들의 기준에 의해 일부 차이가 있지만 특정한
시기에 특징적인 행동들이 발달하는 것은 동일하다. 그리고 개의 행동발달에 크게 영
향을 미치는 기간은 성숙되기까지 약 1년 정도이다.

▶ 표 3-14 반려견의 행동발달(울맨)

구분	시기	행동특성
신생기	~2주	포유 및 수면
과도기	~3주	눈·귀 불완전 열림, 후각능력 기초적 발달
각인기	~7주	동배 간 사회적 행동, 보호자 인식
사회화기	~12주	호기심, 두려움, 사회적 관계 급격한 발달
서열형성기	~22주	신체와 지적 성장, 선도견 등장
학습기	~32주	수렵본능 발현, 후각기능 발달
사춘기	~52주	후천적 성품 강화, 성적 발달

개의 행동발달 과정은 신생기인 생후 2주 이내는 감각능력이 발달하지 못한 상태
로, 모견의 보호아래 주로 포유와 수면만 취한다. 3주차에 이르면 시·청각이 열리고,
활동범위가 조금씩 넓어지고, 음식을 먹기 시작하고, 동배들과 으르렁거리며 장난을
한다.

4주부터 7주는 각인기로 보호자·생활공간·동배견 등 주변환경을 강하게 기억하
는 시기이다. 이 단계는 감각기관과 뇌가 굉장히 발달하는 시기이므로 개의 삶에서
매우 중요하다.

8주에서 12주는 사회적 행동이 크게 발달하는 시기이다. 동배견이나 다른 개와의
관계, 사회적 환경에서 필요한 관계형성 방법을 배운다. 다양한 환경과 사람들과의 놀

이를 통해 기초 질서를 배운다. 감각기관의 발달로 다양한 자극에 대한 호기심과 두려움이 공존한다.

사회화기 이후 약 10주간은 서열형성기로 집단 내에서 선도견이 나타난다. 선도견에 나머지 개들이 순종하는 서열이 형성되고, 개체와 무리의 자생력을 위한 수렵능력이 발달한다. 무리의 협동심과 후각능력이 현저하게 발달하고, 놀이와 운동의 강도가 높아진다.

사춘기에 접어들면 성적인 발달로 발정과 교미행동이 나타난다. 호르몬의 영향으로 선도견이나 사람의 권위에 도전하고 행동반경이 넓어진다. 이 과정을 지나면 점차 행동의 안정성을 확보해 가면서 성견이 된다.

▶ 표 3-15 AKC의 반려견 사회화 교육 프로그램

구분		훈련과제
생활 교육	House Training	① 이름 식별 ② Good, No ③ 음식 섭취 예절 ④ 지정된 장소에 배변 ⑤ 견사 출입 ⑥ 그루밍 수용 ⑦ 물건씹기 예방 ⑧ 물기와 핥기 방지 ⑨ 짖음 방지 ⑩ 차량 이동시 안정적 행동
사회 교육	AKC S.T.A.R Puppy	① 대인 공격성 순화 ② 대견 공격성 순화 ③ 목줄, 가슴줄 착용 ④ 안기, 붙잡기 ⑤ 장난감, 음식 회수 ⑥ 미지인 만짐 수용 ⑦ 보호자의 귀·발 접촉 ⑧ 줄 착용 15보 동행 ⑨ 1.5m 이격된 미지인 옆 동행 ⑩ 앉아 ⑪ 엎드려 ⑫ 와(1.5m) ⑬ 주의 분산 적응(4.5m)
	AKC CGC	① 미지인 수용 ② '앉아' 자세에서 접촉 수용 ③ 외모 손질 ④ 느슨한 줄 동행 ⑤ 군중사이 동행 ⑥ 앉아, 엎드려, 대기 ⑦ 와 ⑧ 미지견에 대한 중성반응 ⑨ 주의 분산에 대한 안정 ⑩ 격리 대기
	AKC CGCA	① 보호자 통제 하 3분 앉아, 엎드려 ② 줄 없이 동행 좌·우회전, 빠른·늦은 걸음, 정지 ③ 군중 사이 동행 ④ 산만한 환경 60cm 간격 개 옆 동행 ⑤ 다른 개와 사람 사이 대기 ⑥ 물건 운반하는 사람 수용 ⑦ 음식물 옆 지나가기 ⑧ 보호자 다른 행동 중 대기 ⑨ 다양한 자극이 있는 환경에서 6m '와' ⑩ 좁은 길 이동 시 대기
	AKC CGCU	① 출입구에서 당기지 않기 ② 바쁘게 걷는 사람 옆 걷기 ③ 다양한 소음과 이동물체 수용 ④ 통행 중 앉아·기다려 ⑤ 음식물 옆 통과 ⑥ 반려동물 보유자 수용 ⑦ 공공건물 통행 중 3분 대기 ⑧ 계단·승강기 이동 ⑨ 아파트, 도시생활 ⑩ 지하철 탑승

출처: www.akc.org

미국의 반려견 사회화 프로그램 CGC는 Canine Good Citizen의 머리글자로 반려견이 사람과 공생하는 데 반드시 필요한 10가지 행동으로 이루어져 있다. 1986년 AKC에서 개발한 후 4,000여 관련단체로부터 평가항목에 대하여 타당성을 인정받은 신뢰도 높은 프로그램이다. 현재는 4개의 프로그램으로 세분화되어 발전해 있다.

1-6 기억과 망각

■ 기억

기억은 습득된 경험이나 정보를 저장하고 재생하는 과정이다. 감각기억·단기기억·장기기억으로 구분하고, 기명記銘−파지把持−재생再生 단계로 이루어진다. 감각기억은 감각기관에 수집된 정보가 순간적으로 머무는 상태이다. 감각기억 중 의미를 가지는 정보는 단기기억으로 전환된다. 단기기억은 감각기억에 잔류된 내용이 30초 이내에서 잠깐 머무르므로 파지기간과 용량이 작다. 장기기억은 단기기억 과정을 지나 오랫동안 저장된 상태이다.

기명은 새로운 정보를 머릿속에 새기는 단계로 연습횟수에 비례하여 수준이 높아진다. 기명에 필요한 시간은 개체별로 차이가 있으므로 개의 능력에 따라 탄력적으로 실시한다. 다만 연속적인 연습보다 휴식시간을 가지며 실시하는 것이 효과적이다.

파지는 기명된 내용을 일정기간 보존하는 과정이다. 기명된 내용은 원래대로 유지되지 않고 감소하므로 적당한 시간 동안 연습해야 한다. 재생은 파지된 내용을 되살리는 과정이다. 저장된 정보의 재생률을 높이는 것은 훈련결과를 오랫동안 유지하는 관건이다. 효과석인 방법은 망각되기 전에 복습하는 것이다. 복습방법은 단위행동 간 연관성이 높으면 전습법을 적용하고, 낮은 경우에는 분습법을 이용한다. 또한 다양한 조건에서 훈련하면 재생률이 높아진다.

초과연습은 적정 수준 이상으로 복습하는 것이다. 이는 재생률을 확실히 높이므로 연습을 많이 할수록 기억력이 좋아진다. 하지만 적정수준의 2배 이상 넘어서면 투

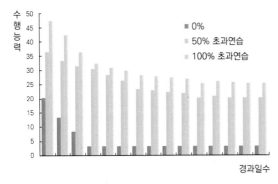

초과학습의 효과 _____

자시간 대비 효과 측면에서 효율이 낮다. 초과연습의 효과는 파지 후 재생까지의 기간이 긴 경우에 쉽게 알 수 있다. 그리고 기억을 잘 하려면 복습을 가급적 빨리 진행하고 강한 자극을 사용하고, 강한 동기를 이용하여 재미있게 훈련한다.

■ 망각

망각은 기억된 내용을 잊어버리는 현상이다. 저장된 정보는 시간의 경과에 비례하여 훈련 직후부터 지속적으로 소멸된다. 그러나 훈련한 내용을 망각했다고 완전히 사라지는 것은 아니다. 동일한 내용을 다시 복습시키면 훈련을 새로 시작할 때보다 훨씬 수월하게 이루어진다.

독일의 에빙하우스^{Herman Ebbinghaus}는 시간의 경과에 따른 사람의 기억력을 연구했다. 1시간 후에 절반 이상을 잊고, 1일이 지나면 약 3/4을 망각했다. 미국의 피터슨은 단기기억의 망각정도를 연구하여 그 결과를 발표했다. 대부분의 정보는 18초 이내에 사라진다.

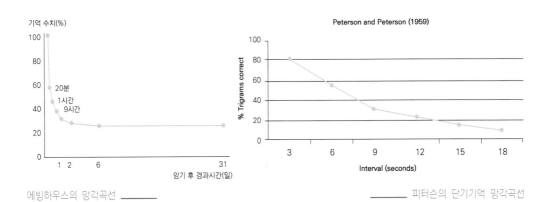

에빙하우스의 망각곡선 _____   _____ 피터슨의 단기기억 망각곡선

망각현상에 대한 이론적 근거는 불사용설과 간섭설이 있다. 불사용설에 의하면 습득한 정보를 연습이나 재생하지 않고 방치하면 시간의 경과에 따라 없어지게 된다. 간섭설은 정보를 '재생하려할 때 전학습과 후학습이 서로 방해하여 기억하지 못한다.'는 것이다. 이는 망각은 시간의 경과만으로 발생하는 것이 아니라 파지상태에서 다른 자극의 영향을 받게 되기 때문이다. 간섭설은 순행간섭과 역행간섭이 있다. 순행간섭은 먼저 습득한 정보가 후에 습득한 정보의 재생을 방해하는 것이고 역행간섭은 후에 배운 내용이 먼저 배운 것의 재생을 방해하는 현상이다.

망각 정도를 알아보는 방법은 일정 기간이 경과한 후에 이전에 훈련했던 내용을 동일한 조건에서 수행정도를 측정하는 자유회상법이 있다. 다른 방법은 훈련과정에 있었던 일부분을 단서로 제공하여 망각정도를 파악하는 촉구회상법이다. 재학습법은 훈련과제를 재시도하여 과거의 수준에 도달하는 기간과 횟수를 측정하는 것이다.

망각은 자연적인 현상으로 피하기 어렵지만, 줄이는 방법은 훈련내용을 충분히 반복 연습하는 것이다. 또한 훈련과정이 즐거운 경험으로 이루어지면 유리하다. 훈련내용의 유사성을 줄이고 변별력을 높이는 것도 망각을 줄일 수 있는 방법이다.

1-7 건강상태

개의 건강조건은 훈련에서 가장 기본적으로 갖추어야 할 요건이다. 신체 내·외부의 질병은 훈련에 지속적으로 나쁜 영향을 미친다. 특히 외형상 정상으로 보이지만 증상이 나타나기 전에 발견하기 어려워 곤란해진다. 이는 훈련의욕을 떨어뜨리는 중요한 요인이고, 여러 문제행동을 유발한다.

지도사는 훈련을 시작하기 전에 개의 건강상태를 확인하고 훈련 중에도 지속적으로 관심을 가진다. 질병이 발견되면 사소한 경우라도 완치하고 실시한다. 청각이나 후각과 같은 감각기관에 이상이 있으면 실행어를 잘 듣지 못하거나 냄새를 맡기 어렵다. 관절·근육·신경계통의 질병은 행동이 불편하거나 동작의 정확성이 떨어질 수 있다. 노화는 전반적으로 신체기능을 저하시킨다.

▶ 표 3-16 질병이 반려견의 행동에 미치는 영향

질병	행동표현
눈	접근에 놀람, 경계심
귀	공격성, 접촉 거부, 불복종
입	공격성, 접촉 거부
소화기	잦은 배변, 신체 위축
관절, 근육, 신경	소극적 행동, 활동 제한
전립선	승가행위, 잦은 배뇨
중추신경	분별력 저하, 혼란
알러지	긁기, 씹기, 활동량 증가 또는 감소
내부기생충	음식 집착
영양 부족	무기력, 음식 집착, 식분증

▶ 표 3-17 영양소가 동물의 행동에 미치는 영향

영양소	행동	영향
섬유질↑	부상↓	돼지
n-3 PUFA↑	분노, 공격성↓	개
n-6:n-3 PUFA↑	공격성↑	설치류
콜레스테롤↓	충동성, 공격성	원숭이
Tpr7⁻	공격성	원숭이
Tpr⁺	자기 주도적 공격↓	원숭이
Tpr⁻ and protein	우위적 공격성↑	개
Tpr⁺	공격성↓	돼지
Phytooestrogens↑	공격성↑	원숭이, 설치류
Carbohydrates↑	공격성↑	설치류, 개미

출처: Influence of nutrition on aggression. Bernard Wallner,and Ivo H. Machatschke. 19 October 2009
※ PUFA: 고불포화지방산

1-8 지능 및 훈련능력

지능은 인지적인 의미로써 고등동물에 대한 지적수준을 이른다. 새로운 문제나 상황에 대하여 적절한 대응방법을 찾아내는 종합적인 사고능력이라 할 수 있다. 개의 지능은 일반적으로 습득능력·일반화능력·문제해결능력으로 구분한다. 습득능력은 새로운 정보를 배울 수 있는 자질이고, 일반화능력은 훈련한 내용과 유사한 상황에서 습득한 행동능력을 확산할 수 있는 것이다. 문제해결능력은 어려움에 봉착되었을 때 대처하는 것이다. 개가 이 능력들을 모두 갖추고 있으면 바람직하지만 찾기 어렵다. 또한 개체별로 항목 간에 수준의 차이가 있다.

견종별 복종 및 훈련지능 순위

1. Border collie 2. Poodle 3. German shepherd 4. Golden retriever 5. Doberman pinscher 6. Shetland sheepdog 7. Labrador retriever 8. Papillon 9. Rottweiler 10. Australian cattle dog 11. Pembroke Welsh corgi 12. Miniature schnauzer 13. English springer spaniel 14. Belgian Tervuren 15. Belgian sheepdog 16. Collie 17. German short-haired pointer 18. English cocker spaniel 19. Brittany spaniel 20. Cocker spaniel

출처: The Intelligence of dogs, stanley coren, 2005

► 표 3-18 반려견 지능 테스트

구분	테스트	시간	점수
1	관찰 학습(출입문 찾기)		
2	문제 해결(캔 아래 음식 찾기)		
3	주의 및 환경 학습		
4	문제 해결력(수건 아래 덮여짐)		
5	사회적 학습(미소)		
6	문제 해결력(타월 아래 음식 찾기)		
7	단기 기억(단시간 경과 후 음식 찾기)		

8	장기 기억(장시간 경과 후 음식 찾기)		
9	문제 해결(장애물 아래 찾기)		
10	언어 변별(이름/다른 단어)		
11	학습 프로세스		
12	문제 해결(장애물 돌아가기)		

출처: Intelligence of dogs. stanley coren, 2005

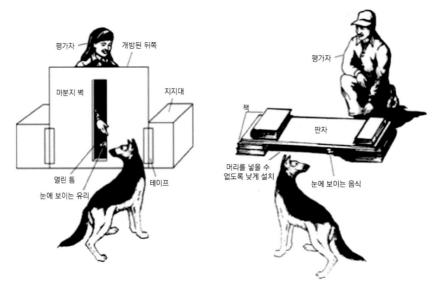

지능 테스트 _____
출처: The Intelligence of dogs, stanley coren, 2005

훈련은 개의 능력이 그 목적에 알맞을 때 원활하게 진행된다. 적당한 능력을 판별하는 절차로 선발과 분류가 있다. 선발은 능력이 우수한 개체를 고르는 방법이고, 분류는 훈련에 적합한 소질을 적재적소에 배치하는 것이다. 고수준의 임무를 수행하는 공익견은 여전히 선발을 우선하는 경향이 있다. 선발은 경제성 측면에서는 바람직하지만 생물체의 다양성과 가소성을 배제하는 결과를 가져온다. 따라서 현대에는 개의 자질을 분류하여 적합한 훈련과목에 활용하는 추세로 변하고 있다.

훈련할 개를 선발할 때는 우선 건강하고 행동이 정상적으로 발달되어야 한다. 그리고 견종표준에 적합한 외형, 훈련할 수 있는 능력에 주안점을 둔다. 훈련능력 평가의 3요소는 성격특성·정서상태·동기수준이다. 좋은 방법은 선대견의 능력과 유전력을 근거로 훈련형질이 표현되는 12주 이후에 선택하는 것이다.

분류는 훈련과정과 개체의 특성을 고려하여 최상의 조합을 찾는 방식이다. 훈련과목의 특성상 중요한 요소를 대상으로 대응시킨다. 성격특성과 동기수준을 기준으로 적합한 훈련의 종류를 대응하면 폭발물탐지견은 저수준의 신경성·우위성, 고수준의 외향성·친화성·개방성이 있어야 한다. 경비견은 영역에 대한 우위성이 높아야 한다. 시각 안내견은 고수준의 외향성과 친화성, 개방성을 가져야 한다.

► 표 3-19 공익견의 성격에 따른 적합성　　　　　　　※ 범례: ◎(강) ○(보통) △(약)

임무		신경성	외향성	친화성	개방성	우위성
후각 작업견	인명구조견	△	◎	◎	◎	△
	추적견	△	○	◎	◎	△
	폭발물탐지견	△	◎	◎	◎	△
	지뢰탐지견	△	△	◎	◎	△
경계견	호신견	△	△	○	○	◎
	경비견	△	△	○	○	◎
안내견	시각 안내견	△	◎	◎	◎	△
	청각 안내견	△	◎	◎	◎	△

► 표 3-20 반려견 자질평가

	평가불가	저조 (41~60)	평균 (61~80)	양호 (81~90)	우수 (91~95)	특수 (96~100)
미지인 수용력	□	□	□	□	□	□
미지견 수용력	□	□	□	□	□	□
환경변화 적응력	□	□	□	□	□	□
동적 사물 반응	□	□	□	□	□	□
음식 욕구	□	□	□	□	□	□
놀이 능력	□	□	□	□	□	□
학습 수용력	□	□	□	□	□	□
학습 능력	□	□	□	□	□	□
활동력	□	□	□	□	□	□
보호자와 관계	□	□	□	□	□	□

지도사는 모든 개를 목적하는 훈련에 성공하려 한다. 하지만 동일한 과정으로 훈련을 진행해도 개체별로 성취도에 차이가 발생한다. 진도가 빠른 우수견과 성과가 낮은 부진견은 특별한 관심을 가지고 적절한 방법적으로 실시한다.

우수견은 보통의 성취도를 보이는 개들과 차이가 있다. 전반적으로 능력이 우수하지만 때로는 특정한 요소만 탁월한 경우도 있다. 일반적으로 안정적인 정서상태와 조화로운 성격, 높은 수준의 동기, 우호적인 태도, 적극적인 반응, 양호한 친화성을 가진다. 우수견은 보통의 계획으로 훈련하면 가진 능력을 모두 발휘시키기 어렵다. 훈련수준을 상향시켜 고난도의 기회를 제공한다.

훈련성과가 낮은 부진견은 훈련기록과 단계별 평가로 진단할 수 있는데, 보통 수준보다 진도가 늦어 일반적인 계획으로 진행이 어렵다. 일반적인 특징은 훈련에 임하는 집중력이 약하고 지속시간이 짧다. 또한 이전의 훈련에 대한 기억력이 낮고 동기수준에 기복이 심하다. 원인은 신체적인 문제, 훈련내용에 대한 성격의 부적합, 정서적인 문제, 동기의 미약, 기초과정의 부실, 생활과 훈련환경의 부적응, 지도사와의 부조화 등이 있다.

부진견으로 판단되면 부족한 부분을 파악하여 문제점을 보완하고 훈련한다. 점검결과를 토대로 기초과정부터 보완하고, 훈련방법을 개선하거나 적성에 적합하도록 계획을 수정한다. 또한 개별차를 인정하고 훈련내용의 단위를 세분화하여 집중력을 유지할 수 있는 범위에서 적절히 실시한다. 동기의 유인과 유지를 항상 염두에 두어야 한다.

2. 환경적 요건

훈련환경은 개에게 심리적인 영향을 주는 조건과 외적 환경요소를 모두 포함한다. 훈련환경은 개의 능력 진보에 전반적이고 지속적으로 영향을 미친다. 환경적 요인은 개가 지닌 능력을 훈련목적을 달성하는 데 긍정적인 영향을 주어야 한다.

2-1 물리적 환경

물리적인 훈련환경은 개에게 많은 영향을 미치는 중요한 조건이다. 영향을 미치는 물리적 요인은 생활하는 공간과 훈련하는 공간과 구분할 수 있다. 생활공간은 위생과 더불어 행동의 발달과 유지에 적절해야 한다. 생활공간의 위치와 넓이, 다른 개와의 관계 등은 개의 내부와 신체적인 면에 영향을 주어 훈련에도 영향을 미친다. 훈련공간은 훈련에 직접적인 관계를 가진다. 훈련장소를 실험실과 같은 조건으로 마련하기는 불가능하다. 마련한다 해도 실생활에 활용되는 훈련과는 괴리될 수 있다. 특히 사람은 감지가 어렵지만 개는 알 수 있는 후각과 청각에 미치는 요인들에 주의해야 한다.

훈련장은 개체가 최종적인 목적을 달성할 수 있도록 계획에 필요한 내용을 충족할 수 있도록 다양하게 준비한다. 훈련장은 개체의 수준과 능력에 따라 형태가 다를 수 있다. 또한 훈련장은 변화가 가능해야 한다. 동일한 장소에서 계속하는 것은 개에게 특정한 동작이나 과정을 숙달시키는 것이 목적이라면 효과적이다. 하지만 그 외에는 개의 일반화 과정에 방해된다. 훈련장은 훈련과정에 따라 난이도가 다르므로 내용에 적절해야 한다.

훈련장소의 온도와 습도는 생리적 영향을 주는 요인이지만 실외에서는 조절이 어렵다. 훈련성과에 많은 영향을 주므로 개의 활동정도를 고려하여 악조건상태에서는 시간을 피해 실시한다. 후각을 이용하여 하는 훈련에서는 훈련장의 냄새가 개의 능력과 훈련성취에 지대한 결과를 초래한다. 또한 청각을 활용하여 능력을 배양하는 훈련에서는 배경소음에 주의한다.

개 훈련은 보조자의 도움이 있을 때 훨씬 빠른 진보를 나타낸다. 보조자는 지도사의 훈련 진행을 도울 뿐만 아니라 지도사가 의식하지 못하는 잘못된 행동이나 미처 발견하지 못하는 개의 행동을 발견할 수 있다. 훈련의 내용에 따라 보조자가 절대적인 영향과 역할을 하는 경우도 있다. 따라서 보조자는 훈련하는 개체의 특성, 훈련 진행도, 목적하는 훈련의 과정 등 모든 부분을 지도사 만큼 정확히 알고 도와야 한다.

훈련에 들어선 후에는 보조자가 잘못했다고 개에게 이해를 구하고 다시 하거나 되돌릴 수 없다. 개는 이미 잘못된 것을 배웠을 뿐이다. 이는 필히 문제로 나타난다. 그러므로 보조자는 훈련과정을 직접 경험한 사람이나 적어도 그 과정을 잘 이해한 사람이 해야 한다. 보조자는 수동적인 자세를 버리고 주체적인 의지를 가져야 한다.

훈련용품은 성취도를 높이기 위하여 지도사나 보조자가 사용하는 기구나 장비이다. 훈련과정에 따라 필요한 종류가 다르다. 훈련용품은 기술의 발전으로 활용성과 효과가 높은 것들이 많다. 훈련용품은 효과를 높이고 경제적인 결과를 얻을 수 있다면 적극적으로 이용할 필요가 있다. 유능한 지도사일수록 좋은 훈련기구를 발견하고 적극적으로 이용한다. 상품화된 용품이 없다면 지도사가 고안하여 만들어 사용할 수도 있다. 훈련기구는 개의 능력을 높이는 수단이므로 외형적인 멋보다는 목적에 부합하도록 효율적이어야 하고 개와 지도사, 보조자의 안전을 위해서 견고하고 안정성이 있어야 한다.

2-2 사회적 환경

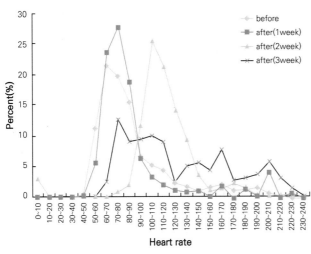

새로운 사람과의 친화기간별 심박수 변화 ──────
출처: 최동권. 탐지견의 행동양식과 훈련단계별 심박수 변화에 관한 연구. 2010.

사회적 요인은 훈련에 물리적 환경과 더불어 근본적으로 영향을 미치는 요인이다. 지도사, 보조자와 같은 사람과 개의 관계에서 형성되는 상호적 요인이다. 개의 사회화기에 주로 이루어지지만 사람과의 나쁜 경험에 의하여 훼손될 수 있다. 반대로 잘못 형성된 관계도 지도사의 노력에 의하여 회복될 수 있다. 개와의 사회적 관계는 지도사의 인식에 따라 영향을 받는다. 지도사가 주종의 관계로 행동하면 개는 자발성을 상실하고 수동적이 된다.

대부분의 우수한 능력을 발휘하는 개는 친화성이 좋은데 여기에 필요한 것이 지도사나 다른 사람과의 사회적인 관계이다. 지도사는 인간의 필요에 의해서 개를 훈련하지만 개가 가진 능력 중 인간보다 우수하거나 효율적인 부분에 대하여 개의 도움을 받아 인간이 하고자 하는 목적을 향해 같이 행동하는 동반자적인 인식을 가져야 좋은 관계가 형성되고 바람직한 결과에 이를 수 있다.

제4장

반려견 훈련원리

다윈^{Charles Darwin}은 "인간과 타동물을 단절해 구분하는 것은 잘못이다. 모든 동물은 종간 연속성을 가지므로 배우는 방법도 비슷하다."고 했다. 이는 동물을 이용한 실험결과를 인간의 학습에 적용할 수 있는 중요한 근거이다. 그로부터 많은 학자들이 동물을 대상으로 인간의 학습을 연구했다. 개의 훈련이론은 개가 배우는 과정을 설명한다. 반려견 지도사는 그 연구들 중에서 개 훈련에 적용할 수 있는 이론을 활용하고 있다.

학습의 원리는 크게 5가지로 구분할 수 있다. 파블로프와 스키너의 조건화, 손다이크의 시행착오학습, 쾰러의 형태주의 통찰학습, 헵^{Hebb}의 신경생리학적 학습, 밴듀라의 관찰학습이다. 관찰학습에서 모방과의 관계는 관찰학습은 두뇌에서 비교 판단한 후 행동하는 인지과정이 추가되는 것이고, 모방은 행동을 그대로 따라하는 것이다.

학자들의 연구는 동물의 행동이 어떻게 변화되고, 행동을 변화시키기 위해서는 무엇을 어떻게 해야 하는지를 알려준다. 학습에 관한 이론은 분류기준에 따라 결합주의·기능주의·구성주의·행동주의·인지주의 등이 있다. 결합주의는 자극과 반응의 연결에 의한 학습, 기능주의는 자극의 기능에 의한 행동의 변화, 구성주의는 행동을 발생시키는 구성요소, 행동주의는 명확히 식별할 수 있는 행동의 변화, 인지주의는 행동이 발생되는 과정에 중점을 둔다. 이 책은 개 훈련에 활용도가 높은 행동주의 이론을 위주로 전개된다. 파블로프의 조건화, 손다이크의 시행착오학습, 스키너의 조작적 조건화가 주요 근거이다.

학습에 대한 정의는 학자들의 연구방향에 따라 다양하게 주장된다. 개 훈련에서 '학습은 습득한 정보를 오랫동안 행동으로 표현할 수 있도록 배우는 과정이다.'고 할 수 있다. 개가 행동으로 표현하지 못하면 학습되지 않은 것인가? 라는 비판이 있을 수 있다. 그러나 개 훈련은 실제로 행동할 수 있는 것이 중요하므로, 변화가 외부로 드러나는 상태일 때 효용성을 가질 수 있다.

▶ 표 4-1 동물행동에 대한 연구

학자	저서
Dawin	The Expression of Emotions in Man and Animals(1872)
George John Romans	Animal Intelligence(1882)
George John Romans	Mental Evolution in Man(1885)
Margaret Floy Washburn	The Animal Mind(1908~36)
Flaherty. C	Animal Learning and Cognition(1995)
John M. Pearce	Animal Learning and Cognition(1997)

학습을 통해 훈련된 개는 다음과 같이 변한다. 첫째, 훈련과정이 진행됨에 따라 시작하기 전과 비교하여 목적에 적합한 행동이 증대된다. 연습회기의 증가에 비례하여 부적절한 행동은 줄어들고, 그만큼 합당한 행동이 늘어난다. 둘째, 행동 표현에서 강도·속도·비율이 변화된다. 강도는 점차로 강해지고, 속도도 빠른 시간에 수행할 수 있으며, 목적행동과 비목적행동의 표현횟수 비율에서 정확도가 높아진다. 셋째, 행동에 자신감을 가지고 거침없이 표현한다. 행동의 시작에서 마지막에 이르는 과정이 자연스럽고 매끄러워 훈련과정에서 습득한 행동을 순조롭고 유연하게 나타낸다. 결과적으로 학습이 이루어짐에 따라 행동의 표출이 정제되고 안정적인 모습으로 변한다. 넷째, 훈련경험과 관련된 행동이 변화된다. 훈련 자체로 변화된 효과와 더불어 다른 행동을 변화시킬 수 있는 기반능력으로 작용한다.

I. 훈련의 원칙

1-1 훈련의 특성

개별화는 개의 개체별 차이를 인정하고 그 특질을 헤아려 최적화된 훈련을 하는 방법이다. 훈련에서 개별적인 차이를 중요하게 여기게 된 것은 다양성의 가치를 넓게 적용한 결과이다. 훈련을 하는 개는 개별적으로 성격·정서·동기 등 많은 부분에서 차이가 있다. 이를 전제로 훈련목표와 계획을 세워야 한다. 훈련을 개별적으로 적용하려면 시작하기 전에 개체의 현재 상태를 파악하고 거기에 합당한 내용으로 편성한다. 다수의 개에 동일한 방법으로 훈련을 진행하면 개체별로 부족하거나 남는 부분이 발생한다. 적합하지 못한 것으로 파악된 부분은 보완하고 진행해야 훈련이 원활하다.

자발성은 개가 훈련에 기꺼이 임하는 태도이다. 훈련에 대한 인식수준이 높아질수록 자발성을 중요하게 여긴다. 자발성은 내적변화를 이루어 진정으로 능력을 개진시키는 힘이다. 훈련은 개의 능동적인 참여가 중요하다. 자발성을 바탕으로 훈련할 때 지도사와 개 모두 즐겁고 훈련목표를 달성할 수 있다. 피동적인 개는 훈련과정이 지루하고 결과도 만족할만한 수준에 이르기 어렵다. 특히, 지도사의 직접적인 감독을 벗어난 상태에서 진행하는 훈련에서 자발성은 필수적이다.

친화성은 집단에서 상대와 관계를 잘 형성하는 성격이다. 훈련은 개에게 인간사회에서 필요한 행동요령을 배우도록 하는 과정이므로, 필요한 수준의 친화성을 구비해야 한다. 개가 다른 동물들에 비해 훈련이 용이한 것은 사람과의 교감능력과 무리 내에서 조화롭게 순응하는 성격 때문이다. 더불어 친화성은 내부적 안정감에 영향을 주는 중요한 기능으로 순조로운 훈련을 가능하게 한다. 개는 활동분야와 범위가 획기적으로 다양해지고 넓어져 인간사회에 더욱 깊숙이 들어왔다. 따라서 인간사회 환경에 잘 적응할 수 있고, 지도사와 좋은 관계를 유지하게 하는 친화성은 매우 중요하다.

흥미는 무엇인가에 관심을 가지고 재미를 느끼는 것이다. 훈련은 개가 즐겁게 호응할 때 좋은 성과를 기대할 수 있다. 재미가 없으면 강압적인 훈련이 될 가능성이 높다. 흥미는 대부분 동기와 관계되어 있고 또한 자발성으로 연결된다. 흥미가 강하면 훈련에 자발적으로 집중하는 태도를 보인다. 뛰어난 집중력은 당연히 높은 성공률로 이어져 더욱 많은 보상을 제공받게 된다. 이 과정은 선순환되어 훈련에 대한 강한 유인성으로 나타난다. 이처럼 흥미는 개의 집중력을 높이고, 자발적인 훈련태도로 이어지는 중요한 요인이다.

개는 우리가 요구하는 것을 행동으로 익히고 표현해야 한다. 간접적인 방법으로 배울 수 있는 것이 많지 않기 때문에 직접경험을 통해 필요한 것을 습득해야 한다. 또한 실제적인 체험으로 터득한 것은 효과가 더욱 크다.

학습은 4단계를 거쳐 이루어진다. 습득[Acquiring] · 유창[Automatic] · 일반화[Application] · 유지[Always]이다. 습득은 개가 새로운 정보를 익히는 과정이다. 위브 폴[9] 통과를 예로 들면 첫 번째 폴 오른쪽을 지나 두 번째 폴 왼쪽으로 3, 4, … 12번 폴까지 지나가는 요령을 배우는 것이다.

유창단계에서는 새롭게 습득된 행동이 숙달된다. 위브 폴의 통과방법을 배운 개가 폴 사이를 누비듯이 제치고 나가는 것을 숙달한다. 폴 근처에서 몸을 유연하게 움직이는 것을 체득한다. 움직임이 매우 부드럽게 발전되어 자동적으로 된다. 폴을 통과하는 움직임은 깔끔하고 속도가 점차 증가한다. 이처럼 유창단계에 도달하면 행동을 자연스럽게 수행하게 된다.

일반화단계에서는 배운 행동을 다양한 상황에서 동일하게 수행한다. 폴 통과요령을 유창하게 익혔다면 낯선 장소나 다른 모양의 폴에도 유창하게 재현한다.

유지는 습득한 행동을 기억하고 있는 과정이다. 배운 행동이 변하지 않고 오랫동안 그대로 나타난다. 시간이 경과된 후에도 "위브[weave]"라는 실행어가 제시되면 1번 폴에 올바르게 진입해서 마지막까지 신속하게 통과한다.

학습의 4단계 ———

---

9 weave pole: 100~120㎝ 높이의 폴 12개를 60㎝ 간격으로 설치한 상태에서 그 사이를 통과하는 과정

연습은 새로운 행동을 온전히 익히기 위하여 반복하여 숙달하는 과정이다. 훈련을 통해 배운 행동은 지속적으로 수행할 수 있어야 한다. 불규칙하게 표현되는 행동은 배웠다고 인정되기 어렵다. 개가 훈련된 내용을 망각하지 않고 기복 없이 유지하려면 연습이 절대적으로 필요하다. 내용을 습득하는 초기단계에서는 속도가 느리고 정확도는 낮으며 기복을 보이지만, 연습을 통해 유창하게 표현하는 단계에 이를 수 있다. 연습은 훈련이 연속적으로 발전하는 과정이므로 그 과정을 주의 깊게 관찰하여 성과를 평가한다. 연습효과에 대한 평가는 일정한 시간에 실행하는 행동의 빈도와 정확도 그리고 속도에 대하여 실시할 수 있다.

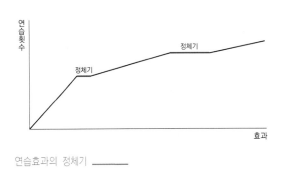

연습효과의 정체기 ──────

훈련 성취도는 연습의 횟수와 밀접한 관계가 있으므로 훈련과제에 따라 필요한 시간을 적절히 편성한다. 필요연습량은 개의 준비상태, 훈련내용의 난이도, 지도사의 훈련능력에 따라 달라진다. 또한 개의 동기 감소, 피로도 등에 의해서 효과에 차이가 발생한다. 연습효과는 초기에 급격히 증가하다 정체된 상태를 거쳐 다시 상승하는 형태를 나타낸다. 이때 멈춘 상태를 연습효과의 정체기plateau라 한다.

연습방법은 중단 없이 연속으로 실시하는 전습법과 연속되지 않는 분습법이 있다. 방법의 선택은 훈련과제의 특성 및 난이도, 개체의 능력, 휴식과 연습시간, 연습횟수 등에 따른다.

전습법은 훈련과제 전체를 한 번에 연습하는 방법으로 단순하거나 단위과제들이 유사할 때 이용할 수 있다. 훈련내용이 복잡하고 개의 수준이 낮은 상태에서는 적합하지 않다. 분습법은 훈련내용을 단위과제로 나누어 연습하는 방법이다. 여기에는 순수분습법과 반복분습법이 있다. 순수분습법은 단위과제들을 개별적으로 목표수준까지 훈련한 후에 전체를 동시에 연습하는 것이다. 반복분습법은 숙달된 이전과제와 새로운 과제를 묶어서 연습하는 방법으로 훈련과제가 많고 쉽지 않을 때 사용한다. 대부분의 훈련에 이 방법이 효과적이다. 행동 1을 숙달하고 다음에 행동 2를 동시에 연습한다. 행동 1·2가 숙달되었으면 행동 3을 1·2와 동시에 연습하는 것이다.

► 표 4-2 연습방법

구분		방법
전습법		따라 + 앉아 + 기다려 + 와
분습법	순수 분습법	따라(완성) → 앉아(완성) → 기다려(완성) → 와(완성) ⇒ 따라 + 앉아 + 기다려 + 와
	반복 분습법	따라(완성) → (따라) + 앉아(완성) → (따라 + 앉아) + 기다려(완성) → (따라 + 앉아 + 기다려) + 와(완성)

개가 배운 내용을 망각하거나 처벌에 의하여 잊는 것은 자연스런 현상이다. 배운 행동은 사용되지 않거나 다른 자극의 방해가 있으면 망각한다. 또는 수행한 행동의 결과가 무시되거나 보상받지 못하면 감소하거나 중단하게 된다. 소거는 개의 바람직하지 않은 행동을 없애거나 감소시키는 데 사용할 수 있다. 더욱이 행동의 결과에 대하여 싫어하는 자극이 제공되면 그 행동은 급격히 사라진다.

자동회복은 소멸된 행동이 다시 재현되는 현상이다. 그렇지만 자동적으로 회복된 행동은 소멸되기 이전에 비하여 수준이 낮고 일시적일 수 있다. 이는 장기기억된 정보가 불완전하게 제거되었기 때문이다.

전이는 비슷한 자극에 대하여 행동이 동일하게 표현되는 현상이다. 훈련은 그 과정에서 배운 정보가 다른 부분에 영향을 미친다. 하나의 정보가 다른 행동으로 확산되어 영향을 주는 것이다. 여기에는 다른 훈련에 도움을 주는 긍정적 전이와 방해하는 부정적 전이가 있다. 전이현상이 긍정적으로 활용되려면 훈련과정이 순리적이어야 하고, 선 훈련과제가 완전하게 숙달되고, 훈련환경이 정서적으로 편안해야 한다. 긍정적 전이는 자발적으로 훈련에 임하는 개에게 많이 나타난다.

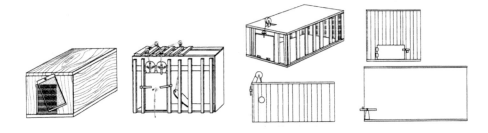

손다이크의 문제상자 ————
출처: A history of psychology in autobiography. 1928-secret-bases.co.uk

효과의 법칙은 만족의 법칙과 불만족의 법칙으로 나뉜다. 만족의 법칙은 개가 어떤 행동을 실시했을 때 좋은 결과가 오면 그 행위를 계속하려는 현상이다. 불만족의 법칙은 행동을 여러 번 실행해도 효력이 없으면 의욕이 사라진다는 것이다. 개가 수행한 여러 행동들 중에서 만족감을 가져오는 것은 견고하게 결합된다. 그리고 그 상황이 다시 발생하면 만족스런 결과를 유발한 행동이 재현될 가능성이 높아진다. 반대로 불만족스런 결과를 가져온 행동은 줄어든다. 그 조건이 다시 왔을 때 행동할 개연성이 작아지는 것이다.

효과의 법칙은 시행횟수의 증가나 자극의 근접성보다 행동결과가 조건화를 증강시킨다는 개념이다. 이 주장은 행동의 결과가 조건화의 정도를 증강시킨다는 의미를 가지고 있다. 이는 후에 스키너의 조작적 조건화의 기반이 된다.

"행동의 강도는 그 행동이 초래한 결과에 의하여 결정된다."

⬇

"행동은 결과의 함수이다."

만족스러운 결과를 얻은 행동은 강화를 받을 당시의 주변 행동도 증진시킨다. 그 효과는 거리에 따라 감소하는데, 강화된 행동의 발생률이 가장 높고 다음으로 행동 주변에 있는 것이다. 이는 학습의 자동성과 직접적인 성질을 의미한다. 이를 효과의 확산이라 한다.

손다이크는 '학습은 연습으로 이루어지고 연습하지 않으면 망각된다.'고 했다. 자극과 반응으로 결합된 조건화는 사용할수록 강해지므로, 연습을 통해 증강되게 된다. 반대로 조건화된 것은 사용하지 않거나, 연습을 멈추면 약해진다. 그는 후에 "연습은 능력을 향상시키는 많은 요인들 중의 하나이다."고 했다. 즉 자극과 반응의 결합만으로는 행동이 증강될 수 없다. 연습이 학습에 필수적인 요소이다.

▶ 표 4-3 연습효과의 평가

구분	내용
횟수	일정 시간 내에 수행하는 횟수의 변화
속도	일정 횟수를 수행하는 시간의 변화
정확도	수행 결과의 성공과 실패 비율

손다이크는 준비성에 대하여 "훈련할 준비가 되어 있으면 원만하게 진행되지만, 부족한 상태에서는 회피한다."고 했다. 훈련을 할 수 있도록 준비된 상황에서는 그 과정이 개에게 만족스러운 결과를 가져온다. 그러므로 준비가 안 되어 있거나 부족한 상태에서 훈련이나 행동을 강요하면 피하게 된다. 이를 준비성의 법칙이라 한다.

요소의 우월성은 조건화에서 여러 요소로 구성된 복합자극은 그 중 특이한 인자가 행동을 발생시키는 현상이다. 동일하게 보이는 자극에서 반응의 차이가 나타나는 이유는 자극의 많은 요소 중 특정 요인이 우세한 효과를 가지기 때문이다.

새로운 자극에 대한 조건화는 이전에 경험한 자극에 있었던 요소 수에 따라 결정된다. 동일한 요소가 충분하면 같은 반응이 쉽게 일어난다. 따라서 조건자극에 이전 경험요소들이 많이 있으면 쉽게 배울 수 있다. 이를 동일요소론이라 한다.

조건화 초기 단계에는 자극에 대하여 다양한 반응을 표현한다. 행동 결과가 만족스럽지 않으면 자신이 할 수 있는 다른 많은 행위를 시도하기 때문이다. 이는 문제가 해결되거나 만족할 결과가 나올 때까지 여러 행동을 시행한 많은 경험의 결과이다. 이를 중다반응이라 한다.

조건화는 개가 개별적으로 지닌 배경이나 일시적인 상태 등에 따라 차이가 발생한다. 영향을 미치는 요인은 환경·정서·동기·피로 등이 있다.

결합적 이동은 특정한 자극으로 행동을 학습시킨 후 이어서 최초 자극의 요소 중

일부를 다른 요소로 대체하여 조건화하는 방법이다. 최초에 제시되었던 자극의 요소가 충분하게 제공되면 동일하게 반응한다. 이전자극의 요소와 다른 자극에 반응이 발생한다. 이는 변별훈련에 효과적이다.

개 훈련은 신체활동을 중심으로 이루어지는 기능적 학습이 대부분이다. 상황에 적응하거나 사람과의 관계를 형성하는 것은 인지적 성격이 강하지만 특정한 동작을 숙련되게 익히는 대부분의 과정은 기능적 학습이다. 이는 행동이 신속하고 정확하게 숙달되도록 연습하는 반복적인 성격을 띤다. 고전적 조건화와 조작적 조건화로 이루어지는 학습에서 많이 볼 수 있다.

단순기능은 특정자극에 행동이 연결되어 하나의 단위를 이루지만 복잡한 행동은 여러 단위행동이 연쇄적으로 조직된다. 기능학습은 내용을 배우는 과정에서 정확도가 높아진다. 따라서 숙련도가 높아지면 행동이 신속하고 정확하게 거의 자동적으로 표현된다. 기능적 행동은 연습이 만족할 수준으로 이루어지면 작은 실마리에도 실행된다.

유사성의 법칙은 비슷한 것이 여러 개 연결되면 하나의 형태나 색깔로 지각된다는 내용으로, 개 훈련에서는 비슷한 형태나 성질로 구성하여 낮은 단계에서 높은 단계로 행동을 진보시키는 방법이다. 어질리티에 필요한 슈트 터널 통과 능력을 형성할 때 기초 과정에서는 슈트가 부착되지 않은 형태의 짧은 고형 터널을 이용하다 진보 정도에 따라 슈트를 부착하고 슈트의 길이를 늘린다.

근접성의 법칙은 공간적으로 근접한 상태에 가까이 위치한 부분은 목표자극과 유사하거나 동일한 의미로 받아들이기 쉽다. 따라서 공간적으로 근접한 부분이 단계를 형성하는 형태이면 훈련에 용이하다. 폭발물 탐지견의 훈련과정에 차량 내부에 숨겨진 폭발물을 탐지하는 과정이 있다. 최초의 훈련에는 특정한 차량 한 대를 대상으로 탐지한다. 이때 훈련용 차량 옆에 다른 차량을 배치해 놓고 탐지하면 개는 공간적 근접성으로 다른 차량도 동일한 자극으로 받아들여 새로운 차량에 대한 탐지도 쉽게 진행된다. 근접성의 영향은 시간에도 영향을 준다. 현재 진행하고 있는 훈련과정에 가까운 시간에 있었던 내용은 기억과 재생이 더 잘 되어 행동 표현이 잘 된다.

보상 기대는 이전에 좋았던 결과를 기억하고 그 행동을 다시 하는 현상이다. 톨만Edward Chace Tolman은 원숭이를 대상으로 컵 두 개를 놓고 그 중 하나의 컵 밑에 음식을 감추었다. 그리고 원숭이에게 선택하도록 했을 때 음식이 숨겨진 컵을 선택했다. 컵의 종류를 바꾸어 시행할 때도 원숭이는 전 시행과 같이 컵을 치우고 음식을 찾았다. 이는 보상을 기대하고 행동하는 것을 보여준다.

동물체의 행동을 살펴보면 출발에서 목표까지 일정한 체계에 의해서 행동하는 것이 아니고 목표점을 아는 것처럼 상황의 변화에 적응한다. 이를 장소학습이라 한다.

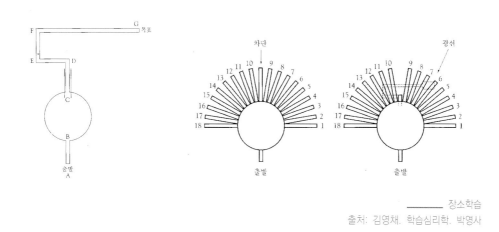

장소학습
출처: 김영채. 학습심리학. 박영사

1-2 훈련의 절차

개 훈련은 체계적으로 진행할 때 성공적이다. 일반적인 절차는 훈련의 목적을 명확히 설정하고 그에 따른 계획을 수립한다. 이어서 계획에 따라 훈련을 진행하고, 평가를 실시한다.

훈련의 목적은 개의 용도에 따라 분명해야 한다. 개를 선택할 때부터 목적을 정확히 정해야 한다. 실내에서 함께 생활할 반려견을 입양했으면 생활 및 사회예절훈련을 하고, 독 스포츠가 이유였다면 그에 맞는 과정을 진행한다. 훈련기간이 많이 소요되거나 과정이 복잡하면 목적을 벗어날 수 있다. 특히 실습위주로 진행되는 과정이 일상화되거나, 훈련을 단순한 반복으로 인식하는 경우에 훈련목적을 잃기 쉽다.

훈련목적이 결정되었으면 하위과제를 파악한다. 훈련과제를 검토하여 성격이 구분되는 부분을 기점으로 단계를 구분하고, 각 단계별로 적절한 목표를 정한다. 이어서 단위과제별로 도달해야 할 수준을 결정한다. 요망수준은 개의 용처와 자질 그리고 여러 영향요인들을 충분히 고려한다.

► 표 4-4 훈련의 절차

훈련목적 설정	훈련계획 수립	훈련진행	훈련평가
훈련목적 설정 요망수준 설정 훈련목표 설정	훈련내용 분석 훈련과제 훈련시간 훈련방법 훈련장소 훈련용품	훈련준비 훈련개시 훈련전개 훈련정리	단계별 형성평가 종합평가

훈련목적을 달성하기 위해서는 신중하게 수립된 훈련계획이 필수적이다. 훈련계획은 훈련목적을 기준으로 작성한다. 계획에는 전체과정을 편성한 계획, 훈련단계별로 구분한 계획, 매일 실시할 계획 등이 있다. 종합적인 계획은 포괄적이어서 모든 개에 동일하게 진행되기 어렵다. 어떤 개에는 수준이 과도하여 훈련이 불가능하지만 다른 개에는 너무 낮아 경제적이지 못할 수 있다. 이럴 때는 현상을 반영하여 과감하게 수정한다.

훈련계획은 훈련내용의 분석에서 시작된다. 최종적인 목표와 단계별 짜임새, 훈련과제와 소요시간, 훈련방법, 훈련장소 및 훈련용품 등을 파악하여 큰 얼개를 짠다. 이어서 단위과제별로 필요한 세부사항을 구체적으로 작성한다. 논리적으로 잘 구성하여 시작에서 마지막까지 순조롭게 진행되도록 한다. 훈련내용의 상충, 부분적 중복, 순서의 역행과 같은 모순이 없는 합리적 모습이어야 한다.

지도사가 의도하는 모습으로 개의 행동을 완성시키기 위해서는 체계적이고 꾸준한 실천이 있어야 한다. 훈련진행은 준비·개시·전개·정리 과정으로 이루어진다. 훈련준비는 목표를 확인하고 필요한 용품 등을 빠짐없이 갖추는 것이다. 개시과정은 개의 건강상태와 동기수준 점검, 이전 훈련에 대한 복습이다. 전개는 지도사의 능력이 실제로 펼쳐지는 과정이다. 지도사는 '어떻게 하면 개가 쉽게 배울 수 있도록 할 것인가?'에 몰두해야 한다. 주의할 점은 훈련의 목적과 목표를 항상 상기하는 것이다. 마지막으로 정리단계이다. 개가 미련을 가지도록 훈련에 여운을 남긴 상태에서 마무리한다. 과격한 활동으로 진행된 경우 건강상태를 체크하고, 마사지를 적절하게 실시한다. 훈련일지를 작성하고 다음 훈련을 구상한다.

준비	개시	전개	정리
목표확인 훈련용품 점검 훈련장 점검	건강상태 점검 동기수준 점검 이전훈련 복습	실행 목적인식(무엇을) 방법적용(어떻게)	건강점검 마사지 일지작성

———— 훈련 진행절차

▶ 표 4-5 CGC 훈련 8주계획표

	1주	2주	3주	4주
리더십	앉아 10분 4회	엎드려 10분 2회	앉아 10분 2회 (월·수·금) 엎드려 20분 2회 (화·목)	앉아 10분 2회 (화·목) 엎드려 30분 1회 (월·수·금)
동행	20분 4회	10분 4회	10분 2회	10분 2회 미지인 교행
앉아		9×3×4회	9×3×2회	9×3×2회 미지인 접촉 (머리·귀)
기다려			1m 이격 9×3×2회	3m 이격 9×3×2회
장소	유혹 자극이 없는 단순 공간		인적이 드문 일반 생활공간	

	5주	6주	7주	8주
동행	10분 2회 타견 교행	10분 2회 청각 자극 (문소리·책·의자)	10분 2회 시각 자극 (목발·자전거·러닝맨)	
앉아	9×3×2회 미지인 접촉 (발·몸·빗질)			

기다려	3m 이격 1분 9×3×2회	6m 이격 3분 9×3×2회		
와	9×3×4회 실내 3인 게임	9×3×4회 실내 3인 게임	9×3×2회 실외 3인 게임	9×3×2회 실외 3인 게임
엎드려		9×3×4회	9×3×4회	
서			9×3×4회	9×3×4회
장소	일반 생활공간		다중 이용공간	
준비물	훈련일지, 보상용 음식, 허리쌕, 놀이 공, 빗, 10m 견줄, 클리커, 스톱워치, 엎드려 훈련용 테이블 50(W)×100(L)×70(H), 목발, 자전거, 배변봉투			

▶ 표 4-6 CGC 과제별 훈련 진행

구분	과제	훈련진행
1주	리더십	강아지를 지도사 왼쪽에 둔 상태에서 10분 '앉아' 자세를 훈련한다. '앉아' 할 때는 항상 실행어를 사용한다. '프리Free'라는 실행어로 놓아준다. 매일 1회 실시한다. 강아지가 자주 일어나려 하면 훈련을 더 한다.
	동행	견줄을 오른쪽 어깨에 건 상태에서 오른쪽으로 커다란 원을 돌며 연습한다. '이름, 가자' 후 빠르고 경쾌하게 걷기 시작한다. 강아지가 지도사로부터 멀어지면 지도사 왼쪽으로 다시 오게 한다. 강아지가 지도사 옆에 있을 때와 지도사를 쳐다볼 때마다 보상한다. 강아지가 지도사의 옆에서 견줄을 잡지 않은 상태로 잘 걷도록 한다.
5주	동행	주의력을 분산시키는 자극이 약간 있는 곳에서 연습한다. 지도사가 '프리Free' 하기 전까지 강아지는 동행해야 한다.
	앉아	'앉아' 자세에 무작위로 보상한다.
	기다려	강아지에게 견줄을 맨 상태에서 지도사가 크게 움직이며 유혹한다.
	와	견줄을 채우고 주의력 분산자극이 있는 곳에서 연습을 계속한다. 무작위로 보상한다.
8주	와	강아지에게 6m 줄을 채우고 '앉아, 기다려' 후 3m 앞으로 이동한다. '이름, 와' 하고 부른다. 강아지가 오면 보상한다.
	서	주의력 분산자극 극복을 동시에 연습한다. '미지인에 의한 그루밍 수용'을 연습한다. 지도사가 강아지 옆에 있고 보조자가 빗질과 귀 검사 그리고 앞발을 하나씩 들어올린다.

CGC 훈련일지

2022년 1월 3일(월)

일차						(4)주 (1)일					
오늘 목표	리더십			동행			앉아			기다려		
	엎드려 30분 1회			10분 2회 미지인 교행			미지인 접촉(머리·귀) 9×3×2회			3m 이격 9×3×2회		
시간	09:00~10:00											
장소												
실시 사항												
성과	리더십			동행			앉아			기다려		
	상	중	하	상	중	하	상	중	하	상	중	하
특이 사항												
내일 준비 사항												
비고												

훈련이 끝나면 달성도를 파악하기 위하여 평가를 실시한다. 평가는 수행성과 뿐만 아니라 다음 진행을 준비하는 데도 중요하다. 따라서 평가결과를 냉철히 분석하여 보완할 사항을 찾아내고, 훈련과정 및 방법이 합당했는가를 파악한다.

평가는 훈련을 시작하기 전에 소질 점검을 위한 진단평가, 훈련 중에 성취 수준을 알기 위한 형성평가, 종료 후에 실시하는 종합평가가 있다. 이들은 모두 목적행동 및 해당과정에 도달해야 할 기준을 근거로 절대평가를 실시한다. 또한 타당성을 가질 수 있도록 평가기준표를 근거로 실시한다. 평가기준표의 합리적인 평가항목과 점수기준은 평가의 정합성[10]을 보장한다.

평가는 진행해 온 훈련의 결과를 알아보는 것이다. 평가가 좋으면 훈련의 목적이 달성되었음을 의미한다. 평가는 훈련의 목적이 이루어졌는지 또는 지도사가 훈련을 제대로 실시했는지를 파악할 수 있다.

지도사는 개에게 무엇을 가르칠 때 그 목적이 무엇인지 생각해야 한다. 그래서 훈련이 끝났을 때 또는 그 과정에 훈련의 목적과 목표가 잘 이루어졌는지를 파악한다. 그래서 개가 정확히 배우지 못한 경우 계획과 방법을 수정한다.

지도사는 훈련을 한 후에 개가 얼마나 잘 배웠는지 또는 자신이 제대로 가르쳤는지을 평가해야 한다. 지도사가 열심히 가르쳤지만 개가 배우지 못했다면 훈련이 잘 이루어지지 않은 것이다. 훈련의 전체과정과 더불어 세부적인 부분을 점검하는 것도 매우 중요하다.

진단평가는 훈련을 시작하기 전에 개가 지니고 있는 기본적인 성격과 목적하는 훈련을 진행할 수 있는지 여부를 판단할 때 실시한다. 형성평가는 훈련이 계획대로 진행되고 있는지를 평가하여 훈련방법과 진도의 변경여부와 개체의 적응도를 파악한다. 종합평가는 훈련과정이 모두 끝나고 훈련목적의 성취도를 평가한다. 능력 유지평가는 훈련과정이 모두 끝나고 임무수행 중에 능력의 변화 상태와 문제되는 부분을 점검하기 위하여 실시한다.

---

10 정합성: 평가를 구성하는 요인 간의 논리적 모순이 없는 상태

2. 고전적 조건화

파블로프는 실험견이 자신의 조수가 나타나자 침을 흘리는 이상한 현상을 보았다. 평소에 음식을 주었던 그 사람이 자극으로 작용한 결과이다. 이처럼 음식을 주기 전에 사람의 모습을 보거나 소리를 듣고 침을 흘리는 현상을 '조건반사'라 했다. 파블로프의 조건화는 개에게 아무런 의미도 없던 자극이 반응을 발생시키는 이치이다.

파블로프^{Pavlov, Ivan Petrovich}

파블로프는 1849년 러시아 리아잔에서 태어났다. 의과대학을 졸업하고 생리학 교수로 30년간 근무했다. 그는 다양한 실험방법을 고안하여 소화액의 분비기전을 연구했다. 파블로프는 동물의 심리나 행동에는 관심이 없었다. 하지만 음식이 들어간 후에 분비되어야 할 침이 사전에 배출되는 현상에 매료되었다. 오랫동안 연구해왔던 생리학에서 동물행동과 심리에 대한 연구로 전환했다. 동물의 행동에 대한 새로운 접근이 시작된 것이다. 또한 파블로프의 조건반사는 뇌의 기능에 대하여 연구하는 계기가 되었다. 그의 조건화는 많은 과학자들의 관심을 받았다. 파블로프의 조건화는 우연한 발견과 집요한 노력의 결과이다.

2-1 조건화 이론

파블로프의 조건화가 이루어지는 이유를 설명한 이론은 자극대체론과 반응준비론 등이 있다. 자극대체론은 "자극은 서로 바뀔 수 있다."는 논리이다. 따라서 조건자극은 부조건자극을 대신할 수 있고, 조건반응은 무조건반응으로 바뀌게 된다. 다만 조건자극은 무조건자극보다 약한 것이 일반적이다. 파블로프는 "뇌는 무조건자극이 특정 부위에 작용하면 해당 신경영역이 흥분되어 반응이 발생한다. 따라서 조건화는 조건자극과 무조건자극 사이에 신경이 새롭게 연결되는 것이다."라고 했다. 또한 "무조건적으로 작용하는 자극은 생득적이지만, 조건자극은 후천적으로 만들어진다."고 했다.

음식은 침을 분비하는 뇌의 영역을 자극한다. 클리커 소리와 음식을 조건화하면 그 소리가 뇌의 침 분비 부위를 자극한다. 조건자극인 클리커 소리가 무조건자극인 음식처럼 뇌의 동일한 부위를 자극하는 것이다. 결과적으로 클리커 소리에 침을 분비하는 뇌의 영역이 자극된다. 음식이 클리커 소리로 대체된 것이다.

반응준비론은 '조건반응은 무조건자극의 출현을 준비한 결과이다.'는 개념으로, 조건반응은 뒤이어 제공될 자극에 대하여 준비된다는 것이다. 즉 조건자극이 무조건자극과 같은 기능을 하는 이유는 무조건자극의 출현에 대비하여 조건자극이 준비하기 때문이다. 이처럼 조건자극과 무조건자극은 가치에 차이가 있을 수 있지만 둘 다 개로 하여금 반응을 준비하게 만든다. 클리커 소리와 음식을 조건화하면 소리에 침을 흘린다. 이 반응은 개가 클리커 소리 후에 제공될 음식을 먹을 준비를 한 결과이다. 음식이 주어지지 않았지만 클리커 소리가 침을 분비시킨 것이다.

레스콜라[Rescola]는 "특정한 자극이 조건자극이 될 수 있는 요건은 무조건자극의 성질과 조건의 총량에 따른다."고 했다. 맥킨토시[Nicholas Mackintosh]는 "조건자극에 대한 집중과 무조건자극에 대한 기대에 의한다."고 했다. 피어스[John Pearce]는 "조건자극에 대하여 주의를 집중하는 것은 중요하거나 친숙한 것이 아닌 새로운 것이다. 그리고 무조건자극이 새롭게 제시되면 선행 조건자극의 가치가 커진다."고 했다. 즉 조건자극만 단독으로 제시한 후 다음 시행에 조건자극 후 무조건자극을 제시하면 조건자극의 효과가 높아진다.

2-2 조건화 방법

파블로프 조건화는 조건자극11[Conditioned Stimulus]을 무조건자극12[Unconditioned Stimulus]과 결합시켜 반응을 유발하는 것이다. 방법은 조건자극을 먼저 제시하고 무조건자극을 후에 주는 것이다. 조건자극인 클리커 소리와 무조건자극인 음식을 조건화하려면 클리커 소리를 먼저 들려준 후 음식을 제공한다. 연습을 계속하면 클리커 소리가 음식

---

11 학습되기 전에는 반응을 유발하지 못했으나 학습 후 반응을 일으키는 자극
12 학습과 무관하게 자동적으로 반응을 일으키는 자극

을 대체하거나, 클리커 소리 후에 음식이 제공될 것을 기대하게 됨으로써 조건화된다.

조건화 방법은 조건자극과 무조건자극을 제시하는 시간적 차이에 따라 구분한다. 흔적조건화·지연조건화·동시조건화·역향조건화 4종류이다.

무조건반응: 생득적, 반영구적 / 조건반응: 습득적, 비영구적

───── 파블로프 조건화의 기본절차

흔적조건화는 조건자극을 먼저 제시하고 잠시 후 무조건자극을 준다. 조건자극이 흔적으로 남게 하는 방법으로 가장 효과적이다.

지연조건화는 조건자극을 주고 조건자극이 영향력을 가지는 상태에서 무조건자극을 제시하는 방법으로 흔적조건화와 동시조건화가 합쳐진 형태이다.

조건자극과 무조건자극을 동시에 주는 방법은 동시조건화이다.

역향조건화는 무조건자극을 먼저 제시한 후에 조건자극을 주는 방법으로 비효율적이다. 결과적으로 조건자극이 무조건자극보다 먼저 제시되었을 때 조건화가 잘 이루어지고, 무조건자극이 조건자극과 동시에 제시되거나 후에 제시되면 효과가 적다.

흔적조건화	조건자극	무조건자극
지연조건화	조건자극 무조건자극	
동시조건화	조건자극 무조건자극	
역향조건화	무조건자극	조건자극

───── 조건자극과 무조건자극의 결합도식

▶ 표 4-8 조건자극과 무조건자극의 결합방법

종류	조건 제시 방법	훈련	효과
흔적조건화	조건자극 제시 후 무조건자극 제시	클릭하고 잠시 후 음식 제공	◎
지연조건화	조건자극과 무조건자극 일부 중첩	클릭소리가 음식이 제공될 때까지 제시	○
동시조건화	조건자극과 무조건자극 동시 제시	클릭하면서 음식 제공	△
역향조건화	조건자극이 무조건자극 후에 제시	음식을 먼저 주고 클릭	×

2-3 조건화의 영향요인

　　파블로프의 고전적 조건화는 조건자극의 습득 결과에 차이가 나타날 수 있다. 이는 조건화 과정에 여러 요인들이 영향을 미치기 때문이다. 영향요인은 조건자극 후에 무조건자극의 수반성, 조건자극과 무조건자극의 근접성, 조건자극의 특성, 조건자극의 사전경험, 개체별 특성, 환경적 요인 등이 있다.

　　조건화의 영향요인 중 무조건자극의 수반성은 거의 절대적이다. 수반성이란 어떤 것에 뒤따르는 현상이다. 조건자극 ⓐ가 주어지면 뒤이어 무조건자극 ⓐ'가 따라오는 경우로, 무조건자극 ⓐ'는 조건자극 ⓐ에 수반된 것이다. 고전적 조건화는 조건자극에 무조건자극이 수반되지 않으면 효과를 발휘하기 어렵다.

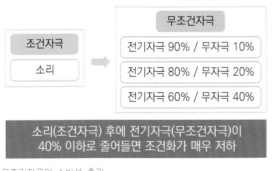

무조건자극의 수반성 효과 _____
출처: Robert Rescorla, 1968

　　조건자극과 무조건자극의 근접성은 자극들의 제공시간이 가깝거나 먼 정도이다. 일반적으로 조건자극과 무조건자극 사이의 제공시간이 짧을수록 조건화가 쉽고 빠르게 나타난다. 따라서 흔적 조건화도 조건자극 후 무조건자극의 제시 간격이 멀면 수반성을 상실하여 조건화가 이루어지지 않는다.

　　고전적 조건화는 자극의 특성에도 영향을 받는다. 자극의 강도가 높으면 약한 것보다 조건화가 더 잘 이루어진다. 다만 지나치게 강하면 조건자극이 되지 못하고 무조건자극으로 작용할 수 있다. 너무 큰 소리는 조건자극이 되지 못하고 두려움을 유발하는 무조건자극이 되는 것과 같다.

　　몇 가지 요소가 복합적으로 이루어진 자극을 조건화한 후 그 중 특정한 요소자극을 단독으로 제시하면 반응이 나타나지 않는 자극이 있다. 자극의 특성에 따라 차폐현상이 발생한 경우이다. 복합자극 중 특정요소가 다른 요소에 반응하지 못하도록 방해하는 것이다.

　　뒤덮기 현상은 조건자극의 강도 및 특성이 유사할 때 발생한다.

조건화에 사용될 조건자극을 사전에 경험하면 사전조건화가 발생한다.

조건자극에 무조건자극이 수반되지 않은 상태에서 경험하면 조건화가 잘 이루어지지 않는 잠재적 억제 현상이 나타난다. 잠재적 억제는 보상을 받지 못한 상태에서 조건자극을 사전에 경험한 결과이다.

▶ 표 4-9 조건자극의 영향에 따른 현상

구분	특성
차폐	복합자극의 구성요소 간 특성의 영향으로 조건화 방해
뒤덮기	조건자극의 강도 및 특성이 유사한 경우 발생
잠재적 억제	조건자극의 사전경험에서 무조건자극의 비수반으로 조건화 방해

조건화는 자극의 결합횟수에 비례하여 증강된다. 연습기회가 많을수록 조건화 수준이 높아진다. 다만 연습의 법칙에 따라 시행 초기에 효율이 높고 후반으로 갈수록 낮아진다. 조건자극과 무조건자극의 결합을 시행하는 시간적 간격은 조건화에 영향을 준다. 시간 간격이 길면 짧을 때보다 효과적이다. 클릭과 음식을 결합하는 경우 클릭과 음식제공 사이의 적정 간격은 1초 이내이고, 시행 간 간격은 20~30초이다.[13]

조건화에 영향을 미치는 또 다른 요인으로는 개체적 특성과 환경적 요인이 있다. 훈련을 하는 개의 나이는 자극에 대한 민감도와 경험요소, 준비성 등에 영향을 주고, 성격은 자극의 감수성에 직접적인 차이를 가져오기도 한다. 또한 조건화 당시의 환경적 요인도 영향을 미친다.

2-4 조건화의 파생효과

의사조건화는 조건화를 실행하지 않았는데 특정한 자극에 반응을 보이는 현상이다. 이는 조건화하는 과정에서 의도하지 않은 다른 자극에 영향을 받은 결과이다.

소거는 조건화된 조건자극에 대하여 무조건자극을 제공하지 않고 계속 시행하면 조건자극의 효과가 사라지는 것이다. 클리커 소리와 음식을 조건화한 상태에서 조건

---

13 prokalcy & whaley, 1963

자극인 클리커 소리만 제시하고 무조건자극인 음식을 계속 주지 않으면 클리커 소리는 효과를 상실한다.

자동회복은 소거 후 조건반응이 재현되는 현상이다. 조건자극을 소거하고 일정기간이 경과된 후 조건자극을 제시하면 반응이 재발한다.

조건자극의 성질 변화는 조건으로 사용된 자극의 원래 성질이 바뀌는 현상이다. 파블로프는 개에게 전기자극을 조건자극으로 그리고 음식을 무조건자극으로 사용하여 조건화했다. 그 결과 종소리에 침을 흘렸던 것처럼 전기자극에도 침을 분비했다. 이는 전기자극이 침 분비에 대한 조건자극으로 전환되어 본래의 두려움을 주는 혐오성이 사라진 것이다. 이때 혐오자극에 대하여 일반적으로 나타나는 호흡과 맥박의 증가도 없었다. 결과적으로 전기자극을 싫어하지 않게 된 것으로 좋지 않은 자극도 좋아하는 자극과 결합되면 그 성격이 변하게 된다.

고전적 조건화는 개들의 훈련과 문제행동 개선에 많이 활용되고 있다. 대표적으로 2차 조건화, 역조건화, 정서조건화, 미각조건화 등이 있다. 2차 조건화는 조건자극을 활용하여 조건화하는 방법이다. 무조건자극에 조건화된 자극을 다른 중성자극과 연관시켜 새로운 조건화를 형성한다.

$$CS^1 \rightarrow CR \quad \Rightarrow \quad CS^2 \rightarrow CS^1 \rightarrow CR \quad \Rightarrow \quad CS^2 \rightarrow CR$$

CS: 조건자극(Conditioned Stimulus)
CR: 조건반응(Conditioned Response)

고전적 조건화의 2차 조건화 _____

역조건화는 조건화를 반대로 이용하는 절차이다. 개의 문제행동으로 빈발하는 타인에 대한 공격행동, 과도한 짖음, 두려움 등을 완화하거나 제거하는 데 활용된다.

정서조건화는 특정 자극이 개의 정서에 영향을 주는 현상이다. 두려움과 같은 혐오적 정서와 즐거움으로 상징되는 우호적인 것으로 구분할 수 있다. 왓슨이 공포를 역조건화시켜 두려움을 해결한 연구가 대표적이다.

미각조건화는 미각에 혐오적 자극을 조건화하는 절차이다. 몇 번의 조건자극 결합에도 조건화가 이루어지고, 시간이 경과된 후에 조건반응이 발생해도 효과적이다. 이물질 섭취나 식분증을 교정하는 데 적용할 수 있다.

3. 조작적 조건화

스키너[Burrhus Frederic Skinner]

스키너는 1904년 미국 펜실베이니아주 서스키해너에서 태어났다. 어렸을 때부터 만들기에 소질이 있어서 회전목마나 영속운동기계 등을 만들었고, 후에 스키너상자와 티칭머신을 발명했다. 그는 문학을 전공했지만 파블로프의 조건반사에 매료되어 하버드대 심리학과에 입학했다. 10년 간 치열하게 연구한 결과 조작적 조건화를 발표했다. 그는 가설이나 이론적 설명보다 직접 관찰할 수 있는 행동을 중요하게 여겼고 결과로 입증했다. 그의 조작적 조건화는 심리학, 교육학 등에 큰 영향을 주었다. 주요저서로 《The behavior of organism》(1938), 《Science and human behavior》(1953), 《Verbal behavior》(1957), 《Beyond Freedom and Dignity》(1971) 등이 있다.

스키너는 1938년에 저술한 '유기체의 행동'에서 조작적 조건화에 대한 이론을 정립하여 발표했다. 이를 계기로 동물체의 행동과 학습에 대한 개념이 과학화되고, 행동주의의 활용 폭이 획기적으로 확장되었다. 근래에는 개 훈련과 문제행동 해결방법으로 광범위하게 이용되고 있다.

스키너는 연구를 위하여 레버를 누르면 음식이 나오는 문제상자를 만들었다. 그는 상자 안에 쥐를 넣고 실험을 했다. 초기에 움츠려있던 쥐가 움직이는 과정에서 우연히 레버를 건드리자 음식이 나왔다. 그 후로 쥐가 레버를 누르는 횟수와 강도가 급격히 증가했다. 스키너는 쥐가 보여준 행동에서 '동물체의 행동은 그 결과에 의해 증가하거나 감소한다.'는 사실을 발견하고 이를 조작적 조건화[Operant Conditioning]라 했다. 이는 동물체가 수행한 행동 결과를 조작하여 행동을 변화시킬 수 있다는 의미이다. 또는 행동결과가 행동을 가져오는 도구 역할을 하므로 도구적 조건화[Instrumental Conditioning]라하기도 한다.

　조작적 조건화는 동물체의 자발적인 행동을 배경으로 한다. 스키너의 연구에서 쥐가 레버를 누르는 것은 자극에 유발된 것이 아니라 스스로 표출한 능동적인 행동의 결과였다. 때문에 조작적 조건화는 동물체가 표현하는 모든 행동에 적용될 수 있는 가능성을 가지게 된다. 조작적 조건화가 개 훈련 전반에서 사용될 수 있는 이유이다. 근자에 많은 사람들이 사용하는 클리커가 대표적이다. 클리커를 잘 활용하면 개가 표현할 수 있는 범위 내에서 대부분의 행동을 조건화할 수 있다. 스키너는 1951년에 발표한 '동물을 가르치는 방법^{How to Teach Animals}'에서 클리커를 이용한 훈련에 대하여 설명했다. 그는 책에서 "클리커는 조건화된 강화물로 동물훈련에 매우 유용한 도구이다."고 했다.

조작적 조건화의 기본절차 ‾‾‾‾‾

　고전적 조건화와 조작적 조건화의 차이점은 고전적 조건화는 무조건자극과 조건자극의 결합관계이고, 조작적 조건화는 수행 결과에 대한 행동의 함수이다. 즉 고전적 조건화는 자극에 이어지는 반응으로 사상^{事象}이 종료되고, 조작적 조건화는 개가 수행한 행동의 결과에 의해 행동이 다시 발생하게 된다. 또한 고전적 조건화는 수동적인 반사작용에서 주로 볼 수 있지만, 조작적 조건화는 능동적으로 수행하는 동물의 행동에서 넓게 나타난다.

고전적 조건화와 조작적 조건화 ‾‾‾‾‾

► 표 4-10 고전적 조건화와 조작적 조건화의 차이

	수반성	적용	생물학적 특성	
고전적 조건화	CS에 US 수반	불수의적 반응	자율신경계	행동과 무관하게 자극 결합
조작적 조건화	행동에 강화물 수반	수의적 행동	수의적신경계	특정행동에 보상

3-1 조건화 이론

조작적 조건화의 근간인 강화와 약화가 가능한 이유는 추동감소론·상대적가치론·반응박탈론·회피론·중단론 등으로 설명된다.

동물체는 배고픔이나 수면과 같은 생리적 욕구를 충족하고자 하는 추동推動, drive으로 행동이 발생한다. 그리고 결여되었던 원인이 해소되면 추동이 사라져 행동은 멈추게 된다. 이 논리가 헐Clark Hull이 주장한 "동물체는 추동에 의하여 행동한다."는 추동감소론이다. 헐의 이론은 생리적 욕구와 관계된 경우에 타당성이 높다. 또한 "칭찬과 같은 2차 강화물도 조건화를 통해서 효력을 발생한다."고 했다.

상대적가치론은 프리맥David Premack이 주장한 이론으로 "행동은 강화물에 의해 발생되지만, 강화물을 얻기 위한 행동 자체도 강화물이 될 수 있다."는 것이다. 동물체는 상황에 따라 어떤 행동을 다른 행동보다 좋아한다. 이를 행동의 상대적 가치라 한다. 상대적가치론은 생리적인 것과 사회적인 것, 1차적인 것과 2차적인 것을 구분하지 않고 단지 행동들의 가치만 비교한다. 좋아하는 행동을 이용하여 좋아하지 않는 행동을 강화하는 것으로 행동 ⓐ를 수행했을 때 행동 ⓑ를 할 수 있도록 하는 것이다.

동물체는 행동이 일정 한도 이하로 제한되면 그것을 얻고자 한다. 반응박탈론은 "행동이 기저선 아래로 금지되면 그만큼 강화력이 발생하게 된다."는 이론이다. 여기에서 행동하고 싶은 욕구는 기저수준 아래로 떨어진 정도에 의해 결정된다. 즉 행동은 정상적인 수준으로 충족되지 못하면 그에 비례하여 욕구가 발생된다.

반응박탈론은 "동물체는 일정 한도 이하로 행동이 제지되면 그것을 얻고자 한다."것으로 "행동이 기저선 아래로 금지되면 그만큼 강화력이 발생하게 된다."는 이론이다. 여기에서 행동하고 싶은 욕구는 기저수준 아래로 떨어진 정도에 의해 결정된다.

이는 행동을 정상적인 수준으로 하지 못하면 그에 비례하여 효과가 커지게 되는 것이다.

부적강화는 보통 도피로 시작하여 회피로 끝나기 때문에 회피론이라 한다. 이를 설명하는 이론으로 1과정론과 2과정론이 있다. 1과정론에서 회피론은 혐오성 자극이 사라짐으로써 강화되기 때문에 조작적 조건화에 적용된다. 즉 도피한 결과로 혐오성 자극이 없어지고 도피행동은 회피행동으로 이어진다. 2과정론은 혐오자극인 무조건자극과 조건자극의 결합으로 이루어지는 고전적 조건화와, 혐오자극이 제거되어 행동이 증강하는 조작적 조건화가 함께 적용된다.

3-2 조건화 방법

■ 강화

음식을 이용한 손에 대한 강화 ━━━━
출처: www.pexels.com. cottonbro

강화는 조작적 조건화를 실행하는 핵심으로 지도사가 의도하는 행동을 증강시키는 절차이다. 강화는 개가 표현하는 행동의 강도 및 발생빈도를 증강시켜야 하므로 강화에 이용되는 강화물은 대부분 개가 좋아하거나 유익한 것이다. 강화는 개의 생명을 유지시키는 원천적인 힘으로 현재 표현하는 대다수 행동은 그 결과이다. 일상에서 자연스럽게 표현하는 행동들도 대개 강화된 결과이고, 의미가 없는 것처럼 보이는 행동도 경험을 통해 강화된 산물이다.

강화는 행동이 표출될 가능성을 높이는 것이고, 보상을 중단해도 일정기간 계속한다. 또한 다른 행동에 같은 강화물이 주어져도 강화된 행동을 지속한다. 강화된 상태는 행동의 강도가 강화되기 이전보다 증강되어야 하며, 개가 수행하는 행동의 증강이 강화를 받은 결과이어야 한다.

■ 강화와 보상

강화와 보상의 관계는 '개의 행동은 보상에 의해 강화되고, 지도사는 개의 행동을 강화하기 위하여 보상하는' 것이다. 즉 강화는 개의 행동이 증강되는 과정이고, 보상은 지도사가 개의 행동에 대하여 강화물을 제공하는 절차이다. 강화는 내면적이고, 반면에 보상은 외현적이다. 강화와 보상을 구분하면 이와 같지만 개를 훈련하는 과정에서는 대부분 함께 이루어진다.

■ 약화

약화는 개의 특정한 행동을 감약시키기 위하여 계획적으로 실시하는 조작적 조건화의 절차이다. 강화의 상대적인 의미이고, 문제행동을 감소시키거나 없애는 데 주로 이용한다. 개가 표현한 행동의 결과를 조작하여 발생빈도를 줄이거나 강도를 약하게 하는 방법이다. 약화에 이용되는 자극은 개가 싫어하는 성질을 가지는 경우가 대부분이다.

■ 약화와 처벌

약화와 처벌의 관계는 강화와 보상의 관계와 비슷하다. 약화는 개의 행동이 감약되는 과정이고, 처벌은 지도사가 개의 행동에 대하여 약화물을 제공하는 것이다. 또한 약화는 개의 내부에서 이루어지고, 처벌은 지도사의 행동으로 표현된다. 약화는 처벌과 혼동되어 사용되지만 명확히 구분해야 조작적 조건화를 잘 이해할 수 있다.

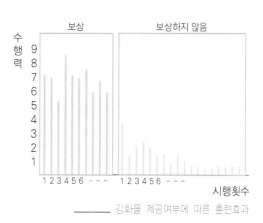

강화물 제공여부에 따른 훈련효과

■ 정적강화

강화는 조작적 조건화를 이용하여 지도사가 의도하는 행동을 개가 수행하도록 하는 방법이다. 개는 강화를 통해 특정한 행동을 더 빠르고 정확하게 표현할 수 있다. 이 때 행동을 강화하기 위하여 이용하는 것을 강화물이라 하고, 강화물의 제공 및 존재 여부에 따라 정적^{正的}14강화와 부적^{不的}15강화로 나뉜다. 강화물이 제공되면 정적강화이고 반대로 제거되면 부적강화이다.

정적강화와 부적강화는 둘 다 개의 행동을 증강시킨다. 개가 수행한 행동의 결과에 대하여 강화물을 제공하는 상태에 따라 정적인 것과 부적인 것으로 결정된다. 따라서 강화물의 성격과는 무관하고, 단지 목적행동을 실현시키기 위하여 강화물을 제공하는가 또는 회수하는가에 차이가 있을 뿐이다.

정적강화는 개의 특정한 행동을 강화하기 위하여 무엇인가 제공(+)하는 방법이다. 개는 행동을 취하고 그 결과로 무엇인가 제공받는다. 이처럼 개는 제공받은 것 때문에 그 행동을 다시 수행하게 되는 원리가 조작적 조건화를 이용한 정적강화이다. 따라서 새로운 행동을 개에게 알려주는 훈련에서는 정적강화가 주로 이용된다.

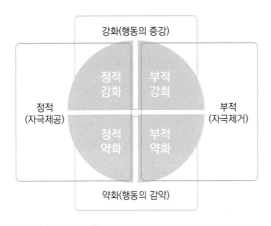

조작적 조건화의 절차 _____

이 과정에서 행동을 강화하기 위하여 개에게 제공한 것을 강화물이라 한다. 정적강화에 이용되는 강화물은 우호적인 것이든 혐오적인 것이든 상관이 없다. 결과적으로 무엇을 이용하든 행동을 증강시키면 된다. 하지만 혐오적인 강화물은 개가 거부하거나 회피할 수 있으므로 행동을 증강시켜야하는 강화와는 상충된다. 따라서 혐오적인 강화물을 이용하는 정적강화는 거의 없고, 대부분의 정적강화물은 우호적인 성격을 가진다.

개에게 '앉아'를 가르치려고 한다. '앉아' 실행어를 제시하고 기다린다. 지도사는 개가 뒷다리를 땅에 붙이고 앉는 모습이 나타나면 강화물을 제공한다. 지도사의 요구에 개는 행동을 표현하고, 그 결과로 강화물을 제공받았다. 개는 자신이 수행한 행동

---

14 positive: 양수(陽數)의 (+) 의미로 무엇인가 제공하는 상태
15 negative: 음수(陰數)의 (−) 의미로 무엇인가 제거되는 상태

에 대하여 좋은 결과를 얻었다. 개는 '앉아' 실행어가 제시되면 강화물을 받기 위해 점차 더 빠르고 정확하게 자세를 취하게 된다. 전형적으로 정적강화가 적용된 것이다. 이때 강화물은 공·음식·좋아 등과 같은 무엇이든 괜찮다.

─────── 정적강화

개의 앉은 동작에 혐오성을 띤 강화물을 사용해도 정적강화이다. 지도사의 '앉아' 요구에 자세를 취하면 엉덩이를 때린다. 개가 표현한 행동의 결과에 강화물이 제공되었으므로 정적강화이다. 하지만 개는 '앉아' 동작의 결과가 좋지 않았기 때문에 더 이상 앉지 않거나 피하게 된다. 혐오적인 강화물도 정적강화로 이용할 수 있지만, 현실적으로 목적을 달성하기 어려워 강화물로 사용하기 어렵다.

■ 부적강화

부적강화도 정적강화와 마찬가지로 지도사가 바라는 행동의 발생빈도와 정확도를 높이는 것이 목적이다. 다만 정적강화와 달리 개가 표현한 행동의 결과에 대하여 제공되고 있던 자극이 제거되는 차이가 있다. 개는 어떤 행동을 수행하고 그 결과로 무엇인가 사라진다. 개는 사라진 무엇 때문에 그 행동을 다시 하게 되는 원리이다.

따라서 부적강화에 이용되는 강화물은 개가 회피하거나 싫어하는 것이 주를 이룬다. 강화는 행동을 증강하는 것이 목적이고, 부적인 현상은 강화물이 사라지는 조건이므로 우호적인 강화물의 사용은 사실상 어렵다. 그래서 대부분 부적강화에 이용되는 강화물은 혐오성을 띤다.

정적강화와 부적강화 두 절차는 행동을 증강한다는 사실은 동일하다. 차이점은 정적강화는 강화물이 제시되고 부적강화에서는 강화물이 없어진다는 점이다. 단지 강화물이 더해졌는지 빼졌는지를 나타낼 뿐이다. 정적인 것은 새롭게 부가되는 것이고, 부적인 것은 강화물이 이미 제시된 상태에서 이루어진다.

실행어	행동	결과
앉아	동작 수행	자극(혐오성)이 없어짐(−)

부적강화 ———

■ 정적약화

약화는 개의 특정한 행동을 없애거나 줄이는 과정이고, 이 때 이용되는 자극을 약화물이라 한다. 약화는 약화물의 존재 및 제공 여부에 따라 정적약화와 부적약화로 구분한다. 약화물이 제공되면 정적약화이고 제거되면 부적약화이다. 이는 개의 행동에 대한 약화물의 제시 상태에 따라 나뉘는 것으로 자극의 성질과는 무관하다. 정적약화와 부적약화 모두 개의 특정한 행동을 감약시키는 것이 목적이므로, 제거할 행동 특성에 따라 방법이 정해진다. 그러나 약화는 개의 특정한 행동을 없애는 것이 목적이므로 우호적인 것을 사용하기 어렵다. 질책·통증·두려움과 같은 혐오성을 가지는 자극이 많이 사용된다.

정적약화는 개가 어떤 행동을 했을 때 그 결과로 무엇인가를 부가하여 그 동작을 더 이상 나타내지 못하도록 하는 절차이다. 즉 개의 행동결과에 자극을 더하여 행동이 줄어들거나 사라지게 한다. 정적인 것은 목적행동을 약화시키는 자극이 주어지는 상태이고, 약화는 개가 표현하는 행동양상이다. 즉 행동을 감약시키기 위하여 자극이 부가되었다면 정적약화이다.

왓슨[16]은 알버트가 쥐를 만지는 행동을 제거하려고 했다. 알버트가 쥐를 만질 때마다 큰 소리를 내어 놀라게 했다. 수 회 반복하자 알버트는 더 이상 쥐를 만지지 않게 되었다. 이는 알버트가 쥐를 만졌을 때 큰 소리가 남으로써 쥐를 만지는 행동이 사라진 것이다. 알버트의 행동결과에 대하여 나쁜 자극이 더해지고 행동이 사라졌으므로 정적약화이다.

---

16 John B. Watson

———— 정적약화

탐지견 훈련에서 목적취를 찾으면 '앉아' 자세를 취하도록 하는 과정이 있다. '태극'이라는 탐지견은 목적취가 들어있는 상자를 발견하면 앞발로 건드린다. 지도사는 상자를 발로 건드리는 행동을 정적약화를 적용하여 제거하려고 한다. 제거해야 할 목적행동은 앞발로 상자를 건드리는 것이고, 약화물은 지도사가 개의 발을 따끔하게 누르는 자극이다. 탐지를 시작한다. 태극이가 상자를 발견하고 발로 긁는다. 지도사는 재빨리 그 발을 잡고 따끔하게 누른다. 태극이가 상자를 발로 긁는 행동은 사라진다.

———— 정적약화

■ 부적약화

부적약화는 개가 표현하는 행동을 무엇인가 제거하여 감소시키는 절차이다. 그런데 약화 시 제거해야 할 행동을 유지시키는 자극은 개가 좋아하는 성격을 가진 경우가 많다. 이는 개의 행동이 과거에 보상을 받은 결과이기 때문이다.

정적강화	부적강화
우호적 자극	혐오적 자극
정적약화	부적약화
혐오적 자극	우호적 자극

———— 강화와 약화의 자극특성

'카이'라는 개는 현관 옆 창문 밑에 항상 자리를 잡고 있다. 손님이 올 때마다 불편해 이를 고치려 한다. 훈련의 목적은 현관 옆에 누워있는 것을 없애는 것이다. 카이의 이 행동을 유지시키는 것은 창문을 통해 들어온 햇볕이 만든 따뜻한 바닥이다. 창문의 햇볕을 차단해 온기를 없앴다. 카이가 그 장소에 누웠을 때 안온함이 사라졌다. 카이는 더 이상 그곳에 누워있지 않게 되었다.

3-3 조건화의 영향요인

■ 강화물의 강화력

조작적 조건화를 이용하여 훈련할 때는 여러 영향요인을 고려해야 한다. 강화력 · 수반성 · 근접성 그리고 훈련내용의 난이도 등이다. 강화력은 개의 동기를 이끌어내고 유지하는 강화물의 힘이다. 훈련에서 이 힘을 유지하려면 강화물을 적은 양으로 여러 번 제공한다. 강화물이 크면 동기를 유발하는 힘은 강하지만 유지력이 상대적으로 낮다. 또한 큰 강화물은 그것을 해소하는 과정에서 방해요인이 발생하여 집중력이 낮아질 수 있다.

강화력은 포화와 결핍정도에 따라 달라진다. 음식은 배가 고픈 상태에서 최상의 강화물이 될 수 있지만, 배가 부르면 강화력이 현저히 떨어지는 것과 같다. 일반적으로 결핍수준이 높을수록 강화물의 효과가 더 크다. 특히 강화물이 생리적인 경우에는 결핍수준이 강화력에 크게 영향을 미친다. 음식과 같은 1차 강화물은 결핍수준에 따른 효과가 크지만 보상횟수가 늘어남에 따라 포화상태에 이르러 그 효과가 줄어든다. 그러나 2차 강화물은 1차 강화물에 비하여 전체적인 강화력은 낮지만 결핍도에 따른 영향이 작다.

약화에서는 감약시켜야 할 행동을 유지시키는 힘과 약화물의 상대적 관계에 영향을 받는다. 약화시켜야 할 행동을 유지시키고 있는 힘이 강하면 약화물의 효과는 상대적으로 낮아진다. 예로 번식기의 암캐가 약화할 행동을 유지시키는 상태에서는 질

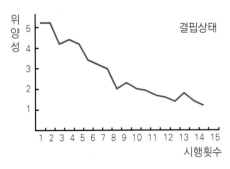

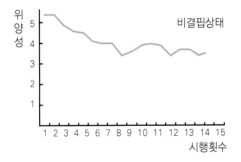

결핍상태에 따른 위양성 수준 _____

책이 약화물로써 효과를 가지기 어렵다. 실물적인 1차 약화물과 조건화된 2차 약화물 사이에도 힘의 차이가 있다. 약화에 사용되는 자극은 약화물의 특성도 중요하지만 강도가 더 크게 영향을 미친다. 약화물의 정도가 강하면 그에 비례하여 행동이 쉽게 약해진다.

■ 강화물 제공횟수

개의 행동이 강화되는 수준은 강화물 제공횟수에 따라 달라진다. 강화물이 행동 후에 매번 제공되는 연속적인 상황에서는 빨리 강화되지만 드물면 그에 비하여 늦어진다. 그러므로 새로운 행동을 강화할 때는 강화물을 자주 주어야 한다. 행동을 수행하는 개의 입장에서 강화물을 받는 것은 자신의 행동에 대한 검증이다. 또한 행동을 정확히 수행한 결과로 강화물이 제공되는 것은 자신감을 향상시켜 능력을 더욱 높일 수 있다.

■ 강화의 시간적 간격

개가 행동을 수행했을 때 강화물이 주어지는 시간은 강화에 큰 영향을 미친다. 시간적 간격은 근접할수록 유리하므로 개가 행동을 실행한 후에 즉시 강화물을 제공해야 한다. 미숙한 지도사가 흔히 저지르는 실수가 보상시기를 잘못 잡는 것이다. 예로 '앉아' 동작을 알려줄 때 개가 앉는 자세를 취하면 바로 보상해야 한다. 그런데 '앉아' 후 고개를 돌렸을 때 보상이 이루어지면 지도사는 '앉아'를 가르쳤지만 개는 고개를 돌린 동작을 배운다. 이는 개와 대화가 통하지 않고 또한 개의 통찰적인 학습능력이 낮기 때문이다.

훈련에서 진도가 더디거나 쉽게 배우지 못하면 강화물 제공시기의 적절성에 대하여 검토한다. 지도사가 타이밍을 제대로 잡으려 노력해도 실물적 강화물을 이용하여 보상 시기를 정확히 맞추는 것은 쉽지 않다. 이를 해결할 수 있는 효율적인 방법이 클리커 보상이다. 또한 음성을 이용한 칭찬도 1차 강화물에 비하여 타이밍을 잡기가 용이하다.

동일한 시간 동안의 연속강화와 간헐강화의 효과를 비교하면 연속강화가 크다.

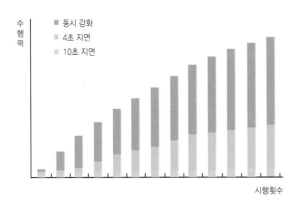

수행력

■ 동시 강화
■ 4초 지연
■ 10초 지연

시행횟수

시간 근접도와 강화효과 _____

이는 상대적으로 많은 강화횟수의 결과이다. 또한 강화간격에 기준을 두면 짧은 시간의 효과이다.

■ 훈련과제의 특성

개가 실행하는 행동의 내용은 조건화의 결과에 영향을 준다. 행동을 수행하는 데 힘이 들거나 어려운 내용은 연습이 더 필요하다. 따라서 개가 배워야 할 내용의 난이도나 에너지 소비량에 따라 조건화 정도에 차이가 발생한다.

■ 약화물의 특성

약화물은 초기에 강한 수준으로 제시해야 효과적이다. 약한 정도에서 점차 높게 제시하면 약화물의 효과가 나타날 때까지 약화시켜할 행동이 계속된다. 또한 약화물에 대한 내성이 생기게 되면 보다 강한 수준이어야 하기 때문이다.

지도사가 약화시키고자 하는 개의 행동은 대부분 장기간 지속된 것이다. 이는 그 행동이 강화물에 의하여 오랫동안 강화되었거나 그 힘이 매우 강하다는 의미를 담고 있다. 따라서 문제행동은 그것을 유지시키는 힘이 영향을 미치고 있는 상태이므로 약화에 사용되는 약화물이 경쟁력을 가져야 한다. 개는 약화물의 힘과 문제행동을 유지시키는 강화력이 경합하는 상태에서는 그 행동을 지속하게 된다.

조작적 조건화를 계획대로 진행시키려면 그 영향요인을 충분히 고려해야 한다. 강화물은 행동을 변화시킬 수 있는 힘이 있어야 하고, 제공시기와 방법도 적절해야 한다. 약화물은 강력하고 초기에 효능을 발휘할 수준으로 제시해야 한다.

보상주의	경계주의	처벌주의
환경 풍부화/선행통제 혐오자극 절대 금지	보상과 처벌 선택적 사용 혐오자극 필요 시 사용	절대적 수행능력 요구 처벌 위주 훈련 및 교정

지도사의 의식에 따른 구분 _____

■ 처벌의 특성

처벌은 보상의 상대적인 의미이다. 개의 행동을 감약시키기 위하여 약화물을 제시하거나 기존의 강화력을 없애는 것이다. 하지만 많은 사람들이 개를 때리거나 구박하는 것으로 생각하는 경향이 있다. 이는 약화 절차에 혐오성 자극이 많이 사용된 데에 원인이 있다. 처벌은 체벌이나 학대, 불쾌한 감정을 전달하는 것이 아니다. 목적행동을 방해하거나 불필요한 행위를 소거시키는 계획적인 훈련과정이다. 따라서 처벌은 이성적인 판단 하에 체계적으로 적용한다.

개에게 문제행동의 책임을 물어 꾸짖거나 때리는 것은 무의미한 가학적 행위이다. 개는 자신이 무엇을 잘못했는지 알지 못하고 지도사가 화를 왜 내는지도 모른다. 더 큰 문제는 개가 무엇을 어떻게 해야 할지 모르기 때문에 혼란에 빠지고, 지도사는 화를 더 내는 악순환에 빠지는 것이다. 그 개는 결국 사람을 두려워하게 되고 이어서 다른 문제행동을 발생하는 상태로 악화된다.

처벌은 바람직하지 않은 개의 행동을 소거하는 것이 목적이다. 따라서 지도사는 처벌을 훈련과정으로 인식한 상태에서 자신이 의도하는 행동을 만들 방법을 구상한 후에 실행해야 한다. 가장 먼저 생각할 것은 개가 올바른 행동요령을 알고 있는가이다. 그에 따라 훈련에 필요한 시간을 충분히 확보하고 적합한 약화 종류를 선정해 계획적으로 실시한다.

약화에 이용되는 자극들은 부작용과 후유증이 발생할 가능성이 높다. 악영향을 예방하는 가장 좋은 방법은 약화시켜야 할 행동이 발생하지 않도록 하는 것이다. 부득이하게 약화를 시행할 때는 처벌방법의 질적인 특징과 강도 등을 숙고한다. 처벌은 보상으로 행동을 형성할 수 없을 때 적용하고, 또한 약화시키고자 하는 행동과 함께 강화할 행동에 대해서도 계획적으로 실행한다.

물리적 체벌이나 질책은 목적행동을 가르쳐주기 어렵고 오히려 부작용을 발생시킨다. 체벌을 사용하는 지도사는 보상효과를 부정하거나, 체벌의 효과에 자신이 강화된 경우가 많다. 벌을 이용해서 어떤 행동을 효과적으로 중단시킨 경험이 크게 강화된 것이다. 그 결과 다음에 비슷한 행동이 나타나면 다시 벌로써 문제를 해결하게 된다.

혐오성 자극의 특성

· 혐오성 자극은 사람 또는 개에 위험한 경우에 제한적으로 사용한다.
· 혐오성 자극을 통한 약화방법은 감정적으로 반발하거나 공격성을 나타나게 할 수 있다.
· 혐오성 자극은 개에게 훈련뿐만 아니라 사람을 싫어하게 만든다.
· 체벌이나 혐오성 자극은 개에게 무엇을 알려주기 어렵다.
· 혐오성 자극은 문제행동을 일시적으로 억제한다.
· 혐오성 자극은 개 훈련에 대한 부정적인 인상을 준다.
· 혐오성 자극은 지도사의 정서에도 악영향을 미쳐 훈련전반에 부정적으로 작용한다.
· 혐오성 자극은 지도사를 계속 의존하게 만든다.

대표적인 혐오성 자극으로 체벌·스파이크목줄·전기목줄 등이 있다. 특히 체벌은 개 훈련이 발달하지 못한 시절에 사용하던 방법이다. 이는 어떤 행동을 중단시킬 수 있지만 무엇을 가르치기가 어렵다. 또한 지도사 뿐만 아니라 사람에 대한 증오감으로 확대되어 심각한 문제를 발생시킨다. 혐오성 자극의 사용은 직업윤리에 어긋나고 보호자들로부터 외면 받게 되므로, 훌륭한 지도사가 되고자 하면 자신의 의식 속에 아예 넣지 않는 것이 좋다. 이처럼 혐오성 자극을 사용하지 않으려는 생각은 더 좋은 훈련방법을 찾는 기회로 작용하여 지도사의 능력을 발전시킨다.

3-4 조건화의 파생효과

■ 수반성의 함정

개가 수행한 행동은 그 결과로 강화물이 제공되면 행동이 증강되어야 하고, 반대로 강화물이 제공되지 않으면 행동에 변화가 없어야 한다. 이것이 행동에 대한 강화물의 수반성이고, 조작적 조건화가 이루어지는 핵심적 원리이다. 그런데 행동에 대한 결과로 강화물이 제공되었음에도 불구하고 행동이 강화되지 않는 경우가 있다. 이를 수반성의 함정이라 한다. 이는 개가 행동을 수행한 후로부터 강화물이 실제로 제공되는 시간이 너무 늦은 이유이다. 이론적으로는 행동이 표현되고 그 결과로 강화물이 주어졌으므로 강화가 이뤄져야 하지만, 실제로는 행동 후에 시간이 너무 지체되어 행동결과와 강화물이 결합되지 못한 것이다.

■ 비율긴장

개에게 강화물을 제공하는 시간간격이 늦춰지거나, 강화물이 매번 주어지다가 횟수가 줄어들면 결핍도가 높아진다. 그러면 개의 집중력이 좋아지고 행동이 증강되는 것이 일반적인 현상이다. 따라서 개의 훈련수준이 높아지면 강화물을 저비율에서 고비율로 제공한다. 이를 비율늘리기라 한다. 그런데 강화비율이 갑자기 너무 높아지면 오히려 행동이 감소되거나 중단되는 경우가 발생한다. 이를 비율긴장이라 한다. 지도사는 비율늘리기를 할 때 비율긴장이 나타나지 않도록 개의 능력을 고려하여 계획적으로 변경한다.

■ 선택과 대응

개에게 가르쳐야 할 행동이 여럿일 때 강화계획의 종류에 따라 선택이 달라진다. 두 개의 행동을 강화할 때 하나는 강화하고, 나머지는 강화하지 않으면 짐작하기 쉽다. 그런데 두 행동이 모두 강화를 받은 경우에는 강화비율이 높은 쪽을 선택한다. 이를 선택과 대응이라 한다.

■ 간헐강화효과

강화물의 많은 제공횟수로 강화된 행동은 쉽게 소거되지만 반대의 경우에는 소거가 어렵다. 이는 간헐강화계획에서 주로 발생하는데, 개가 소거와 강화를 분별하기 힘들기 때문이다. 간헐강화계획으로 훈련된 행동은 개가 강화물 제공시기를 예상할 수 없어서 행동을 소거하려 할 때 소거저항이 강하게 발생한다. 이를 간헐강화효과 또는 부분강화효과[PRE: partial reinforcement effect]라 한다.

구분	내용
변별설	소거와 연속강화는 바로 구별할 수 있어서 행동을 멈춘다. 하지만 간헐강화는 소거와 구별하기가 어려워 행동을 계속한다.
좌절설	연속강화는 강화물을 받지 못할 때마다 좌절하지만, 간헐강화는 강화물이 제공되지 않았던 기회를 많이 경험했기 때문에 비강화 기간에도 좌절하지 않고 계속 행동한다.
순서설	연속강화는 강화물이 제공되지 않으면 순서에 의해 신속하게 소거되지만, 간헐강화는 강화물이 제공되지 않아도 이를 강화물 제공시기가 길어진 것으로 안다.

■ 작동확립

미카엘[jack michael]은 "동물체의 행동은 작동확립에 의해서 발생할 수 있다."고 주장했다. 행동이 표면적인 이유로 발생하는 것으로 보이지만 그렇지 않은 경우가 있다. 예로 물은 생명유지에 매우 중요한 요소이다. 신체에 수분이 부족해지면 갈증을 해소하기 위해 물을 찾는 행동을 한다. 그러나 갈증은 물이 부족할 때만 발생하는 것이 아니다. 소금을 많이 섭취했다면 이 또한 갈증을 유발한다. 개의 실의행동[17]을 분석하고 교정할 때 작동확립은 중요하다.

4. 조작적 조건화의 적용

4-1 강화물과 강화계획

■ 강화물의 종류

강화물은 개의 행동을 증강시키기 위하여 이용하는 유무형의 자극이다. 따라서 개의 동기를 유발하고 행동을 유지시킬 수 있는 강화력이 있어야 한다. 이는 욕구의 결핍과 포화를 이용하므로 불만족에 따른 요구도가 높아야 한다. 또한 충족상태에서 빨리 소모되고, 제공될 때마다 새로운 자극처럼 느껴질 때 효과적이다. 더불어 훈련이

---

17 의미를 파악하기 어려운 행동으로 갈등행동, 이상행동, 이상반응을 포함한 문제행동

오랫동안 진행되는 경우에도 지속적으로 좋아해야 한다.

　강화물은 형태의 존재 여부에 따라 유형강화물과 무형강화물, 조건화 여부에 따라 1차 강화물과 2차 강화물, 선호도 여부에 따라 우호성 강화물과 혐오성 강화물로 분류할 수 있다.

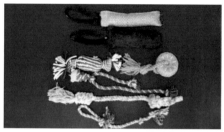 

—— 다양한 강화물
출처: ncs 반려동물행동교정. 2020

　유형강화물은 음식이나 장난감처럼 형태를 가지는 것으로 주로 시각적 자극이다. 동기를 직접적으로 자극하여 활동을 촉발시키므로 효능이 매우 높다. 또한 행동을 유발하는 힘이 커서 훈련 초기에 사용하면 효과가 좋다. 그러나 행동을 지속적으로 발생시키는 유지력이 보상횟수에 따라 감소할 수 있고, 행동결과에 대하여 적시에 보상이 곤란하거나 불가능한 단점이 있다. 무형강화물에 비하여 상대적으로 사용이 불편한 점도 있다.

　무형강화물은 특정한 형태를 갖추지 않은 칭찬, 신체적 접촉, 사회적 관계 등으로 청각·촉각·심리적인 것이다. 이는 사용이 매우 편리하여 행동 후에 정확하게 보상할 수 있는 큰 장점이 있다. 또한 행동을 유발하는 힘은 약하지만 쉽게 충족되지 않는 성격으로 지속적으로 유지하는 힘이 뛰어나다. 단점은 개의 행동을 강하게 촉발시키기 어렵고, 훈련초기에 효력이 낮다는 점이다. 또한 사회적 관계가 효과를 발휘하기 위해서는 개의 성격이 외향성 또는 친화성을 지녀야 한다.

　1차 강화물은 다른 자극과 조건화되지 않은 것으로 자연적이고 선천적인 것이 일반적이다. 그 성격이 다른 요인과 조건으로 결합되지 않은 것이면 1차적이라 할 수 있다. 음식·물·성욕·체온유지욕 등이 있다. 1차 강화물은 보통 개들이 좋아하는 것이 주를 이루지만 선호하지 않는 것도 포함한다. 두려움이 위험으로부터 도피하는 행동을 강화시키는 것처럼 혐오성 자극도 1차 강화물이 될 수 있다.

2차 강화물은 조건화를 통해 강화력을 가지게 되는 자극이다. 본디 의미가 없는 중성자극이었으나 1차 강화물에 결합된 것이다. 칭찬·미소·호의 등과 같은 우호적인 것과 윽박지름·굉음과 같은 혐오적인 것으로 구분할 수 있다. 가장 일반적인 2차 강화물은 말로 하는 칭찬이다. 또한 개는 사회적 동물이므로 미소·칭찬·관심·손뼉 등도 효과적이다.

칭찬을 강화물로 사용할 때는 반드시 사전에 조건화해야 한다. 조건화되기 전에는 '좋아'라는 단어가 아무 의미도 가지지 못한다. '좋아'는 소리로만 들릴 뿐이다. '좋아'라는 단어가 효과를 가지려면 '좋아'하고 1차 강화물을 제공해야 한다. 그 과정을 통해 '좋아'가 1차 강화물과 결합됨으로써 2차 강화물로 효력을 가지게 된다.

최근에 조건화된 2차 강화물로 클리커를 많이 이용한다. 클리커가 2차 강화물로 효력을 가지려면 조건화 과정을 거쳐야 한다. 개에게 클릭하고 음식을 주어 클리커 소리와 음식을 결합한다. 딸깍 소리는 개에게 애초에 의미가 없는 중성자극이었지만 음식과 결합되면서 음식의 의미로 치환되게 된 것이다. 클리커의 소리는 효과적인 2차 강화물로 기능하게 된다.

우호성 강화물은 개가 좋아하는 성격을 가진 자극이다. 개는 좋아하는 것과 좋아하지 않는 것이 있다. 처음 제시했을 때 애호하면 우호성 강화물이다. 대부분 개의 생존에 필요한 요소들로 음식·물·안락함·놀이·장난감 등이다.

혐오성 강화물은 개가 싫어하는 것으로 거부하거나 도피하는 형태를 보인다. 윽박지름, 강압적인 태도, 체벌, 전기자극 등과 같은 것이다. 이는 개가 피하고자 하는 성질로 인하여 행동을 감소하거나 약화시키는 약화절차에 이용된다.

► 표 4-12 강화물의 특성

	1차 강화물(무조건 강화물)	2차 강화물(조건 강화물)
우호성 강화물	물 음식 활동 수면 보온	언어 실행어(좋아) 신체 접촉
혐오성 강화물	충격 고통 열 밝은 빛	언어 실행어(안돼) 위압적 행동(손짓)

■ 강화물의 선택

강화물은 행동을 발생시키고 유지하는 힘이므로, 훈련에 적합한 것을 선택하면 강력한 무기를 확보한 것과 같다. 선호도가 높은 강화물은 몇 번의 강화로도 큰 효과를 나타내고, 훈련과정 내내 지속적으로 효력을 가진다. 강화물은 개체별로 선호도가 다르다. 이는 성격특성·동기수준·정서상태·경험요소 등이 종합적으로 영향을 준 결과이다. 개가 특정한 강화물을 좋아할지라도 그것이 훈련과정에 지속적으로 사용 가능하고 훈련의 특성에 적절해야 한다.

► 표 4-13 강화물 평가표

자극의 종류		우호적 반응				혐오적 반응			
		보기	짖기	접촉	몸동작	경계	위축	경직	무반응
시각	빛								
	움직이는 장난감								
	기타								
청각	소리 나는 장난감								
	'좋아' 음성								
	기타								
미각	음식								
	기타								

접촉	어깨 두드려줌								
	머리 만짐								
	털 손질								
	기타								
활동력	차량 탑승								
	달리기								
	수영								
	기타								
사회적 작용	놀이								
	공놀이								
	줄다리기								
	기타								
조건 자극	클리커								
	기타								

※ 개가 반응하지 않으면 수 회 반복한다.

■ 강화계획

개에게 행동을 강화시킬 때는 강화물을 효과적으로 제공하는 방법을 알아야 한다. 훈련의 성과를 높일 수 있는 강화물 제공방법이 강화계획이다. 따라서 개의 행동은 적용하는 강화계획에 따라 능률이 달라진다.

강화물을 규칙적으로 제공하는 것과 불규칙하게 주는 방법은 차이가 없어 보이지만 결과는 상당히 다르다. 개의 능력은 강화물 제공방법에 따라 영향을 받는다는 사실이다. 이처럼 성과가 달라지므로 훈련목적의 달성과 강화계획은 중요한 관계를 가진다. 강화계획을 알아야 하는 이유는 개의 능력을 향상시키는 효율적인 방법을 알 수 있기 때문이다. 스키너는 강화물을 연속적으로 제공하는 방법이 간헐적으로 주는 것보다 소거가 훨씬 빠르다는 것을 강화계획의 결과로 증명했다. 이는 간헐강화가 연속강화보다 행동의 증강력이 높고 그 결과로 소거저항도 크다는 것을 의미한다.

강화계획은 분류기준에 따라 몇 가지로 나뉜다. 강화물 제공방법이 시간에 기준을 두면 간격강화이고, 수행횟수에 두면 비율강화이다. 그리고 강화물을 규칙적으로 제공하면 고정계획이고, 불규칙적이면 변동계획이다.

연속강화^{CR:continuous reinforcement}는 개가 정확한 행동을 수행할 때마다 강화물을 제공하는 절차로 가장 단순한 형태의 강화계획이다. 연속적인 강화계획은 새로운 동작을 가르치는 초기에 효과가 좋다. 그러나 수행능력이 유창단계에 이르면 간헐강화로 변경하는 것이 행동을 유지하는 데 유리하다.

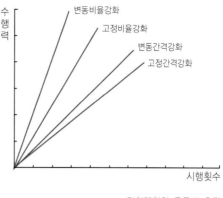

강화계획의 종류별 효과

간격강화^{IR: interval reinforcement}는 개가 수행하는 행동을 시간간격을 기준으로 강화물을 제공하는 방법이다. 행동을 표현하고 경과된 시간에 따라 강화물을 제공하는 것으로 고정간격강화와 변동간격강화가 있다.

비율강화^{RR: ratio reinforcement}는 개가 수행한 행동의 횟수를 기준으로 강화물을 제공하는 방법이다. 비율강화계획은 먼저 제공한 강화로부터 다음번은 행동의 수행횟수를 기준으로 보상한다. 고정비율강화와 변동비율강화가 있다.

고정강화^{FR: fixed reinforcement}는 강화물을 고정된 시간간격 또는 수행횟수에 기준을 두고 일정하게 제공하는 방법이다.

변동강화^{VR: variable reinforcement}는 강화물을 시간간격 또는 수행횟수와 상관없이 불규칙하게 제공하는 방법이다.

고정간격강화계획^{FI: fixed-interval schedule of reinforcement}은 개가 목적행동을 수행한 후에 일정한 시간이 지나고 다음으로 나오는 목적행동에 대하여 보상하는 방법이다. 이때 정해진 시간이 경과되면 반드시 목적행동을 했을 때 보상해야 한다. 또한 예정된 다음 강화시간 이전의 목적행동은 보상하지 않는다. 이 방법으로 훈련된 개는 보상 후 얼마동안 수행능력이 저조해지고 멈추는 현상이 나타난다. 그러다 예정된 간격이 다가오면 점진적으로 높아진다. 고정간격강화계획은 행동이 시간으로 발생하는 경우에 효과적이다. 개에게 매일 오전 7시와 오후 7시에 급식하는 것은 12시간의 고정간격강화계획으로 행동을 강화하는 것이고, 매일 아침 5시에 신문을 가져오고 보상받는다면 24시간의 고정간격강화계획에 의해서 강화되는 것이다.

고정간격강화계획의 특징

· 단순하고 지속적인 훈련에 적절하다.
· 고정간격강화계획은 비율간격강화계획보다 일관성과 지속성이 약하다.

변동간격강화계획[VI : variable-interval schedule of reinforcement]은 개의 목적행동 수행결과에 보상하는 기준이 시간의 경과이다. 그리고 시간 기준점을 중심으로 정해진 범위 내에서 유동적으로 제공한다. 예로 간격이 5초이면 1회기 보상은 5초 이내, 2회기는 1회기 보상 후 5초 이내, 3회기는 2회기 보상 후 5초 사이 어느 때나 강화물이 제공될 수 있다. 이처럼 기준시간을 중심으로 5초 이내에 한 번씩 보상을 받는다. 기준시간은 개의 능력에 적합하게 설정한다.

► 표 4-14 VI 5 강화계획

구분	1초	2초	3초	4초	5초	1초	2초	3초	4초	5초
방법 1					○				○	
방법 2				○		○				
방법 3			○	○						
방법 4	○					○				
방법 5		○			○					

변동간격강화계획의 특징

· 고정간격강화계획보다 상대적으로 오래 유지된다.
· 강화물 제공이 개의 능력에 적합한 상태에서 평균기간을 중심으로 무작위적이어야 한다.
· 이 방법을 사용하기 위해서는 사전에 충분히 이해해야 한다.
· 변동간격강화계획은 적용할 상황이 많지 않다.

고정비율강화계획^{FR : fixed-ratio schedule of reinforcement}은 개가 정해진 횟수만큼 시행하면 강화물을 제공받는 절차이다. 따라서 강화물을 받기 위한 행동의 수행횟수는 동일하다. 연속강화는 1번 행동할 때마다 보상받는 대표적인 고정비율강화계획으로 목적행동의 성취도가 높다. 고정비율강화계획은 정해진 횟수를 기준으로 보상 전에는 행동이 높게 나타나지만 강화 후에는 수행률이 낮아진다.

고정비율강화계획의 특징
· 강화물 제공 방법이 고정된 횟수이어서 적용하기 쉽다.
· 목적행동이 단순한 형태일 때 효과적이다.
· 강화물 제공이 단순한 횟수의 경과이어서 개의 초기능력을 형성하는 데 유리하다.
· 연속강화보다는 결핍도가 높아 효과가 더 오래 유지된다.

변동비율강화계획^{VR : variable-ratio schedule of reinforcement}은 개가 수행하는 행동의 횟수를 기준으로 그 범위 내에서 변동하여 보상하는 방법이다. 따라서 개가 보상시기를 파악하기 어려워 멈추지 않고 지속적으로 행동하는 장점이 있다. 개는 강화물이 무작위로 제공되므로 보상을 받기 위하여 행동을 계속하게 된다. 개의 행동 지속능력을 기르고자 할 때 효과적이다.

► 표 4-15 VR 5 강화계획

구분	1회	2회	3회	4회	5회	1회	2회	3회	4회	5회
방법 1	○				○					
방법 2				○		○				
방법 3			○				○			
방법 4		○	○							
방법 5			○			○				

변동비율강화계획의 특징

· 개의 행동이 지속적이고 높은 비율로 나타난다.

· 강화물 제공을 중단해도 다른 강화계획보다 오랫동안 강하게 지속한다.

· 변동비율강화계획으로 훈련된 행동을 소거하려면 강력한 저항이 발생한다.

· 강화계획의 기준점이 부적합하면 오히려 행동이 중단되거나, 소거될 수 있다.

※ 변별훈련에서는 변동강화계획을 적용하기 어렵다. 변별은 특정한 조건에 대하여 행동을 요구하는 것으로 매번 강화해야 한다. 그렇지 않으면 변별능력을 상실한다. 목적취 선별훈련이 해당된다. 이때는 개가 지정된 냄새를 찾아낼 때마다 보상해야 한다.

4-2 자극조절

자극이란 행동을 유발시킬 수 있는 사상事象이다. 자극 중에는 경험이나 훈련 없이도 특정한 반응을 이끌어내는 것이 있다. 큰 소리는 몸을 움찔하게 하고, 밝은 빛은 눈을 깜박거리게 하며, 맛있는 냄새는 침을 흘리게 한다. 이러한 소리나 빛, 냄새와 같이 태어나면서 저절로 알게 된 자극을 조건화되지 않은 자극 또는 1차 자극이라고 한다. 1차 자극과 달리, 어떤 행동이 강화되는 과정에서 조건화되는 2차 자극도 있다. 이런 자극은 특정한 행동을 하게 만드는 기능을 하므로 여러 훈련과정에서 다양하게 활용된다.

■ 암시

자극의 크기나 세기를 조절하여 개의 행동을 조절하는 방법으로 '암시'와 '용암'이 있다. 암시는 어둠 속의 작은 빛과 같은 기능을 한다. 따라서 지도사가 의도하는 행동을 개에게 간접적으로 알릴 수 있다. 암시는 조건화된 자극을 최소화시켜 행동을 유발시키는 방법이다. 개의 행동을 촉발시키는 암시를 활용하면 훈련을 높은 수준으로 올릴 수 있다. 암시는 실행어나 특별한 자극으로 확산시켜 이용할 수 있다. 개의 행동을 유발하는 자극은 아주 작아도 효과를 발휘한다. 훈련초기에는 큰 자극이 유리하지만 수준에 따라 작아져도 괜찮다.

허들을 넘을 때 손으로 대상을 알려주는 훈련에 암시를 적용한다. 처음에는 손에 쥔 공을 허들 위로 던져 지도사의 손에 주시하게 한다. 점차로 공을 던져주는 횟수를 줄이고 손만 제시하는 비율을 높인다. 숙달정도에 따라 허들을 향해 손만 제시한다. 개는 아주 작은 수신호의 변화에 행동의 단서를 갖게 된다. 지도사의 몸짓에서 아주 작은 손짓으로 자극의 크기가 줄어들어도 효과를 발휘하게 된다.

■ 용암

용암은 자극이 큰 것에서 작아지는 것으로 점차 약해지는 효과를 나타낸다.

용암은 1차 자극보다 조건화된 2차 자극이 사용하기가 편리하다. 1차 자극은 크기를 조절하기 쉽지 않기 때문이다. 다만 2차 자극은 조건화되었을 때 1차 자극에 상응하는 효력을 발생한다. 자극이 약하고 작게 변화되는 용암이 이루어지면 개는 아주 작은 자극에도 행동할 수 있다.

개가 허들을 넘는 훈련을 할 때 초기에는 장애물 옆으로 지나치는 경우가 많다. 이럴 때는 좌우측에 넓은 보조판을 설치하여 허들을 위로 넘어갈 수밖에 없도록 한다. 초기에는 큰 보조판에서 시작해 조금씩 줄여간다. 개의 숙련도에 따라 아주 가는 막대만 세워두어도 충분한 효과를 볼 수 있다.

———— 용암를 이용한 훈련 보조장비
출처: Exelling at Dog Agility, Simmons-Mouse, 2003

자극의 크기를 조절하여 훈련하는 것은 여러 부분에서 효용성을 가질 수 있다.

유형의 자극은 무형의 것으로 대체되고, 보조장비의 사용이 줄어든다.

암시와 용암을 통한 자극이 개의 행동에 통제력을 가지면 주의 집중력이 매우 높아진다. 자극의 크기나 강도가 큰 상태에서 극도로 작아져도 반응이 나오게 된다. 이 수준에 이르면 개의 행동은 조건화된 자극의 통제 하에 두게 있게 된다. 조건화된 자극을 제시했는데 반응이 없거나 속도가 늦는 경우는 자극에 대한 학습이 부족한 것이다. 이는 자극에 정확하고 즉각적으로 행동이 표현될 때까지 보강한다.

자극통제의 조건

· 신호자극이 제시되면 목적행동을 즉시 수행해야 한다.
· 신호자극이 없을 때는 목적행동을 표현하지 않아야 한다.
· 다른 신호자극에 목적행동이 표현되지 않아야 한다.
  ('앉아' 실행어에 '엎드려' 동작이 나오면 안 된다)

천재 말 Hans

20세기 초 독일에 수셈을 할 수 있는 말 '한스[Hans]'가 있었다. 한스는 주인이 숫자를 불러주면 발로 바닥을 두드려 정답을 표현했다. 한스를 본 많은 학자들이 산수를 할 수 있는 천재 말이라고 했다. 그러나 이를 의심한 한 학자가 한스를 끈질기게 관찰했다. 그는 어느 날 한스에게 어떤 질문을 했다. 한스는 아무 의미도 없이 바닥을 발로 계속 두드렸다. 한스의 수셈 능력은 사실이 아니었다. 한스는 주인의 머리가 살짝 올라가거나, 정답이 가까워질 때 관중들의 반응에서 두드리던 발을 멈추는 것을 배웠던 것이다. 주인의 동작과 관중의 태도 변화가 단서로 작용했다. 한스는 초기에는 챙이 큰 모자를 쓴 주인이 머리를 들 때 발 두드림을 멈추었다. 점차로 작은 모자챙이 잘 보이지 않는 상태에서도 주인의 행동을 분별할 수 있었다. 또한 관중들의 긴장이 최고조에 이르면 바닥을 그만 두드려야 한다는 것을 알았던 것이다.

훈련에서 용암

· 큰 목소리의 실행어에서 낮은 목소리로 전환하는 것은 실행어에 대한 용암이다.
· 환경자극에 대한 용암은 특별한 훈련장비에 대한 적응 혹은 완화와 같다.
· 물리적 자극에 대한 용암은 개를 안내하기 위하여 처음에 견줄을 사용하고 결국에는 견줄을 제거하는 것과 같다.
· 훈련하는 동안 수신호와 실행어를 함께 사용할 수 있지만 나중에 수신호가 사라지는 것은 용암이다.
· 용암을 적용하기 전에 목적하는 개의 최종 행동이 무엇인지를 결정하고 분석한다.
· 지도사는 용암시킬 자극이 무엇인지를 알고 그것들을 어떻게 사라지게 해야 할 것인지에 대한 계획을 세워야 한다.
· 단서는 개가 실수를 피하고 오류 없이 학습할 수 있도록 점차적으로 사라지게 한다.
· 만약 개가 실수를 하였다면 보다 전단계로 돌아간다.

4-3 조형

　　조형은 '행동의 모습을 만든다.'는 의미로, 지도사가 목표로 하는 동작을 이루어가는 과정이다. 지도사는 자신이 바라는 개의 행동을 강화하는 방법으로 조형한다. 그 결과로 개는 이전에 실행하지 못했던 새로운 행동을 할 수 있게 된다. 조형은 간단한 동작에서부터 복잡한 것까지, 새로운 행동을 가르치는 과정에 항상 쓰인다. 따라서 개가 현재 표현하지 못하는 행동은 반드시 조형해야 한다. 지도사의 조형능력은 개에게 새로운 행동을 가르치는 데 결정적이다. 즉 '개 훈련은 조형이다.'라고 할 수 있다.

손가락에 의한 행동조형 _____
출처: www.pexels.com,
Anna Shvets

　　조형의 개념을 배울 때 많이 이용하는 게임이 있다. 게임을 진행하는 지도사는 목적행동을 알고 있지만 과제를 수행하는 시행자는 무슨 행동을 해야 할지 모른다. 지도사는 시행자가 목적행동에 다가갈 때마다 클리커로 보상하는 방법으로 게임을 진행한다.

시행자가 달성해야 할 행동은 칠판에 원을 그리고 거기에 손을 대는 것이다. 교실 안에 들어온 시행자는 무엇을 어떻게 해야 할지 몰라서 우왕좌왕한다. 지도사는 시행자가 목적행동에 다가갈 때마다 클릭한다. 시행자는 점차로 목적행동에 향하게 된다. 최종적으로 칠판의 원안에 손을 대게 된다. 사람들은 이 게임을 통해 조형의 의미와 방법을 이해할 수 있고, 더불어 개가 어떤 행동을 배우는 것이 쉽지 않다는 사실도 알 수 있다. 또한 개 훈련에서 말이 필요 없다는 사실도 알 수 있다. 우리는 인간의 언어로 개를 가르치려 하지만 이해하지 못한다. 결국 개의 행동을 이루게 하는 것은 우리의 언어가 아니고 조형 능력이다.

조작적 조건화를 이용하는 조형은 능동적인 행동을 대상으로 하므로 활동성이 높은 개에게 효과가 좋다. 그리고 조형의 성과는 개에 따라 차이가 있다. 어떤 개는 배워야 할 행동을 아는 것처럼 빠르게 익히지만, 다른 경우에는 움직이지 않고 포기하기도 한다.

조형과 용암은 개의 행동을 점진적으로 변화시킨다는 점이 동일하다. 조형은 행동을 하나하나 점진적으로 변화시켜 목표에 도달한다. 즉 자극은 일정한 상태에서 행동을 시작에서부터 마지막으로 변화시킨다. 용암은 특정한 행동을 발생시키는 자극의 크기를 조금씩 줄여 목표에 이르는 방법이다. 조형은 같은 자극으로 행동을 변화시키는 것이고, 용암은 자극의 크기가 점차 작아지는 것이다.

개의 행동을 조형하는 방법은 일시적 포착capture, 단계적 형성stage, 유도magnet, 강제적 형성molding이 있다. 일시적 포착은 개가 수행해야 할 목적행동 전체모습이 표현될 때 한 번에 보상하는 방법이다. 이는 조작적 조건화의 전형이라 할 수 있다. 이 방법의 핵심은 목적행동이 표현될 때까지 기다리는 것이다. 단계적 형성은 지도사가 의도하는 행동과 유사한 행동을 보상하여 점차로 목표에 가까워지도록 체계적으로 접근하는 방법이다. 유도는 목적행동이 표현되도록 강화물로 유인하여 보상하는 기법으로, 새로운 행동을 알려주는 초기에 효과적이다. 강제적 형성은 물리적으로 행동을 갖추도록 하는 방식이다. 과거부터 오랫동안 사용되어온 전통적인 방법이다.

종류	내용
일시적 포착capture	목적동작이 완성된 모습으로 표현될 때 일시에 보상하는 방법
단계적 형성shaping	목적동작을 세분하여 각 단계에서 보상함으로써 완성된 모습을 향해가는 방법
유도magnet	목적동작을 유도하여 완성된 모습에서 보상하는 방법
강제적 형성molding	목적동작을 강제적으로 표현되게 하는 방법

조형방법

1. 목표를 향하여 수준을 조금씩 올린다.

2. 목적하는 행동의 한 가지 국면에 충실한다.

3. 다음 단계로 이동하기 전에 현재 행동을 변동강화계획으로 확실하게 한다.

4. 새로운 단계에 진입하면 이전 과정의 기준을 일시적으로 완화한다.

5. 지도사는 항상 개보다 앞서 준비한다.

6. 조형과정 중에는 고정된 지도사가 전담한다.

7. 조형의 효과가 없으면 원칙적으로 접근한다.

8. 지도사는 실수하지 않아야 한다.

9. 현재 진도에 문제가 발생하면 전前단계로 돌아간다.

10. 성과가 가장 좋을 때 마친다.

목표를 향하여 수준을 조금씩 올린다.

단계적 형성에서 수준을 높일 때는 개의 현재 능력을 감안하여 실행할 수 있는 범위 내에서 정한다. 가장 빠르고 확실한 방법은 향상수준을 약간씩 올려 쉽게 배울 수 있도록 하는 것이다. 급한 마음에 이미 배운 것마저 망치는 것보다 조금씩 성공의 경험을 쌓아가게 하는 것이 목표에 더 빨리 도달할 수 있다.

목적하는 동작의 한 가지 국면에 충실한다.

개의 행동은 짧은 시간에 여러 가지가 거의 동시에 표출된다. 지도사가 요구하는 동작은 그 중에서 하나이다. 개가 그것을 정확히 파악하고 배우는 것은 쉽지 않다. 개는 엉뚱한 것을 배울 수 있으므로 자신이 가르치려는 것을 명확히 인식하고 있어야 한다. 연습에 비례하여 진도가 늦으면 훈련목표가 정확한지 점검한다.

다음 단계로 이동하기 전에 현재의 행동을 변동강화한다.

단계적 형성방법의 핵심은 행동수준을 차근차근 올려 결국 새로운 동작을 수행할 수 있도록 하는 것이다. 그러므로 초기에는 목적행동을 표현할 때마다 보상하는 연속 강화계획을 적용하고, 다음 단계로 이행하기 전까지 변동강화계획으로 전환하여 완성한다. 불완전한 상태에서 넘어가면 이전 과정마저 동요될 수 있다.

새로운 단계에 진입하면 이전 과정의 기준을 일시적으로 완화한다.

목적행동이 여러 단계로 편성된 상태에서, 새로운 과제에 진입하면 이전 행동의 요구도를 낮춘다. 새로운 행동을 배우는 초기에는 과거에 유창했던 행동도 일시적으로 저하되는 경우가 있기 때문이다. 하지만 이전의 과제가 완성되었다면 재현되는 데 문제되지 않으므로 현재 단계에 집중한다.

지도사는 항상 개보다 앞서 준비한다.

지도사는 훈련의 전체과정과 이를 구성하고 있는 세부항목까지 완벽하게 파악하고 있어야 한다. 특히 복잡하고 기간이 많이 소요되는 훈련에서 더욱 강조된다. 장기간 영향력을 발휘하는 중요한 과제와 그렇지 않은 부분에 대하여 강약을 조절할 수 있고, 훈련목적에 부합된 방향으로 일관성을 가지고 진행할 수 있다. 훈련을 안내하는 지도사가 목표를 잃지 않는 것은 매우 중요하다.

조형과정 중에는 고정된 지도사가 전담한다.

지도사와 개의 유기적인 관계는 안정적인 정서를 유지하는 밑바탕이다. 정서적 안정은 편안한 상태에서 훈련할 수 있는 힘으로 작용한다. 또한 지도사의 일관성은 개의 습득능력에 크게 영향을 미치는 요소이다. 동일한 지도사에 의한 한결같은 행동 양식은 체계적인 훈련진행의 근간이다.

조형의 효과가 없으면 원칙적으로 접근한다.

지도사는 훈련의 노하우를 쌓는 것도 좋지만 더욱 중요한 것은 학술적인 이론을 정확히 이해하고 활용하는 것이다. 합리적인 지식은 훈련 곳곳에서 효율적으로 적용된다. 많은 지도사들이 개인적으로 터득한 자신만의 '비법'을 가지고 있지만, 훈련을 장기적이고 경제적으로 진행하려면 훈련의 원칙을 십분 이해하고 충실하게 실천해야 한다.

지도사는 실수하지 않아야 한다.

개는 지도사의 안내에 따라 행동하는 입장이다. 따라서 지도사의 일관적인 합목적적 태도와 훈련에 대한 집중력은 매우 중요하다. 특히 개와 함께 활동하면서 진행하는 경우에 더욱 신중해야 한다. 조형은 연속강화계획을 적용하므로 강화해야 할 행동을 보상하지 않으면 이는 곧바로 처벌로 이어지게 된다.

현재 진도에 문제가 발생하면 전前단계로 돌아간다.

조형이 지도사의 예정대로 진행되지 않는 경우가 발생한다. 이럴 때는 '정체기 현상'이 아니면 이전 단계로 과감히 수준을 낮춘다. 많은 지도사들이 성과에 대한 욕심으로 이전으로 돌아가지 않으려는 경향을 가지고 있다. 하지만 기왕의 유창했던 과정을 복습하고 다시 시작하는 것이 훨씬 현명한 처사이다.

성과가 가장 좋을 때 훈련을 마친다.

조형을 완성하는 데 필요한 시간은 개의 집중하는 태도에 달려있다. 이를 위해서는 훈련을 종료하는 과정을 소중히 여겨야 한다. 특히 개가 동기를 유지한 상태에서 마감해야 한다. 이는 훈련시간 전체뿐만 아니라 각각의 단계에서도 동일하게 적용된다. 개가 가장 잘 기억하는 행동은 최근에 보상받았던 행동이므로 최고의 성과를 보인 시점에서 크게 보상하고 마무리한다.

4-4 연쇄

연쇄는 앞 행동과 뒤 행동을 연결시켜 전체를 구성하는 방법이다. 연결할 때는 단위행동[18]들을 숙달한 후에 순서에 따라 잇는다. 연쇄된 행동들은 보이지 않는 줄로 묶여 하나의 행동처럼 표현된다. 이처럼 여러 동작들을 연계시키는 연쇄는 여러 동작으로 이루어진 훈련에 긴요하다. 연결고리를 결합하는 순서에 따라 순향연쇄順向連鎖와 역향연쇄逆向連鎖 두 종류가 있다.

연쇄는 전前행동이 후後행동을 발생시키는 자극으로 작용한다. 따라서 연결고리가 일단 만들어지면 배운 행동을 잊지 않고 여러 동작을 한번에 유창하게 수행할 수 있다. 앞으로의 행동이 현재의 행동을 강화하고 모두 끝난 시점에 보상이 이루어지기 때문이다. 각각의 단위행동들은 보상받은 경험이 있으며 후행동에 의해 통제되는 상태이다. 그 결과 현재의 행동은 다음 행동에서 강화물이 주어진다는 약속으로 작용한다.

연쇄는 완전하게 습득되지 못한 행동이 중간에 있으면 흐름이 단절되어 전체적인 진행이 어려워진다. 따라서 전체행동의 구성을 먼저 분석하고 단위행동의 크기와 성격을 고려하여 적절하게 나눈다. 그리고 구분된 단위행동을 숙달시킨 후 연결한다. 연쇄 이전에 전체를 구성하는 단위행동들은 완벽하게 훈련시켜야 한다.

IGP 훈련에서 A형 판벽을 넘어 덤벨을 가져오는 과정이 있다. 개에게 판벽은 그것을 뛰어 넘으라는 신호이면서 다음에 이어지는 덤벨에 의해 자극된다. 판벽을 넘고 나면 덤벨이 보인다. 덤벨은 강화물의 효과를 가진다. 개가 일련의 행동을 하는 동안 지도사는 신호를 줄 필요가 없다. 다음 동작이 강화력으로 연쇄되어 있기 때문이다. 후 동작은 현재행동을 연속적으로 이끌어 내는 강력한 힘으로 작용한다.

---

18 시작과 끝이 구분되는 하나의 행동

■ 순향연쇄

순향연쇄는 전체 행동에서 첫 번째 행동을 출발점으로 삼아 마지막을 향해 순차적으로 진행하는 방법이다. 종점을 목표로 현재 동작에 다음 동작을 더하는 방법으로 하나씩 연결한다. 시작 행동과 다음 행동이 연결되어 하나의 행동으로 연쇄되면, 그 다음 행동과 더해져 더 큰 행동으로 구성된다. 마지막까지 연쇄고리를 계속 묶어 하나의 큰 덩어리로 엮는다. 순향연쇄는 연결이 부드럽지만 보상이 마지막을 향하므로 개가 중간 행동을 빠뜨릴 수 있다.

단위행동	판벽넘기	덤벨운반	판벽복귀	정면 앉아
연쇄 1	판벽넘기 + 덤벨운반			
연쇄 2	판벽넘기 + 덤벨운반 + 판벽복귀			
연쇄 3	판벽넘기 + 덤벨운반 + 판벽복귀 + 정면 앉아			

—— 순향연쇄

■ 역향연쇄

역향연쇄는 시작행동을 종점으로 두고 차후에 진행된 행동들을 하나씩 거꾸로 이어가는 방법이다. 보상지점이 전체행동의 시작점이고 후행동들이 추가되는 모습이다. 시작행동이 계속적으로 강화되므로 처음부터 끝까지 이어지는 행동들의 결합력이 강하게 형성된다.

단위행동	판벽넘기	덤벨운반	판벽복귀	정면 앉아
연쇄 1	정면 앉아 + 판벽복귀			
연쇄 2	정면 앉아 + 판벽복귀 + 덤벨운반			
연쇄 3	정면 앉아 + 판벽복귀 + 덤벨운반 + 판벽넘기			

—— 역향연쇄

연쇄방법

· 단위행동의 크기는 비슷하게 구분한다.
· 전체행동을 단위행동으로 나누어 연결한다.
· 단위행동은 완전히 익히고 다음 단계를 진행한다.
· 단위행동들은 균등하게 강화한다.
· 강화물은 모든 단계에서 점진적으로 제거한다.

- 전체행동을 훈련하는 과정에서는 마지막에 보상한다.
- 변동강화계획으로 지속능력을 형성한다.
- 시작행동과 강화물을 제거할 때 암시와 용암을 이용한다.

4-5 일반화

일반화는 개가 훈련과정에서 경험하지 않았던 자극에 대하여 훈련된 것처럼 행동을 표현하는 확산현상이다. 이는 자극이 훈련과정에서 경험한 것과 비슷할수록 잘 나타난다. 연습과정에서 자극의 범위가 자연스럽게 넓어지고 유사도가 높을수록 동일한 자극으로 인식되기 때문이다. 일반화능력은 모든 개가 가지고 있고, 본능적으로 이루어진다. 다만 개체별 감각의 수용수준에 따라 차이가 있다.

훈련된 개는 우리가 필요로 하는 상황에서 실용적인 능력을 발휘해야 한다. 훈련과정에서 습득한 내용과 동일한 것에만 행동한다면 활용도가 일정 범위에 한정된다. 경험한 것과 조금만 달라도 그에 필요한 행동을 수행하지 못하기 때문이다. 따라서 지도사는 개가 자연적으로 익히기 어려운 자극에 대하여 일반화시켜 개의 역량을 높인다. 일반화는 훈련능력을 확장하는 과정뿐만 아니라 특정한 행동을 없애는 소거과정에도 동일하게 나타난다.

현대의 개는 번잡하고 다변하는 환경에서 활동한다. 훈련의 종류와 수준도 그에 따라 다양해지고 높아졌다. 이와 같은 조건에서 개가 안정적으로 행동하도록 하려면 일반화 능력을 향상시켜야 한다. 특히 훈련된 개는 변화된 여건에서도 습득한 행동을 문제없이 수행해야 한다. 보통의 방법은 다양한 상황에서 많은 경험을 제공하는 것이다.

■ 도야론

도야론陶冶論은 "개의 일반화는 많은 연습을 통해 능력이 증진된다."는 것이다. 경험을 중요하게 여기는 전형적인 방법이다. 하지만 필요한 모든 요소를 개에게 체험시키는 것은 불가능하다. 개가 활동하는 일반적인 조건을 기준으로 대표적인 것을 선정하여 훈련한다. 가능하면 개가 자연스럽게 감내하기 어려운 요건이나 자극을 대상으로 숙련시킨다.

■ 동일요소론

일반화는 다양한 상황에서 연습하는 것이 필수적이긴 하지만, 모든 여건에서 실행하는 것은 비경제적이다. "선행 과정에서 경험했던 동일한 요소를 접합시켜 확산시킨다."는 동일요소론을 적용한다. 최소한의 동일한 요소를 포함시켜 일반화할 수 있는 기회를 제공하는 것이다.

일반화 유의사항
· 개가 수용할 수 있는 적절한 범위 내에서 실시한다.
· 일반화가 확산되어 불필요한 부분에 영향을 주지 않도록 한계범위를 정한다.
· 환경이 변하면 일반화 수준이 낮아질 수 있다.
· 문제행동은 더욱 악화될 수 있다.

■ 이론적 배경

일반화 현상이 발생하는 이유를 설명하는 학자들의 이론은 다음과 같다.

파블로프는 "ⓐ라는 자극을 수용하는 반응역에 ⓐ와 유사한 자극이 들어오면, ⓐ 영역의 신경이 반응을 유발한다."고 했다. 그는 연구과정에서 1000Hz로 진동하는 소리와 음식을 조건화했다. 그리고 950~1100Hz의 소리를 들려주었다. 그 개는 이 자극에 노출된 적이 없었는데 1000Hz의 소리에서처럼 침을 분비했다.

손다이크는 열림장치가 문 옆에 있는 문제상자 ⓐ에서 나온 개를 열림장치가 뒤쪽에 있는 다른 상자 ⓑ에 넣었다. 그 개는 상자 ⓑ에서도 쉽게 나왔다. 열림장치의 위치가 바뀌었음에도 문을 여는 행동이 상자 ⓐ에서 ⓑ로 일반화된 것이다. 경험하지 않았던 부분에 행동이 일반화된 것이다.

스펜스[Kenneth Spence]는 "자극 ⓐ에 대한 반응을 강화하면 ⓐ뿐만 아니라 그와 유사한 자극에도 반응하려는 경향이 증가한다. 그러나 ⓐ에 대한 반응을 강화하지 않으면 반응이 억제된다."고 했다. 특정한 자극에 대한 반응은 흥분과 억제의 상호작용으로 증가 또는 감소된다.

레쉬[Karl Lashley]는 "유사자극들에 대한 경험이 부족해서 그 차이를 변별하지 못하기 때문에 일반화가 일어난다."고 했다.

4-6 변별

변별은 주어진 자극에 대하여 서로 다르게 반응하는 현상이다. 이를 이용하여 기억된 자극과 일치하는 것에만 반응하도록 훈련한다. 변별은 특별한 경우에만 훈련하는 것으로 생각할 수 있지만 여러 곳에서 다양하게 활용되고 있다.

변별훈련은 자극에 대한 상대적인 보상으로 이루어진다. 어떤 자극에 대하여 다른 자극보다 결과가 좋으면 변별력이 발생한다. 또한 혐오자극에 대해서도 동일하게 나타난다. 특정자극에 대한 반응이 혐오적인 결과를 가져오면 그 자극은 개의 행동을 감소시키기 때문이다.

이름은 개에게 제일 많이 사용하는 언어이므로 변별력을 확실히 가져야 한다. 그러나 인간의 언어는 개에게 조건화되었을 때 의미가 있다. 특히 유사한 단어에 대하여 변별력을 가져야 한다. 하지만 많은 사람들이 이름을 변별시키지 않아서 개들이 사람의 음색이나 제스처를 보고 적당히 대응한다.

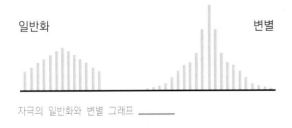

일반화   변별

자극의 일반화와 변별 그래프 ───

개가 특정한 자극에 반응을 보일 때 강화하면 그것을 변별할 수 있게 된다. 변별해야 할 자극에 대한 반응은 보상하고, 대조자극은 강화하지 않는 것이 일반적인 훈련방법이다. 이를 바탕으로 변별 훈련을 하는 몇 가지 방법이 있다.

■ 연속변별

연속변별은 변별자극과 대조자극을 임의의 순서로 연속하여 제시한다. 변별자극에는 보상하고 대조자극은 보상하지 않는다.

■ 동시변별

동시변별은 변별자극과 대조자극을 동시에 제시한 상태에서 식별하도록 하는 것이다.

■ 표본변별

표본변별은 표본자극을 제시하고 그와 동일한 것을 분별하게 하는 방법이다.

■ 무오류변별

변별훈련은 실패하는 비율이 높아지면 개의 동기가 저하될 수 있다. 무오류변별은 의욕을 떨어뜨리지 않고 성공률을 높일 수 있는 방법이다. 성공률이 높고 실패율은 낮게 나오도록 사전에 조건을 구성한다. 이 때 자극의 차이가 크게 나도록 고수준의 변별자극과 저수준의 대조자극을 배열한다. 또는 변별자극의 숙련도를 높게 연마시켜 식별력을 강화한 후에 실시한다. 일반화와 변별의 상관성은 변별은 일반화와 상대적이므로 변별력이 높아지면 그에 비례하여 일반화능력이 낮아진다.

변별 유의사항
· 초기훈련 시 변별자극은 명확해야 한다.
· 변별능력을 증진시키기 위해서는 충분한 연습이 필요하다.
· 변별자극은 일관성을 가져야 한다.
· 개가 실수할 기회를 최소화한다.

제2부

훈련이론의 활용

제1장

가정견

I. CD 1 · 2 · 3

1-1 CD 규정

CD는 Companion Dog의 머리글자로 생활에 필요한 여러 동작과 재주들로 이루어져 있다. 행동지도사의 자격등급에 따라 평가항목이 나뉘어져 있다. 3급은 생활 간 수시로 사용되는 6개 동작, 2급은 10개 동작, 1급은 17개 동작이다.

▶ 표 1-1 CD 실기평가 항목별 수행절차

평가항목			수행절차
줄 매고 동행	CD1	1	A지점 20 보통 걸음 직진 후 T지점 뒤로 돌아
		2	2~5 보통 걸음 → 5 빠른 걸음 → 5 늦은 걸음 → 5 보통 걸음
		3	L지점 좌회전
		4	B지점 통행능력 8자 교차통과 후 중앙 앉아
		5	A지점 복귀 후 중앙 앉아
	CD2	1	A지점 20 보통 걸음 직진 후 T지점 뒤로 돌아
		2	2~5 보통 걸음 → 5 빠른 걸음 → 5 늦은 걸음 → 5 보통 걸음
		3	L지점 좌회전

		4	B지점 통행능역 8자 교차통과 후 중앙 앉아
		5	C지점 앉아 후 줄 없이 통행능력 8자 교차통과 후 중앙 앉아, A지점 앉아
줄 없이 동행	CD1	1	A지점 20 보통 걸음 직진 후 T지점 뒤로 돌아
		2	2~5 보통 걸음 → 5 빠른 걸음 → 5 늦은 걸음 → 5 보통 걸음
		3	A지점 도착 → 뒤로 돌아 후 앉아
	CD2	1	A지점 20 보통 걸음 직진 후 T지점 뒤로 돌아
		2	2~5 보통 걸음 → 5 빠른 걸음 → 5 늦은 걸음 → 5 보통 걸음
		3	A지점 도착 → 뒤로 돌아 후 앉아
	CD3	1	A지점 20 보통 걸음 직진→ L^1지점 좌회전 후 10 보통 걸음
		2	T지점 뒤로 돌아 후 10 보통 걸음 직진 → R지점 우회전
		3	2~5 보통 걸음 → 5 빠른 걸음 → 5 늦은 걸음 → 5 보통 걸음
		4	L^2 지점 좌회전
		5	B지점 통행능력 8자 교차통과 후 중앙 앉아
		6	A지점 복귀

동행 중 앉아	지도사는 90도 우회전 후 보통 걸음으로 약 10보 직진 후 정지와 동시에 응시견에 '앉아' 요구한다.
넓이뛰기	응시견을 넓이뛰기 앞에 앉힌다. '뛰어'를 요구한다. 응시견이 장애물을 넘어 돌아오면 지도사 왼쪽에 앉게 한다.
평지 덤벨운반	지도사 10보 정면에 덤벨을 던진다. 응시견에게 '가져와'를 요구한다. 덤벨을 가져와 지도사의 정면에 앉으면 3초 후에 회수한다. 응시견을 왼쪽에 앉게 한다.
허들넘어 덤벨운반	허들 5보 전방에서 장애물 너머로 덤벨을 던진다. '뛰어', '가져와'를 요구한다. 덤벨을 가져와 지도사의 정면에 앉으면 3초 후에 회수한다. 응시견을 왼쪽에 앉게 한다.
판격넘어 덤벨운반	판벽 5보 전방에서 장애물 너머로 덤벨을 던진다. '넘어', '가져와'를 요구한다. 덤벨을 가져와 지도사의 정면에 앉으면 3초 후에 회수한다. 응시견을 왼쪽에 앉게 한다.
냄새선별	지도사는 응시견과 함께 선별대를 10m 뒤에 두고 돌아 선다. 타인의 체취가 묻은 거즈(심사위원·스튜어드) 5개와 지도사의 체취가 밴 거즈를 선별대에 배열한다. 심사위원의 지시에 따라 뒤로 돈 후 응시견에게 지도사의 체취를 맡게 한 후 보낸다. 목적취가 밴 거즈 앞에 앉는다. 지도사의 요구에 좌측에 앉는다. 거즈의 위치를 변경하여 3회 실시한다.

■ CD 등급별 동행동작 수행도식

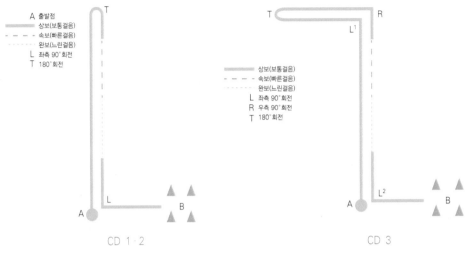

A 출발점
━━━ 상보(보통걸음)
--- 속보(빠른걸음)
······ 완보(느린걸음)
L 좌측 90° 회전
T 180° 회전

━━━ 상보(보통걸음)
--- 속보(빠른걸음)
······ 완보(느린걸음)
L 좌측 90° 회전
R 우측 90° 회전
T 180° 회전

CD 1·2

CD 3

CD 수행도식 ━━━

1-2 CD 훈련

■ 동행

동행 모습 ━━━
출처: pixabay.com

동행 동작은 개에게 지도사와 같이 걸을 때 즐거운 일이 생긴다는 점을 알려주는 것이 중요하다. 개가 이를 배우면 지도사에게 주의를 집중하며 유쾌하게 걷게 된다. 지도사는 개와 동행할 때 진행방향과 목적지를 자신이 결정한다. 따라서 개가 지도사와 적당한 거리를 유지한 채 순조롭게 걷는 것이 훈련의 목표이다.

훈련방법은 개에게 두려움을 주거나 주의를 분산시키는 자극이 없는 한정된 공간에 줄을 풀어주고 시작한다. 개가 지도사에게 다가오면 강화물을 연속으로 주고 재빠르게 뒤로 돌아 걸어간다. 개가 지도사를 따라오면 왼손으로 강화물을 준다. 개가 지도사에게 오지 않으면 기다린다. 지도사는 개가 자신에게 다가오는 때를 놓치지 않고 강화물을 제공한다. 개가 잘 따라오지 않으면 애원하지 말고, 크고 빠른 동작으로 자극하며 반대방향으로 이동한다. 지도사는 멈춘 후 다시 걷거나 회전할 때는 동작을 크고 빠르게 하여 개가 자신에게 밀착되도록 한다. 개가 강화물에 강한 욕구를 가지고 있으면 지도사와 간격이 넓게 벌어져도 점차 정제된 모습으로 안정된다.

■ 앉아

개가 앉아 자세를 규정된 모습으로 정확히 수행하는 것은 쉽지 않다. 개가 지도사로부터 벗어나지 않을 때까지 강화물을 계속 준다. 지도사에게 집중하면 가만히 서서 기다린다. 개가 여러 행동을 하는 과정에서 앉으면 지도사는 즉시 보상한다. 다음 과정은 실행어에 앉도록 한다. 개는 지금까지 실행어 없이 앉았지만, 이제는 "앉아"라는 언어가 의미를 가지도록 한다.

—— 앉아 모습
출처: pixabay.com

지도사는 개가 앉지 않은 상태에서 "앉아"라고 말하고 기다린다. 그러면 개는 어느 순간 앉는다. 즉시 보상한다. "앉아"라는 실행어에 개는 앉게 된다. 마지막으로 개가 지도사 왼쪽에 정확히 앉도록 한다. 지도사가 의도하는 자세에 근접할 때마다 보상한다.

■ 엎드려

엎드려 자세는 "앉아"와 같이 가르칠 수 있다. 개를 지도사 왼쪽에 둔 상태에서 오른손에 든 강화물을 보여주며 개 앞으로 내리면서 엎드려를 유도한다. 개가 엎드리면 보상한다. 소형견은 테이블 위에서 훈련하면 수월하다. 이 과정을 역으로 적용하여 '앉아'를 요구한다. 이어서 강화물을 쥔 오른손을 개 앞에서 'ㄴ'자 모양으로 옮기며 '엎드려' 한다. 점차 지도사의 실행어에 자세를 수행하도록 한다. 실행어를 반복하는 것은 가능하지만 남발하지 않아야 한다. 점차 지도사가 반듯이 서고, 장소를 바꿔가며 자세를 강화한다. 지도사는 개가

—— 엎드려 모습
출처: pixabay.com

엎드릴 때 강화물을 주는데, 음식 조각이 바닥에 떨어지거나 냄새가 남지 않도록 유의해서 훈련한다.

■ 서

서 자세는 개를 지도사 왼쪽에 앉게 한 상태에서 "서" 실행어와 함께 왼손으로 강아지의 뒷무릎 관절부위 안쪽부위를 자극한다. 개가 설 때 앞발이 제자리에서 앞으로 움직이지 않도록 한다. 지도사의 실행어에 자세를 취하도록 연습한다. 이 과정은 "앉아"와 "엎드려"와 동시에 진행할 수 있다. 개의 자세가 안정적이면 서 있는 자세를 취하게 한 후 뒷무릎 관절부위의 왼손을 뗀다.

■ 기다려

기다려 모습 ————
출처: pixabay.com

기다려 자세는 지도사의 왼쪽에 개를 앉게 한 상태에서 코 앞에 오른 손바닥을 대는 동작으로 '기다려'를 요구한다. 오른쪽으로 한걸음 이동한다. 잠시 후 개의 옆으로 돌아와 보상한다. 이어서 개 앞으로 이동하고 돌아와 보상한다. 점차 기다리는 시간과 이격거리를 늘린다. 개가 일어서면 제자리에 다시 앉게 한다.

다음 단계는 실행어와 손동작으로 '기다려'하고 1m 앞으로 이동한다. 개가 움직이려고 하면 개에게 다가가 기다리게 한다. 일반적으로 개가 지도사를 보고 있지 않으면 움직일 생각을 하고 있는 것이다. 주의를 기울여 움직임을 주시한다. 점차 개 앞에 서 있는 시간을 10초에서 1분으로 늘린다. 이 과정을 개 2m 앞에서 연습한다. 개가 움직이면 아무 말 없이 다가가 다시 앉게 한다. 개의 행동이 안정되면 거리와 시간을 서서히 늘린다.

■ 와

와 동작은 실내에서 지도사와 보조자가 2m 떨어져 마주보고 선다. 보조자가 개를 데리고 있는 상태에서 지도사는 "이름, 와"하고 부른다. 강화물을 주고 신나게 칭찬한다. 이제 지도사가 개를 데리고 있고 보조자가 "이름, 와"하며 부른다. 지도사와 보조자의 거리를 4m까지 점차로 늘린다. 개와 숨바꼭질 놀이를 한다. 보조자는 지도사가 다른 방에 숨을 때까지 개를 데리고 있는다. 지도사가 숨은 후 개를 부른다. 개가 지도사를 찾아오면 보상한다.

―――― 와 모습

이제 지도사와 보조자가 역할을 바꿔 진행한다. 지도사 또는 보조자가 부를 때 주저하지 않고 찾아가도록 한다. 울타리가 있는 한정된 공간에서 앞 과정을 반복한다. 이제 지도사 혼자 교육한다. 개를 한정된 장소에 풀어놓고 모른 체한다. 개가 지도사에게 관심이 없을 때 부른다. 개가 지도사에게 오면 즐겁고 크게 보상한다. 지도사가 부르면 올 때까지 반복한다. 일단 학습되면 간헐적으로 보상한다. 개의 관심을 유발하는 요인이 많은 조건에서 연습한다. 개에게 3m 줄을 채우고 개가 좋아하는 것이 있는 장소로 간다. 개가 그것에 집중하고 있을 때 "이름, 와"한다. 개가 지도사의 부름에 즉시 응하도록 한다.

■ 하우스

하우스 훈련을 클리커로 가르치는 방법이다. 먼저, 크레이트의 문이 닫히지 않도록 고정시킨다. 지도사는 개와 함께 크레이트에 강화물을 넣어두고 이동하여 10m 전방에 선다. 개가 크레이트 쪽으로 걸음을 내딛으면 클릭한다. 점차로 크레이트에 다가가면 클릭하고 보상한다. 크레이트에 발을 넣으면 보상한다. 크레이트 안에 머리를 넣으면 클릭하고 보상한다. 크레이트 안으로 들어갈 때, 클릭하고 크게 보상한다. 클릭 시간을 몇 초씩 늦춰서 크레이트에 머물도록 유도한다. 개가 크레이트에 머무르는 것을 재촉하지 말고, 크레이트 안으로 들어가는 것만 보상한다. 크레이트에 앉거나 누워 있으면 클릭한다. 개가 나오려고 하면 항상 허락한다. 개가 자발적으로 크레이트에 앉거나 누워있을 때, 천천히 문을 닫는 과정을 시작한다. 처음에 몇 초 동안만 문을 닫은 다음, 클릭하고 보상한다. 문을 닫아두는 시간을 매우 천천히 늘린다. 개가 크레이트를 자신의 안전한 공간으로 여기면 실행어를 가르치기 시작한다.

■ 짖음

짖어 모습 ———

짖음은 개가 필요한 것을 요구하거나 두려움을 경고할 때 표현된다. 개의 동기를 결핍시켜 훈련한다. 보조자가 개와 마주선 상태에서 음식을 준다. 개가 보조자가 강화물을 준다는 사실을 배운 상태에서 보조자는 개의 정면에 음식을 들고 가만히 서 있는다. 그러면 개는 강화물을 주던 보조자가 더 이상 주지 않으면 강화물을 달라는 의사 표현으로 짖는다. 보조자는 즉시 강화물을 준다. 그리고 또 다시 강화물을 들고 가만히 서 있으면 개는 다시 짖게 된다. 이와 같은 절차로 짖는 시간을 늘려가며 실시한다. 마지막으로 실행어에 짖도록 훈련한다. 실행어를 먼저 제시하고 강화물을 든 채 기다린다. 개가 짖으면 보상한다. 점차 강화물을 제거하고 실행어에만 짖도록 한다.

■ 덤벨운반

덤벨운반 모습 ———
출처: pixabay.com

덤벨운반은 평지에서 운반하는 것과 장애물을 넘은 후 가져오는 과정이 있다. 개의 정면에서 덤벨로 크게 자극하고 멀지 않은 곳에 던진다. 지도사는 개가 덤벨을 물면 이름을 부르면서 반대방향으로 빠르게 달려간다. 개가 덤벨을 물고 지도사에게 오면 강화물을 제공한다. 덤벨에 대한 관심과 소유욕구가 강하면 훈련 진행이 수월하다. 덤벨운반은 몇 개의 동작으로 구성되어 있다. 먼저 가르쳐야 할 동작은 마지막 자세인 지도사에게 덤벨을 건네는 것이다. 개가 덤벨을 가져오면 '앉아'를 요구하고 양손으로 덤벨을 잡고 놓기를 기다린다. 덤벨을 놓으면 강화물을 제공한다. 다음은 덤벨을 가져와 3초를 기다리는 것이다. 지도사는 개가 덤벨을 가져오면 즉시 받지 않는다. "놔"라는 실행어를 제시하고 손을 내밀어 덤벨을 받는다. 시간을 조절하며 "놔"라는 실행어를 가르친다. 덤벨을 떨어뜨리거나 지도사 정면에 정확히 앉지 않으면 뒤로 한 걸음 물러서며 바른 자세를 요구한다. 마지막으로 덤벨을 던진 후 지도사가 요구할 때까지 기다리게 한다. 덤벨을 던질 때 개의 자세가 바뀌면 '앉아'를 요구한다.

■ 장애물 통과

장애물 통과는 높이뛰기와 넓이뛰기, 판벽넘기를 가르친다. 높이뛰기는 지면에 수직으로 서 있는 1m 높이이다. 넓이뛰기는 지면에 설치된 약 1.5m의 폭을 건너뛰는 것이다. 건강한 개는 장애물을 무난히 뛰어 넘을 수 있다. 훈련방법이 강제적이거나 무리하게 실행하면 거부하거나 회피하는 경우가 발생한다. 지도사는 개가 피동적으로 통과하거나, 위축되지 않도록 동기를 유지하면서 자연스럽게 진행한다.

개가 장애물에 거부감을 가지지 않도록 장애물 주변에서 즐겁게 적응시킨다. 이어서 장애물을 쉽게 통과할 수 있도록 낮은 상태로 설치한다. 보조자가 장애물 너머에서 강화물로 자극한다. 지도사는 장애물을 향하여 개와 같이 이동하면서 통과하도록 도와준다. 실행어에 대한 조건화 정도에 따라 개만 단독으로 뛰어넘게 한다. 이어서 장애물의 난도를 점차 높게 한다. 장애물을 통과할 수 있는 능력이 형성되면 덤벨을 운반하는 동작과 결합시킨다. 장애물을 넘어 덤벨을 가지고 오는 과정은 장애물을 통과하는 동작과 덤벨을 운반하는 두 동작이 결합되어 있다. 두 훈련은 구분하여 진행하는 것이 이롭다.

■ 냄새선별

냄새선별 훈련은 배열된 여러 냄새 중에서 지도사가 제시한 냄새와 동일한 것을 찾아내는 것이다. 훈련방법은 목적취를 표본으로 대응시키는 표본대응을 적용한다. 선별대에 50cm 간격으로 거즈를 설치한다. 표본 거즈를 선별대 구멍 하나에 넣는다. 거즈에는 지도사의 친숙한 냄새가 배어있다. 지도사가 개의 코앞에 자신의 냄새가 밴 거즈를 맡게 한다. 이때 선별대에는 다른 사람의 냄새가 없어야 한다. 개가 이 과정을 성공적으로 수행하면 거즈를 2개 설치한다. 2개의 거즈 가운에 하나는 냄새가 없는 깨끗한 상태이다. 이는 개에게 모든 거즈가 아닌 특정한 냄새가 나는 거즈를 선택해야 하는 것을 가르쳐 준다.

개가 일관성 있게 수행하면 다음 단계로 진행한다. 거즈를 3개 이상으로 늘린다. 진행정도가 발전하지 못하면 보다 쉬운 전 단계로 돌아간다. 지도사의 냄새가 밴 거즈를 발견하면 보상한다. 보조자의 냄새를 사용할 때도 동일한 방법으로 훈련한다. 지도사는 개에게 거즈의 보조자 냄새를 맡게 한다. 그 다음 개가 보조자의 거즈를 찾으면 보상한다. 점차 새로운 사람의 냄새로 확대한다. 지속적으로 다른 사람의 냄새를 사용한다. 최종단계로 목적취를 쥐고 있는 시간은 줄이고 유혹취를 강하게 한다.

2. BH

2-1 BH 규정

BH는 Begleithund^{반려견} Test의 준말로 반려견이 갖추어야 할 기본적인 행동능력을 파악하는 시험이다. 시험은 A파트 동행능력과 B파트 성격평가로 이루어져 있다. A파트는 지도사와 동행, 동행 간 앉아·엎드려, 와, 산만한 조건에서 단독대기 항목이다. B파트는 A파트에서 60점 만점에 40점 이상을 취득해야 응시할 자격이 주어진다. 평가는 미지인·자전거·자동차·미지견 등 개가 일반적으로 조우할 수 있는 자극 등에 대한 반응도를 평가한다. 점수가 주어지지 않고 합격 또는 불합격으로 결정된다.

► 표 1-2 BH 실기평가 수행절차

평가항목		배점	수행절차
동행능력	줄 매고 동행	15	50 보통 걸음 직진 → 뒤로 돌아 → 15 보통 걸음 직진 → 15 빠른 걸음 직진 → 15 느린 걸음 직진 → 20 보통 걸음 직진 → 우회전 후 20 보통 걸음 직진 → 우회전 후 20 보통 걸음 → 좌회전 후 10 보통 걸음 직진 → 정지(응시견 "앉아")한다.

줄 없이 동행	15	견줄을 풀고 사람 사이를 통과한다. 이 때 1회 정지한다. 군중을 벗어난 후 "앉아" 자세를 요구한다.	
동행 중 앉아 (줄 매고)	10	"앉아"→ 10 보통 걸음 직진 → "앉아" 요구 → 30 보통 걸음 직진 → 뒤로 돌아 응시견과 마주 보기 → 응시견 우측에 선다.	
동행 중 엎드려, 와	10	"앉아"→ 10 보통 걸음 직진 → "엎드려" 요구 → 30 보통 걸음 직진 → 뒤로 돌아 응시견과 마주 보기 → 응시견을 부른다. → 우측에 선다.	
주의분산 자극 하 대기	10	응시견에게 지정된 장소에 '엎드려' 요구 → 지도사 30보 이동 지정된 장소에 위치하여 응시견을 등지고 서기 → 동행능력 테스트 종료 시까지 대기한다.	

성격	6인 이상 미지인 만남	10	응시견의 줄이 느슨한 상태로 사람들 사이를 걷는다. 지도사가 미지인과 악수하며 인사한다. 지도사가 간단한 대화를 하는 동안 응시견은 안정된 자세를 유지해야 한다.
	이동 중인 자전거 만남	5	응시견 뒤에서 자전거를 탄 사람이 벨을 울리며 지나간다. 이 후 자전거 탄 사람이 전면에서 다가온다.
	이동 중인 자동차 만남	5	지도사와 함께 있는 응시견 옆으로 자동차가 지나간다. 자동차 문를 소리내어 닫는다. 창문을 열고 지도사에게 말을 건넨다.
	조깅(인라인) 사람 만남	5	동행 중인 응시견 옆을 2명 이상의 조깅하는 사람이 지나간다. 응시견 전면에서 달려온다.
	미지견 만남	10	동행 중인 응시견 정면에서 미지견이 그 지도사와 다가온다.
	단시간 단독 대기 조건 미지견 만남	5	응시견의 줄을 느슨하게 길가에 고정한다. 지도사가 지정된 곳으로 숨는다. 미지인이 그의 개와 함께 5보 옆으로 지나간다.

■ BH 수행도식

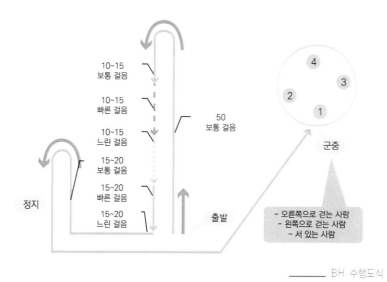

────── BH 수행도식

■ BH 수행절차

A파트 동행능력 테스트의 첫 번째 항목은 줄을 맨 상태에서 응시견과 동행이다. 지도사는 기본자세에서 시험을 시작한다. 기본자세는 응시견의 어깨가 지도사의 왼쪽 무릎과 나란한 상태로 앉아 있는 모습이다. 지도사는 응시견의 목줄에 연결된 견줄을 느슨히 잡고 선다. 지도사는 개에게 "가자" 말하고 직진한다. 응시견은 지도사의 걸음 속도에 맞춰 걸어야 한다. 지도사는 40~50보 전진 후 뒤로 돌아 10~15보 보통 걸음으로 이동한다. 이어서 10~15보 빠른 걸음 그리고 10~15보 보통 걸음으로 걷는다. 응시견은 지도사와 나란히 걸어야 한다. 걸음속도가 바뀔 때 실행어를 사용할 수 있다.

지도사와 응시견은 오른쪽으로 회전하여 20보를 직진한 후, 다시 우측으로 돌아 20보를 직진하고, 좌측으로 돌아 10~15보 후 멈춘다. 이때 응시견은 핸들러 옆에 기본자세를 취해야 한다. 10~15보를 동행한 후 좌측으로 회전한다. 그 다음 곧바로 그룹을 향해 나아간다. 지도사와 응시견은 6명 이상의 사람들이 있는 그룹으로 이동한다. 응시견과 지도사는 좌회전과 우회전을 각각 1회 이상 수행하는데, 이때 2명 이상의 사람 옆으로 돌아야 한다. 줄없이 동행하는 방법은 미지인 사이를 통과하는 것만 제외하고 동일하다.

동행 중 앉아는 기본자세로 시작한다. 지도사는 보통 걸음로 10~15보를 직진한다. 지도사는 응시견에게 "앉아"를 요구하고, 계속해서 30보를 이동한다. 이때, 응시견은 즉시 앉아서 자세를 갖춰야 한다. 지도사는 뒤로 돌아 응시견과 마주한다. 심사위원의 신호에 따라 지도사는 응시견에게 돌아가 기본자세를 취한다.

"엎드려 그리고 와"는 10~15보를 동행한 후 '엎드려'를 요구하고 계속하여 30보를 이동한다. 이때 응시견은 엎드려 기다린다. 지도사는 뒤로 돌아 응시견과 대면한다. 심사위원의 신호에 따라 지도사는 응시견을 부른다. 응시견의 이름을 부르면 실행어는 사용할 수 없다. 응시견은 지도사에게 신속히 달려와 앞에 바르게 앉는다. 지도사는 심사위원의 지시 또는 3초 후에 응시견에게 기본자세를 요구한다. 응시견은 핸들러 우측으로 돌거나 왼쪽으로 바로 돌아앉는다.

대기자세는 지도사가 평가장의 지정된 장소까지 응시견과 함께 이동한다. 지도사는 심사위원의 지시에 따라 견줄을 풀고 응시견에게 "엎드려" 요구한다. 지도사는 30보 이동하여, 응시견과 등진 상태로 다른 팀의 테스트가 끝날 때까지 기다린다. 응시견은 지도사의 지시가 있을 때까지 안정되게 엎드려 있어야 한다. 지도사는 심사위원의 지시에 따라 응시견에게 돌아가 기본자세를 취한다. 지도사가 "앉아"를 요구할 때까지 응시견은 엎드려 있어야 한다.

B파트 성격 테스트는 이동 중에 응시견의 정서 상태를 파악하는 과정이다. 평가장의 위치와 심사위원의 의도에 따라 다양한 조건에서 실시된다. 지도사는 견줄을 느슨하게 잡은 채 차량이 통행하는 도로를 이동한다. 응시견은 변화되는 상황에 안정적인 태도를 보여야 한다.

지도사가 심사위원을 포함한 1명 이상의 다른 사람과 악수한다. 심사위원은 지도사에게 여러 사람들 사이를 지나갈 것을 요구하거나, 그들 옆에 앉거나 엎드려를 요구한다. 응시견은 신속하게 행동해야 한다. 이 테스트에서 지도사는 응시견을 지정된 장소에 묶고 시야 밖으로 이동한다. 약 1분 후 미지인이 공격적이지 않은 개를 데리고 응시견의 약 5보 옆으로 지나간다.

——— BH 미지인 사이 이동 모습

——— BH 총성 반응 테스트

2-2 BH 훈련

A파트의 CD훈련과 중복되는 부분은 앞 쪽을 참고한다. 동행 중 앉아·엎드려 동

작은 지도사에 대하여 높은 집중력과 실행어에 대한 조건화가 잘 이루어진 상태에서 진행해야 효과적이다. 즉 정지 상태에서 앉아와 엎드려 자세를 확실히 배운 후에 동행동작과 결합한다.

　　지도사는 개와 몇 걸음 이동 후 "앉아" 실행어를 제시하고 개의 앞을 막아서며 멈춰 선다. 개는 순간적으로 당황하지만 이전에 조건화된 "앉아" 동작을 수행하게 된다. 개가 앉지 않고 서 있으면 다시 요구한다. 이어서 개가 앉아 있는 상태에서 지도사만 단독으로 앞으로 몇 걸음 걸어간다. 이때 개가 지도사를 따라올 수 있으므로 천천히 걷는다. 개가 앉아 기다리면 개의 오른편으로 돌아와 보상한다. 지도사는 개의 태도가 안정되면 동행 중에 '앉아'를 요구하고 걷던 속도로 몇 걸음을 더 나아갔다 돌아와 보상한다. 개의 숙달정도에 따라 개와 이격거리를 점진적으로 30보까지 늘린다.

　　지도사와 거리가 멀어지면 개가 자의적인 행동을 할 가능성도 높아진다. 개가 지도사를 향하여 조금씩 앞으로 다가오는 태도를 보일 수 있다. 개에게는 지도사가 자신으로부터 멀어지는 거리와 더불어 절제력을 요하는 시간이 연장된다. 지도사는 이런 문제점이 발생하지 않도록 이동거리를 불규칙적으로 변동한다.

　　동행 중 엎드려 훈련방법은 "동행 중 앉아"와 비슷하다. 지도사는 개와 함께 걷다 "엎드려"하고 제 자리에 선다. 초기에는 지도사의 요구에 응하지 않고 그냥 서 있을 수 있다. 지도사는 서 있는 개에게 '엎드려' 자세를 다시 요구한다. '엎드려' 자세는 지도사가 강화물을 주는 손과 보상을 받는 개의 입 사이의 거리가 멀기 때문에 개가 앞다리를 지면에 붙이지 않고 약간 든 상태로 자세를 취할 수 있다. 이럴 때는 강화물을 지면에 제공하여 안정된 자세를 취하게 한다. 개의 능력 진보정도에 따라 이동거리를 연장한다.

제2장

반려견 스포츠

1. IGP 1

1-1 IGP 1 규정

▶ 표 2-1 IGP 1 Tracking 실기평가

시간	배점		유류품		족적취			
	추적	유류품 발견	갯수	보유시간	경과시간	굴절	길이(보)	설치자
15분	79점	21점	3	30분	20분	2	300	핸들러

▶ 표 2-2 IGP 1 Obedience 수행절차

평가항목	수행절차
동행	50 보통 걸음 직진 → 뒤로 돌아 → 15 보통 걸음 직진 → 15 빠른 걸음 직진 → 15 느린 걸음 직진 → 20 보통 걸음 직진 → 우회전 후 20 보통 걸음 직진 → 우회전 후 20 보통 걸음 → 좌회전 후 10 보통 걸음 직진 → 정지(응시견 "앉아")
동행 중 앉아	"앉아" → 10 보통 걸음 직진 → "앉아" 요구 → 30 보통 걸음 직진 → 뒤로 돌아 응시견과 마주 보기 → 응시견 우측에 서기
동행 중 엎드려	"앉아" → 10 보통 걸음 직진 → "엎드려" 요구 → 30 보통 걸음 직진 → 뒤로 돌아 응시견과 마주 보기 → 응시견 우측에 서기

평지 덤벨운반	지도사 10보 정면에 덤벨을 던진다. 응시견에게 "가져와"를 요구한다. 덤벨을 가져와 지도사의 정면에 앉으면 3초 후에 회수한다. 응시견을 왼쪽에 앉게 한다.
허들 넘어 덤벨운반	허들 5보 전방에서 장애물 너머로 덤벨을 던진다. "뛰어", "가져와"를 요구한다. 덤벨을 가져와 지도사의 정면에 앉으면 3초 후에 회수한다. 응시견을 왼쪽에 앉게 한다.
판벽 넘어 덤벨운반	판벽 5보 전방에서 장애물 너머로 덤벨을 던진다. "넘어", "가져와"를 요구한다. 덤벨을 가져와 지도사의 정면에 앉으면 3초 후에 회수한다. 응시견을 왼쪽에 앉게 한다.
전진 중 엎드려	출발점에서 응시견에게 "앞으로"를 요구한다. 응시견이 30보 지점에 이르면 "엎드려"를 요구한다. 지도사가 응시견 우측으로 이동한다.
대기	응시견에게 지정된 장소에 "엎드려"를 요구한다. → 지도사 30보 이동 지정된 장소에 위치하여 응시견을 등지고 선다.

► 표 2-3 IGP 1 Protection 실기평가

평가항목	수행절차
블라인드 수색	블라인드를 효과적으로 수색
헬퍼 억류	헬퍼를 발견하고 왕성하고 안정된 자세로 억류
헬퍼 도주 저지	도주하는 헬퍼를 즉시 제압
감시 중 반격에 대항	감시 중 저항하는 헬퍼 제압
공격에 대항	전면에서 돌격하는 헬퍼에 적극적 대항

■ IGP 수행도식

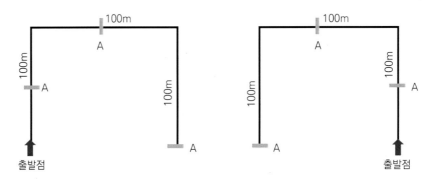

Tracking 도식 ━━━━━━
범례: A 유류품 설치 위치

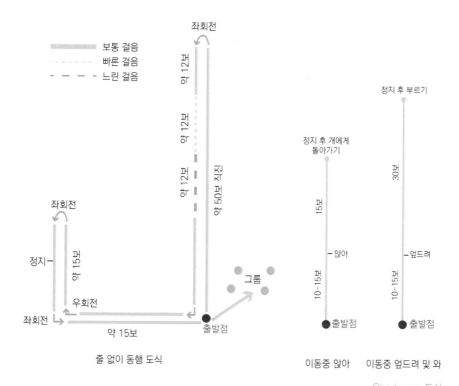

좌회전

보통 걸음
빠른 걸음
느린 걸음

약 12보

약 12보

약 12보

약 50보 직진

좌회전

정지

약 15보

우회전

좌회전

약 15보

그룹

출발점

줄 없이 동행 도식

정지 후 부르기

정지 후 개에게
돌아가기

15보

30보

앉아

엎드려

10-15보

10-15보

출발점

출발점

이동중 앉아   이동중 엎드려 및 와

──── Obedience 도식

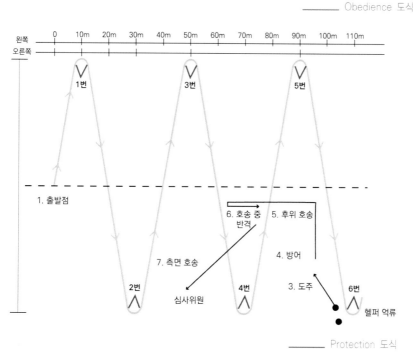

왼쪽
오른쪽

0   10m   20m   30m   40m   50m   60m   70m   80m   90m   100m   110m

1번

3번

5번

1. 출발점

6. 호송 중
반격

5. 후위 호송

7. 측면 호송

4. 방어

2번

4번

3. 도주

6번

심사위원

헬퍼 억류

──── Protection 도식

■ IGP 1 Tracking

지도사는 취선을 설치하는 것을 볼 수 없다. 출발 방법과 추적줄의 착용 여부는 지도사가 결정할 수 있다. 개가 유류품을 발견할 때 동작은 서거나 앉거나 엎드리거나 지도사에게 물품을 가지고 가는 방법들을 선택할 권리가 있지만 하나의 방법으로 통일해야 한다. 유류품 발견동작은 1회만 표현하면 된다. 지도사는 출발 전에 줄을 매거나 추적 장비를 갖추고 개를 옆에 안전하게 앉힌 상태에서 심사위원에게 개에 대한 사항과 유류품을 발견했을 때 응시견의 동작, 추적 장비의 착용여부 등을 보고한다.

지도사는 개가 추적하는 동안 추적줄을 느슨하게 유지하여 추적을 방해하지 않는다. 추적줄을 착용시키지 않고 추적할 때는 지도사가 개의 10~12m 뒤에서 따라가야 한다. 개가 유류품을 발견하면 멈춘 상태에서 손을 들어 심사위원에게 보고한다. 추적이 끝나면 '동행' 동작으로 이동하여 심사위원에게 발견된 물품을 제출해야 한다. 경기 중에는 개에게 보상할 수 없다.

추적하는 모습 _____

■ IGP 1 Obedience

동행

경기 간 모든 동작을 시작하고 끝낼 때는 심사위원의 통제에 따라야 한다. 심사위원에게 개의 일반사항을 보고하고 시작하기 전에 응시견의 줄을 채우고 선다. 보속의 변화는 지도사가 자율적으로 진행할 수 있지만 보속 변화는 빠른 걸음에서 늦은 걸음으로 변경해야 한다. 뒤로 돌아가는 동작은 좌우 어느 방향으로 회전해도 무관하지만 왼쪽으로 회전하는 것이 이롭다. 개가 앉은 상태에서 자세를 바꿔 개를 도와주면 안 된다. 실행어는 보행을 시작할 때와

지도사와 동행 _____

방향을 전환할 때, 그리고 보속을 변경할 때에만 음성으로 제시해야 한다. 보행 중에 걸음을 멈출 때는 개에게 실행어를 제시하지 않으며 개의 동작을 개선하기 위하여 어떤 행동도 하면 안 된다. 미지인 사이를 통과할 때 한번 이상 멈추고 통과하고 나면 기본자세를 유지한다.

앉아

동행 중 "앉아"라는 실행어만 개에게 제시하고 가고자 하는 방향을 향하여 계속 걷는다. 걸음속도를 늦추거나 개를 바라보는 것과 같은 개에게 도움을 주는 어떤 암시도 사용하면 안 된다. 심사위원의 요구에 따라 개의 옆으로 이동하여 기본자세를 취한다.

———— 앉아 자세

엎드려

동행 중 10~15걸음 걸은 후 "엎드려"라는 실행어만 개에게 제시하고 가고자 하는 방향을 향하여 30걸음을 더 간 후 뒤돌아서 개와 마주 본다. 걸음속도를 늦추거나 개를 바라보는 것과 같은 개에게 도움을 주는 어떤 암시도 사용하면 안 된다. 심사위원의 요구에 의하여 개를 부르고 왼쪽에 다시 앉게 한다.

서

기본위치에서 시작하여 10~15보를 걸은 후 "서"하고, 계속하여 30보를 걷고 뒤돌아서 개와 마주보고 선다. 심사위원의 요구에 따라 개의 우측으로 돌아간 후 3초 후에 "앉아"를 요구한다.

10~15보를 걸어간 후 10~15보를 뛰고 개에게 "서"동작을 요구한다. 계속하여 30보를 더 간 후 뒤돌아서 개와 마주 본 상태에서 심사위원의 요구에 따라 개를 불러 왼쪽에 앉게 한다.

———— 서 자세

평지 덤벨운반

덤벨을 10보 앞에 던지고 덤벨이 착지되고 나면 "가져와"라고 한다. 개가 정면으로 가져오면 3초 후에 덤벨을 회수하고 왼쪽에 앉게 한다. 이때 지도사는 덤벨을 오른손에 들고 내린 채 행동 변화 없이 반듯이 서서 요구하고 회수한다. 심사위원의 허락 하에 다시 던질 수 있다.

허들 넘어 덤벨운반

덤벨을 허들 5보 정면에서 중앙으로 넘겨 던지고, 개에게 "뛰어"하고 허들을 넘으면 덤벨을 물기 전에 "가져와"라고 요구한다. 지도사는 덤벨을 던지고 가만히 서서 개에게 도움이 되는 어떤 행동도 하면 안 된다. 덤벨을 회수하면 오른손에 들고 아래로 내린 상태에서 개를 왼쪽에 앉게 한다. 덤벨이 허들 중앙으로 넘어가지 못하고 잘못 던져질 때는 심사위원의 허락을 받아 다시 던질 수 있다.

허들 넘어 덤벨운반 ─────

판벽 넘어 덤벨운반

판벽 5보 정면에서 개를 기본자세로 위치시키고 판벽 너머로 덤벨을 정확히 던진다. 개에게 "넘어"하고 판벽을 통과한다. 개가 덤벨에 이르기 전에 "가져와"하여 덤벨을 물고 판벽을 다시 넘어 응시자의 정면에 와서 앉게 한다. 지도사는 3초 후에 덤벨을 회수하여 오른손을 아래로 향하여 들고 있는 상태에서 개를 왼쪽에 앉게 한다. 지도사는 개의 동작이 끝날 때까지 자세를 바꾸지 않는다. 심사위원의 허락 하에 덤벨을 다시 던질 수 있다.

전진 중 엎드려

줄을 매지 않은 상태로 개와 함께 10~15보 이동한다. 심사위원이 제시한 출발

지점에 이르면 오른팔을 목표지점을 향하여 쭉 뻗는 손동작과 "앞으로"라는 실행어를 동시에 사용하여 개를 전진시키고 서 있는다. 개가 출발점에서 30보 거리에 이르면 "엎드려"를 요구한다. 심사위원의 지시에 따라 개의 우측으로 가서 개를 "앉아"시킨다.

대기

지도사는 심사위원이 지정한 장소에 개의 줄을 묶지 않은 채 위치시키고 "엎드려, 기다려" 동작을 요구한다. 지도사는 개의 위치에서 30보 떨어진 곳까지 이동한다. 개에게 등을 보인 상태로 움직이지 않고 서 있는다. 심사위원이 개의 옆으로 가도록 요구하면 개에게 다가가 기본자세를 유지한다.

■ IGP 1 Protection

블라인드 수색

블라인드의 평행선과 경기장 중앙선이 교차하는 지정 장소에 개와 함께 위치한다. 심사위원이 경기 시작을 요구하면 성시부를 이용하여 즉시 개를 5번 블라인드로 보낸다. 수색이 끝나면 곧바로 불러 6번 블라인드 수색을 요구한다. 개가 수색하는 동안 지도사는 양측면 블라인드의 중앙선을 따라 보통 걸음으로 이동하는데 개를 앞지르면 안 된다. 개가 6번 블라인드에서 헬퍼를 발견하면 지도사는 개에게 아무런 요구를 하지 않고 그 자리에 조용히 서 있는다.

헬퍼 억류

심사위원이 블라인드 근처 지정된 곳으로 가라고 요구하면 이동하여 멈춰 선다. 심사위원의 요구에 따라 개를 부른다.

헬퍼 도주저지

블라인드 안에서 개에게 억류되어 있는 헬퍼를 심사위원이 지정한 장소로 이동하도록 요구한다. 심사위원의 요구에 따라 개를 헬퍼 감시 장소로 이동하여 엎드린 상태에서 감시하도록 한다. 개와 심사위원, 헬퍼가 서로 잘 보이는 상태를 유지하며 블라인드로 다시 이동한다. 도주하던 헬퍼가 개에게 슬리브를 물면 정지하고, 개가 슬리브를 놓지 않으면 서서 어떤 동작도 하지 않고 실행어로 "놔"를 지시한다. 추가로 2회를 더 요구할 수 있다.

감시 중 반격에 대항

헬퍼가 행동을 멈추었는데 자동으로 놓지 않으면 서서 실행어로만 "놔"를 요구한다. 1회에 놓지 않으면 심사위원의 요구에 따라 추가로 "놔"를 요구한다. 슬리브를 놓고 심사위원이 개에게 가라고 하면 보통 걸음으로 다가가 개를 자신의 왼쪽에 앉게 한다.

공격에 대항

지정된 장소에서 견줄을 잡고 조용히 선다. 헬퍼가 개를 향하여 다가오면 정지를 요구한다. 헬퍼가 계속하여 다가올 때 심사위원의 요구에 따라 제자리에 선 상태에서 개에게 공격을 지시한다.

헬퍼가 행동을 멈췄을 때 자동으로 슬리브를 놓지 않으면 "놔"를 요구한다. 놓지 않으면 심사위원의 요구에 따라 추가로 "놔"를 요구한다. 개가 헬퍼를 제압하고 감시하고 있는 상태에서 심사위원의 요구에 따라 개에게 간다. 개를 기본자세로 위치시키고 헬퍼의 스틱을 회수한다. 심사위원이 있는 곳까지 헬퍼를 우측에서 호송한다. 심사위원 앞에 정지하고 스틱을 건네준다. 개의 줄을 묶은 상태에서 심사위원의 강평을 기다린다.

1-2 Tracking 훈련

Tracking 훈련은 사람이 지나간 발자국에 남아 있는 개인의 냄새를 찾아갈 수 있는 능력을 만드는 과정이다. 이를 위해서 사람의 발자국에 대한 조건화와 길게 이어진 취선을 추적할 수 있는 능력, 이동방향이 변화된 취선을 추적할 수 있는 과정을 훈련한다. 추적훈련의 처음 과정은 족적취에 대한 조건화이다. 개는 사람의 냄새에 크게 관심이 없다. 이처럼 최초에 무가치한 자극을 개에게 의미를 주는 자극과 결합시키는 과정이 조건화이다. 조건화는 개에게 영향력을 가지지 못하던 자극을 영향력 있는 자극으로 전환하는 과정이다. 훈련은 족적에서 발산되는 냄새를 공이나 음식과 동일한 가치를 가지도록 한다. 추적훈련에서 조건화는 족적취에서 발산하는 냄새를 개에게 유의미하게 하도록 하는 근원적인 에너지이다.

——— 족적취 조건화

개는 족적에 남은 냄새에 전혀 관심이 없거나 잠시 냄새를 맡더라도 곧바로 무관심해진다. 그러므로 지도사는 공을 족적취와 결합시켜 가치를 가지도록 한다. 초기에는 공의 냄새가 족적취의 냄새보다 더 커야 개의 욕구를 자극할 수 있다. 개가 공이 놓여진 족적취에 관심을 보이면 점차로 족적에서 발산되는 냄새의 농도를 높이고 공의 냄새 농도는 낮춘다. 공과 족적취의 설치 위치에 따라 조건화 정도는 영향을 받는다. 초기에는 공이 족적보다 앞서지만 점차 조건자극인 족적취 뒤에 위치시킨다.

개가 추적을 시작하는 지점이 원점이다. 원점 부위에는 폴이 세워진다. 지도사는 개가 원점을 스스로 찾을 때까지 도움을 주지 않는다. 개가 자발적으로 원점을 확보하도록 한다.

원점은 어디로 놓여 있는지 모르는 실의 시작부위를 찾는 것과 같다. 원점을 확보하지 못하면 시작 부분을 찾지 못해서 엉뚱한 곳에서 헤매다 포기하게 된다. 개가 원점을 확보하고 거기에 연결된 족적취를 쫓아가려면 연장된 동일한 냄새를 따라가면 강화물이 주어진다는 강한 믿음을 가져야 한다.

원점확보 훈련은 원점에 개가 쉽게 감지할 수 있도록 냄새를 강하게 남긴다. 보조자는 개를 강화물로 자극하고 신발 밑에 놓는다. 지도사는 움직이지 않고 추적줄만 풀어주며 '찾아'라고 요구한다. 개가 보조자 신발 밑의 강화물을 발견하면 보상한다. 보조자는 개의 동기가 강해지면 원점에 강화물을 숨기고 뒤로 이동한다. 지도사는 개를 출발시켜 원점에 있는 강화물을 찾도록 한다. 강화물의 위치는 족적의 초입에서 시작하여 뒤로 옮기는 형태로 숨긴다.

지도사는 시간과 위치를 개가 예상하지 못하도록 다양하게 조합한다. 초기에는 1초 그리고 3초, …, 1분까지 시간을 늘려 늦게 출발시킨다. 보조자가 원점을 설치하고 벗어나면 개도 대기하던 위치에서 이탈한다. 지도사는 임의의 위치에서 개를 출발시켜 원점을 확보하도록 한다. 원점을 확보할 때 출발점은 원점을 중심으로 다양하게 접근시킬 수 있다. 다만 원점의 좌우측에서 접근시켜 주는 것이 족적취를 감지하는데 이롭다.

원점확보 방법 ———

원점은 족적 전체에서 보면 길게 놓인 선 중의 한 지점이다. 실제적인 원점은 냄새의 농도와 형태가 다르지 않은 일반적인 발자국이다. 지도사는 지면에 남아 있는 원점의 냄새를 개가 자발적으로 찾을 수 있는 능력이 형성되었을 때, 원점에서 계속되는 동일한 사람의 냄새를 추적할 수 있도록 훈련한다. 이 때 필요한 과정이 원점연장이다. 원점을 연장한다는 의미는 사방 30㎝ 정도에 남겨진 족적취를 앞쪽으로 길게 펼치는 것과 같다. 사방 30㎝ 넓이를 10㎝ 폭으로 길게 늘려 길이 90㎝ 안에 숨겨진 공을 찾는 것과 같다. 원점에 넓고 진하게 존재하는 냄새를 좀 더 옅고 길게 펼치는 것이다.

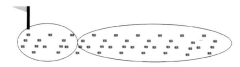 

개가 족적취를 추적하는 과정에서 보조자가 떨어뜨린 물건을 발견하면 엎드려 자세로 지도사에게 알려야 한다. 이 훈련은 족적취를 짧고 강하게 설정한 상태에서 유류품을 쉽게 발견할 수 있도록 진행한다. 보조자는 훈련을 시작하기 30분 전에 사용할 유류품을 준비한다. 유류품을 손에 쥐고 있거나 주머니에 넣어서 자신의 냄새가 배도록 한다. 원점에 1분 정도 머무른 후 1m 정도 이동하

유류품 발견 후 엎드려 자세

여 유류품을 족적 위에 놓는다. 이동로 좌우 방향으로 건너뛰어 복귀한다. 보조자는 자신의 냄새를 개가 맡을 수 없는 곳으로 이동한다.

지도사는 개에게 원점을 확보하도록 요구한다. 원점의 냄새를 인지하고 이어서 유류품의 냄새를 맡으면 엎드려 자세를 요구한다. 개가 자세를 취하면 강화물을 제공한다. 이때 지도사가 강화물을 계속 제공하면 유류품을 발견하고 지도사를 쳐다보게 된다. 따라서 강화물을 간헐적으로 유류품 아래에서 꺼내 제공한다.

추적은 길게 냄새로 연결된 선을 따라 계속 진행하는 과정이다. 길고 가늘게 늘어진 냄새를 놓치면 목적지에 이르지 못하고 실패하게 된다. 지면에 얇고 희미하게 남겨잰 냄새는 고도의 집중력으로 찾아가야 한다. 이와 같은 능력을 형성하는 과정이 선線 추적이다.

개가 길어진 취선을 지속적으로 추적할 수 있는 이유는 족적에 놓인 강화물이다. 선추적 훈련에는 강화계획을 적용한다. 간격강화는 추적이 진행된 시간을 기준으로 강화물을 제공하는 절차이다. 300m를 추적하는데 걸리는 시간은 3분 정도이다. 3초

에 약 5m 정도를 걷게 된다. 초를 단위로 초기에는 1초, 2초, 3초 등으로 확장한다.

비율강화는 걸음의 횟수가 기준이다. 초기에는 걸음마다 강화물을 놓는다. 점차로 2보, 3보, 4보 등으로 진보해 나간다. 변동비율강화는 지도사가 계획한 걸음횟수를 기준으로 그 범위 내에서 강화물의 위치를 자유롭게 변화시키는 방법이다. 개가 강화물의 위치를 예상하기 어려워 효과적이다.

IGP 1단계에 필요한 300보에 대한 추적능력을 배양하고자 할 때는, 족적취 농도를 높게 설정한 상태에서 강화물의 위치를 조절하는 것이 유리하다. 이는 족적취가 낮으면 동기를 소실하거나 실패할 가능성이 높아지기 때문이다.

일정한 방향으로 진행되던 취선의 방향이 바뀌는 것을 굴절되었다고 한다. 개가 굴절부위에서 취선을 벗어나면 넓은 면적을 샅샅이 조사하는 행동을 하게 된다. 이때 강한 집중력으로 진행해 왔다면 굴절된 지점에서 벗어나는 거리가 짧고 빠르게 굴절 방향을 회복할 수 있다. 하지만 주의력이 약한 상태로 추적해 온 개는 마치 추적하는 것처럼 계속하여 진행한다. 굴절부위에서 무난히 추적할 수 있는 능력을 배양하려면 굴절 지점 전에 족적취에 대한 집중력을 높인다. 족적의 방향이 갑자기 바뀌면 취선에서 이탈할 가능성이 높다. 개는 일단 냄새를 쫓기 시작하면 진행해 왔던 방향으로 계속하려는 관성을 가진다. 특히 추적 속도가 빠른 개에서 흔히 볼 수 있다. 지도사는 취선의 거리나 냄새 농도에 대한 관심은 뒤로 미루고 방향 전환에 중점을 둔다.

굴절취선에 대한 훈련은 둔각으로 점진적인 변화를 주는 것이 용이하다. 둔각으로 완만하게 굴절된 취선은 방향이 변화되었다고 보기 힘들다. 단지 족적취를 따라가는 형태이므로 많은 개들이 비교적 쉽게 터득한다. 굴절된 족적취의 적응능력을 본격적으로 배우기 시작하는 것은 직각굴절부터이다.

굴절취선 훈련 초기에는 족적취에 대한 밀착도를 높이기 위하여 굴절 지점 전후에 강화물을 설치한다. 또한 바람이 불어오는 방향으로 족적취를 설정하면 개에게 유리하다. 지도사는 개가 굴절 부위에서 순조롭게 진행하지 못하면 개입하지 말고 줄이 엉키지 않도록 가만히 서 있는다. 역추적을 하는 경우에는 지나온 족적 위에 지도사가 위치함으로써 방지한다.

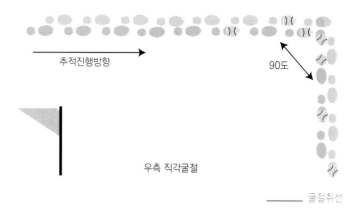

추적진행방향   90도

우측 직각굴절   ——— 굴절취선

1-3 Obedience 훈련

IGP Obedience는 8개 항목 100점으로 구성되어 있다. 이를 크게 나누면 동작부문과 덤벨운반 부문으로 나눌 수 있다. 동작부문에서 '전진 중 엎드려' 외의 다른 훈련은 CD와 BH 훈련방법을 활용한다.

전진 중 엎드려 훈련과정이다. 개가 아무 자극도 없는 빈 공간을 향하여 앞으로 달려 나간다는 것은 쉽지 않다. 지도사가 제시한 위치로 갈 수 있도록 하려면 '암시'를 적용한다. 암시에 이용할 자극은 강도를 쉽게 조절할 수 있어야 후에 소멸시킬 수 있다.

깃발을 자극으로 이용하여 '전진' 동작을 훈련한다. 초기에는 개의 눈에 잘 보일 수 있는 크기의 깃발을 놓고 그 뒤에 강화물을 놓는다. 개를 보내 강화물을 갖도록 한다. 개가 강화물에 대한 욕구가 강해지면 깃발의 크기를 줄이고, 거리를 늘려서 점차로 자극을 소멸시킨다.

지도사의 요구에 의하여 직진할 수 있는 능력이 이루어졌으면 '엎드려' 동작과 결합한다. '전진 중 엎드려'는 개가 특정한 목적지를 향하여 달리다 지도사의 실행어에 그 자리에 즉시 자세를 취해야 한다. 전진 동작과 엎드려 동작이 완전히 숙달된 상태에서 연쇄시켜야 효과적이다.

이 훈련의 핵심은 개가 달려가다 엎드리는 자세를 취하는 것이다. 앞으로 계속

이동 간 동작 _____

가고 싶은 욕구를 억제하고 지도사의 요구에 동작을 즉시 수행해야 한다. 훈련방법은 개를 대기시킨 상태에서 지도사만 뒤로 이동하고 '엎드려'를 요구한다. 습득 정도에 따라 30걸음까지 이동한다. 그리고 '전진' 동작과 결합한다.

1-4 Protection 훈련

블라인드 수색 _____

IGP Protection은 블라인드를 수색하고, 헬퍼를 찾아 제압하는 과정이다. 훈련과정은 블라인드 수색, 헬퍼 억류, 도주 저지, 헬퍼 제압으로 이루어진다. 블라인드는 개가 숨어 있는 헬퍼를 찾아가도록 하는 목표물이다. 따라서 개가 블라인드에 의미를 가지도록 한다. 블라인드 5m 정면에 개를 위치시킨 상태에서 숨어있던 헬퍼가 다가와 강화물을 준다.

그럼으로써 블라인드에 은신한 헬퍼가 강화물을 준다는 사실을 배우도록 한다. 이어서 개가 블라인드 뒤에 있는 헬퍼에게 다가가면 보상한다. 블라인드와 개의 거리를 30m까지 늘린다.

헬퍼 억류 _____

IGP Ⅰ은 블라인드 5번과 6번, IGP Ⅱ는 3, 4, 5, 6번, IGP Ⅲ는 1, 2, 3, 4, 5, 6번을 수색하고 헬퍼를 찾아야 한다. 따라서 마지막 6번 블라인드에서 훈련을 시작한다. 이어서 5번과 6번 블라인드에 헬퍼가 숨는다.

개가 블라인드에 숨어 있는 헬퍼를 발견하면 그 자리에 억류해야 한다. 이 때 개는 지도사가 다가와 추가적인 요구를 하거나 헬퍼가 도주하지 않는 이상 자의적으로 헬퍼를 물거나 접촉하지 않아야 한다. 개가 헬퍼를 완전하게 억류하려면 지도사가 다가올 때까지 짖을 수 있는 능력이 필요하다.

이 동작은 성격이 다른 세 종류의 동작이 하나로 묶인 형태이다. 지도사는 하나씩 구분하여 훈련한다. 먼저 해야 할 훈련은 개가 헬퍼 정면에 정확히 앉는 동작이다. 헬퍼의 몸 넓이만큼 철망과 같은 자극 암시물을 설치하여 위치를 정확하게 앉도록 하거나, 헬퍼가 입이나 손에 강화물을 가지고 개의 자세가 바르면 강화물을 제공한다. 다음은 앉아 짖는 동작이다. 헬퍼는 개가 정확한 위치에서 "앉아" 짖을 때까지 기다린다. 그 동작이 표현되면 적시에 보상한다. 마지막으로 오래 짖게 하는 것은 강화물을 제공하는 시간을 연장해 유지시킨다.

개가 블라인드 뒤에 숨어 있던 헬퍼를 억류하고 있으면 지도사가 5보 뒤에서 불러 자신의 옆에 앉게 한다. 개는 헬퍼로부터 5보 뒤에 엎드린 상태에서 헬퍼의 행동을 계속 감시하도록 한다. 지도사가 블라인드로 다가갈 때 헬퍼는 도주한다. 지도사는 개에게 지체 없이 헬퍼를 쫓아가 그의 슬리브를 물고 도주를 저지하도록

——— 헬퍼 추격

한다. 헬퍼가 도주를 멈추면 즉시 슬리브를 놓도록 한다. 지도사의 지시에 따라 개는 슬리브를 놓고 헬퍼의 행동을 계속 감시한다.

이 과정에 필요한 훈련은 헬퍼를 감시하기 위하여 흥분을 억제하고 엎드려 있어야 한다. 또한 헬퍼의 행동 변화를 주의 깊게 관찰해야 한다. 그리고 헬퍼가 도주하면 즉시 추격하여 슬리브의 중앙을 깊숙히 물어야 한다. 이 과정에 들어온 개는 이미 '엎드려' 동작과 슬리브를 정확히 무는 방법을 습득한 상태이어야 한다. 두 개의 동작을 조합한다. 개별 동작을 수행하는 능력이 불완전하면 완성된 상태에서 실시한다.

훈련은 헬퍼를 블라인드에서 지정된 장소로 이동시킨 상태에서 지도사는 개의 옆에서 뒤로 이동하면서 엎드려 자세를 취하도록 한다. 그리고 헬퍼가 도주하는 시간을 1초에서 조금씩 늘려 집중력을 키워간다. 이 과정의 동작이 숙달되면 이전 과정인 헬퍼를 억류하는 동작과 블라인드 수색을 역으로 연쇄시킨다.

IGP에서는 헬퍼가 개를 공격하지 않을 때 개가 헬퍼를 공격하거나, 공격할 때도 슬리브를 착용하는 팔 부위가 아닌 다른 곳을 무는 것을 금하고 있다. 따라서 개가 슬리브를 무는 행동은 헬퍼가 움직인 것에 대한 결과이어야 한다. 따라서 슬리브로 게임을 하거나 보상으로 사용하면 후에 슬리브를 잘 놓지 않거나 슬리브를 물었다 다시 자의적으로 무는 행동을 할 수 있다. 슬리브를 무는 것을 가르칠 때는 슬리브를 몸에 고정된 것처럼 움직이지 않는 상태에서 헬퍼의 몸이 움직인다.

'놔'를 가르칠 때는 헬퍼가 움직임을 멈추고 슬리브를 단단히 고정시킨 상태로 가만히 서 있는다. 개가 슬리브를 당기면 게임하듯이 당기지 말고 고정된 상태를 유지한다. 슬리브를 놓으면 즉시 다른 강화물을 제공한다.

헬퍼의 반격에 대한 공격훈련이다. 헬퍼가 개를 피하지 않고 적극적으로 위협하면서 공격을 가한다. 개는 이 상황에서 헬퍼의 위협을 과감히 제치고 제압해야 한다. 이 전 과정까지는 개의 공격에 헬퍼가 피하는 입장이었다. 이제는 반대로 개를 스틱으로 때리고 슬리브로 압박한다. 따라서 헬퍼와 슬리브를 무는 것에 자신감을 가지고 있지 못하면 훈련을 회피하거나 소극적인 행동을 하게 된다. 훈련은 감시하고 있는 개를 향하여 헬퍼가 스틱으로 슬리브를 때리면서 갑자기 정면으로 밀고 들어온다. 개는 즉각적으로 헬퍼의 슬리브를 물도록 해야 한다. 스틱 가격은 개가 슬리브를 물고 있는 상태에서 4~5걸음을 옮긴 후에 1차로 가하고 헬퍼가 슬리브로 개를 압박하면서 4~5걸음을 이동한 후에 2회째 더한다. 개를 가격할 때 처음부터 신체에 직접적으로 자극하면 스틱을 물거나 회피할 수 있다. 스틱으로 슬리브를 때리는 모습이나 소리 자극에 적응시킨 후에 점차로 스틱으로 개를 밀듯이 자극한다.

헬퍼 공격에 대항 _____

마지막으로 헬퍼와 개가 맞부딪치는 상황이다. 이 동작은 개와 헬퍼가 완력의 세기를 경합하는 것처럼 격렬하게 맞닥뜨린다. 이 과정에서 필요한 훈련은 헬퍼의 과격한 돌진에 개는 출발지점에서 힘을 응축한 상태로 지도사의 지시를 기다리도록 한다. 다음은 헬퍼와 개가 같이 마주치는 상태에서 슬리브를 놓치지 않고 정확히 물 수 있도록 한다. 마지막으로 개가 지도사로 부터 30~60보 정도 이격된 상태에서 통제에 따라 슬리브를 놓아야 한다. 개와의 이격거리를 줄여 근거리에서부터 훈련한다.

2. Agility(최용석 독스포츠 교재에서 발췌)

2-1 Agility 규정

어질리티는 John Varley와 Peter Meanwell이 고안했다. 1978년 영국의 크러프트 cruft 도그쇼에서 막간 시범용으로 처음 선보였다. 현재는 세계 최대 반려견 단체인 FCI와 독스포츠 위주의 활동을 하는 IFCS, 어질리티를 전문으로 하는 IAL과 같은 국제단체들이 선두에 서서 역동적으로 전개하고 있다.

어질리티는 핸들러의 안내에 따라 개가 여러 장애물을 빠르고 정확하게 통과하여 목적지에 도달하는 경기로 대표적인 반려견 스포츠이다. 경기마다 장애물의 위치와 통과 순서가 바뀌므로 핸들러와 개의 유기적인 관계가 중요하다. 훈련을 원활하게 수행하려면 개의 민첩성·활력도·유연성과 핸들러의 동작을 빠르고 정확하게 파악하는 집중력이 필요하다.

경기대회는 매년 1회 개최되는 AWC$^{agility\ world\ championship}$이 가장 크다. 이 경기는 클래스 당 3팀이 참가하는 개인전과, 4명이 참가하는 단체전이 있다. 그 외에 유럽에서 1년에 한 번 열리는 EO$^{european\ open}$, 영국의 크러프트 어질리티$^{crufts\ agility}$, 네덜란드에서 열리는 WAO$^{world\ agility\ open}$가 있다.

어질리티는 견종에 관계없이 모든 개가 참여할 수 있다. 훈련수준에 따라 비기너 ^{beginner}, 노비스^{novice}, 점핑^{jumping}, 어질리티^{agility}로 구분된다. 다만 대회에 참가하는 개는 체고에 따라 소형은 체고 35㎝ 미만, 중형은 35~43㎝ 미만, 대형은 43㎝ 이상이다.

표준코스시간$^{standard\ course\ time}$은 코스길이를 선정속도(㎧)로 나누어 결정한다. 예로 코스길이 160m 선정속도 4.0㎧ 이면 표준시간은 40초이다. 최대코스시간$^{maximum\ course\ time}$은 코스의 길이를 어질리티는 2.0㎧, 점핑은 2.5㎧로 나누어 결정한다.

핸들러는 경기 전 참가견을 동반하지 않고 정해진 시간에 코스를 파악할 수 있다. 참가견에게 옷을 입힐 수 없고 목줄은 제거한다. 핸들러는 경기 중에 손에 아무것도 소지할 수 없다.

핸들러는 심사위원의 신호 후 출발한다. 경기는 참가견이 출발선을 넘는 순간 시작된다. 핸들러는 장애물을 접촉하거나 넘지 않아야 한다. 개가 결승선을 통과하면 경기가 끝난다. 순위는 실점이 없는 경우 가장 빠른 팀이 우선하고, 실점이 있는 경우 전체 실점(코스실점＋시간실점)이 낮은 팀이 우선한다. 실점이 동일하면 시간이 빠른 팀이 우선한다.

어질리티 경기장은 링을 포함하여 20×40m 이상이어야 한다. 링이 2개 이상일 경우에는 칸막이를 설치하거나 10m 이상 거리를 둔다. 코스의 길이는 100~220m이다. 장애물은 15~22개이고 점프가 7개 이상이어야 한다.

■ 어질리티 장애물

어질리티 장애물은 점핑 장애물, 접촉 장애물, 기타 장애물로 구분한다. 점핑 장애물은 싱글허들$^{single\ hurdle}$, 스프레드 허들$^{spread\ hurdle}$, 타이어^{tire}, 롱점프$^{long\ jump}$, 월^{wall}이다. 접촉 장애물은 A-판벽$^{a-frame}$, 도그워크^{dogwalk}, 시소^{seesaw}이다. 그 외에 튜브 터널$^{tube\ tunnel}$, 플랫 터널$^{flat\ tunnel}$, 위브 폴$^{weave\ poles}$이 있다.

허들 넘기 ———
출처: pixabay.com

점핑장애물의 정해진 규격은 다음과 같다. 싱글 허들의 높이는 L(55~60cm), M(35~40), S(25~30cm)이고 폭은 120~130cm이다. 허들봉의 재질은 목재 또는 합성수지이다. 봉은 직경 3~5cm이며, 대조되는 색상으로 3칸 이상 나눈다. 봉 홀더는 날개의 수직 기둥 안쪽으로 돌출되지 않아야 한다. 허들 날개의 폭은 40~60cm이다. 날개 안쪽 기둥 높이는 1m 이상이고, 경사의 시작 높이는 75cm 이상이다. 날개는 서로 연결되거나 고정되지 않아야 하고, 직사각형이나 삼각형 모양은 허용되지 않고 막혀있지 않아야 한다. 또한 개가 날개의 어떤 부분도 통과할 수 없어야 한다.

스프레드 허들은 두 개의 싱글 허들을 넓게 배치하며, 봉은 15~25㎝의 차이로 오름차순으로 설치한다. 봉의 길이는 뒤쪽이 앞쪽보다 10~20㎝ 더 길어야 한다. 높이는 L(55~60㎝), M(35~40㎝), S(25~30㎝)이고, 넓이는 L(50㎝), M(40㎝), S(30㎝) 미만이다.

월^{wall}의 높이는 L(55~60㎝), M(35~40㎝), S(25~30㎝)이고, 폭은 120~130㎝이다. 넓이는 하단에서 약 20㎝, 상단에서 최소 10㎝이다. 벽에는 1~2개의 터널 모양의 입구가 있을 수 있고 별도 구성이어야 한다. 기둥의 높이는 100~120㎝이며, 벽걸이와 연결되지 않아야 한다.

타이어^{tire}는 직경 45~60㎝ 폭 8~18㎝이다. 지면에서 원의 중심까지의 높이는 대형은 80㎝ 중형과 소형은 55㎝이다. 재질은 충격을 흡수할 수 있어야 하고 쉽게 넘어지지 않아야 한다. 타이어는 양쪽 기둥으로 고정하며 기둥 높이는 타이어보다 낮다. 또한 상단을 가로지르는 기둥이 없고, 분리형은 8kg의 힘을 가했을 때 2~4개로 분리되어야 한다. 분리 판벽이 없는 타이어를 사용할 수도 있다.

롱 점프^{long jump}는 2~4개의 장애물로 구성되어 있고 오름차순으로 배치된다. 길이는 L(120~150㎝ 4개), M(70~90㎝ 3개), S(40~50㎝ 2개)이다. 점프의 폭은 전면 120㎝, 후면 150㎝이다. 높이는 최소 15㎝ 최대 28㎝이다. 장애물의 깊이는 15㎝이며 각도는 전면 가장자리가 앞 장애물의 뒷면 가장자리보다 높지 않다. 재질은 목재 또는 안전한 합성재료이고 금속은 허용되지 않는다. 그리고 높이 120~130㎝의 고정되지 않은 마커폴 4개를 설치한다. 마커폴은 장애물로 간주되지 않는 보조도구이다.

접촉 장애물의 접촉구역은 틈새가 없고 모서리는 부드러워야 한다. 도그워크^{dog walk}는 높이 120~130㎝ 길이 360~380㎝ 폭 30㎝이다. 경사로 하단의 접촉구역 90㎝(측면포함)는 다른 색상으로 구분한다. 표면은 미끄럽지 않아야 하고 경사로를 쉽게 오를 수 있도록 미끄럼방지 턱(간격 25㎝, 넓이 2㎝, 두께 0.5~1

도그워크 접촉구역 딛기
출처: pixabay.com

㎝)이 있다. 다리는 장애물 위로 돌출되지 않아야 하고, 다리와 다른 지지 구조물이 도그워크 아래에 터널이 놓이는 것을 방해하지 않아야 한다.

시소^{seesaw}의 높이는 지면에서 중앙지점 상단까지 60㎝이며 폭 30㎝ 길이 360~ 380㎝이다. 하단 90㎝(측면 포함) 접촉구역은 다른 색상으로 구분되고, 표면은 미끄럼 방지가 되어 있어야 한다(미끄럼 방지 턱 불허). 시소는 적절한 균형이 이루어져 소형견도 문제가 없어야 한다. 1㎏의 중량을 시소의 접촉구역 중앙에 놓았을 때 2~3초 내에 기울어져야 한다.

A－판벽^{a-frame}은 꼭지점 높이 170㎝, 길이 265~275㎝이다. 폭은 90㎝ 이상이며 하단은 115㎝까지 가능하다. 접촉구역은 경사로 하단 106㎝(측면 포함)로 다른 색상으로 구분한다. 쉽게 오를 수 있도록 미끄럼 방지 턱이 있고 기준은 도그워크와 동일하다. 상단은 위험하지 않아야 하며 필요한 경우 덮개를 씌워야 한다. A판벽 아래에 터널이 놓일 수 있어야 한다.

플랫 터널^{flat tunnel}의 입구는 90㎝ 이상 깊이로 단단한 구조이어야 한다. 입구 높이 60㎝ 폭 60~65㎝로 바닥은 평평하다. 입구 바닥표면은 미끄럼 방지가 되어 있고 비침습성이어야 한다. 입구는 움직이지 않도록 고정되어 있고 앞쪽 가장자리는 보호재로 덮는다. 출구는 고정시키지 않고 유연한 소재로 길이 180~220㎝ 지름 60~65㎝이다.

튜브 터널^{tube tunnel}은 지름 60㎝ 길이 300~ 600㎝이다. 재질은 신축성이 있고 밝은 색상의 균일한 표면 재료를 권장한다. 터널은 항상 끝까지 당겨야 하고 고정 스토퍼는 터널의 윤곽을 따라 지름이 줄지 않아야 한다.

위브 폴^{weave poles}은 폴이 12개이다. 폴은 단단하고 직경 3~5㎝ 높이 100~120㎝ 간격 60㎝이다. 재질은 목재 또는 합성수지이고 금속은 허용되

튜브터널 통과 ──────
출처 : pixabay.com

지 않는다.

어질리티 훈련에 사용되는 용어는 다음과 같다. 핸들러^{handler}는 개를 운용하는 사

람이다. 핸들링^{handling}은 핸들러가 코스를 통과하기 위해 개에게 제스처와 실행어 등을 이용하여 안내하는 행동이다. 접촉구역^{contact zone}은 장애물의 시작과 끝에 색칠된 개가 발을 디뎌야 하는 구간이다. 거부 라인은 장애물의 진입부와 일직선이 되는 선이다. 인ⁱⁿ은 핸들러의 안쪽으로 허들을 통과하라는 실행어이고, 아웃^{out}은 허들의 반대 방향으로 통과하라는 실행어이다.

2-2 Agility 훈련

장애물 훈련을 할 때 개의 실수를 줄이고 원활한 진행을 위해 보조기구를 이용한다. 보조기구는 접촉 장애물 훈련 시 위치를 잡는데 도움을 주는 터치 패드, 러닝 컨택에 쓰이는 러닝 컨택 감지기, A-판벽 레귤레이터가 있다. 또한 위브 폴을 쉽게 인지하고 실수를 방지할 수 있는 위브 폴 가이드, 채널 위브, 2 by 2가 있다.

■ 기본훈련

어질리티를 시작하기 전에 갖추어야 할 기본적인 훈련이 있다. 핸들러의 손에 집중하도록 하는 것이다. 개에게 '기다려'를 요구한다. 핸들러가 개를 향해 앞으로 간다. 왼손을 들고 개를 부른다. 개가 다가오면 왼손을 내려 강화물을 준다. 거리와 속도를 늘려가며 왼손에 집중하도록 한다. 익숙해지면 왼손으로 집중을 시키고 도망가듯 뛰어가면서 오른손을 내려 강화물을 준다.

윙 돌아오기 훈련을 한다. 윙을 세워놓고 왼손으로 지시하며 오른손으로 유인해 오른쪽으로 한 바퀴 돌게 한다. 익숙해지면 반대 방향도 같은 방법으로 연습한다. 점차 횟수와 거리를 늘려 나간다. 1m 뒤에서 허들을 돌릴 수 있으면 윙 두 개를 5m 간격으로 설치하여 오른쪽·왼쪽으로 돌린다. 이 과정이 잘 진행되면 오른쪽으로 돌아나오는 개를 허들 중간에서 왼쪽으로 돌려 8자 형태가 연속 가능하도록 연습한다.

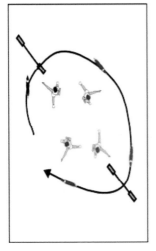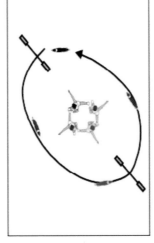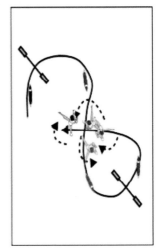

곡선 허들 돌리기(오른쪽 돌리기 / 왼쪽 돌리기 / 8자 돌리기) _____
출처: NCS 반려동물행동교정. 2020

■ 점프

어질리티 장애물을 능숙하게 숙달시킨다. 훈련목표는 개가 실행어에 장애물을 통과하도록 하는 것이다. 초기에는 가까운 거리에서 시작하여 점차적으로 거리를 늘린다. 장애물에 대한 정확한 수행을 위해 위치를 바꿔 훈련한다.

장애물 점프는 싱글허들을 기본으로 연습한다. 실행어는 '고' 또는 '점프'이다. 허들 높이를 낮게 시작하여 점진적으로 높인다. 핸들러와 동행점프, 전진점프, 연속점프, 곡선점프를 연습한다.

동행점프는 허들 앞에 강화물을 두고 개는 허들 뒤에 기다리게 한다. 핸들러가 허들 옆에 서서 개에게 수신호로 준비자세를 취하게 한다. 핸들러는 개가 허들 너머 강화물을 볼 때 실행어와 함께 앞으로 이동한다. 개가 허들을 넘어 강화물을 갖도록 한다. 개의 위치를 바꾸어 연습한다. 숙달되면 강화물을 없애고 허들을 넘는 순간 보상한다.

핸들러 앞으로 보내는 점프는 강화물을 허들 앞에 놓고 핸들러가 개 옆에서 실행어와 함께 장애물을 넘도록 한다. 개는 장애물을 넘고 강화물을 가지게 된다. 개의 능력이 숙련되면 핸들러가 보상한다.

　연속점프는 허들 4개를 3m 간격으로 설치한다. 마지막 허들 앞에 개를 기다리게 한 후 실행어와 함께 넘도록 한다. 점차 뒤로 이동하면서 허들의 갯수를 늘린다. 핸들러의 위치 또한 보상지점에서 멀리 이동한다. 숙달정도에 따라 핸들러가 개의 뒤에서 출발시키고 허들의 간격도 6m까지 넓힌다. 또한 허들을 양 옆으로 조금씩 벌려 허들의 각도를 두고 훈련한다.

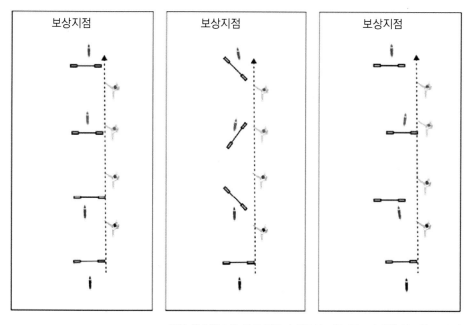

───── 점프 연습(연속된 직선 점프 / 각도가 다른 점프 / 찾아가는 허들 점프)
출처: NCS 반려동물행동교정. 2020

　곡선점프는 핸들러가 개에게 허들을 넘은 후 자신 쪽으로 오도록 한다. 개가 핸들러 방향으로 회전하면 다음 장애물을 넘도록 한다. 90°허들의 연속통과는 핸들러가 움직임을 최소화하여 개가 핸들러 쪽으로 회전한 후 다음 장애물로 가도록 한다. 120°이상은 다음 허들 각도에 따라 핸들러가 개의 회전에 따라 맞춘다. 핸들러는 개에게 방향 실행어를 가르쳐 허들을 뛰기 전에 방향을 알도록 한다.

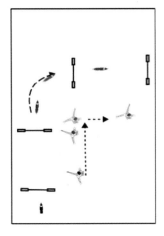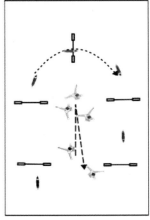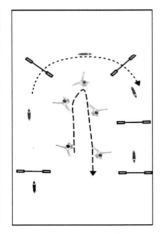

곡선 점프 (90° 곡선 점프 / 연속 90° 점프 / 120° 곡선 점프) ———
출처: NCS 반려동물행동교정. 2020

■ 타이어

타이어 통과는 실행어가 '타이어', '고', '점프'이다. 타이어의 높이를 낮은 상태로 조절하고 '앉아', '기다려' 후 타이어 안으로 개가 보이는 상태에서 부른다. 허들 점프 과정을 적용해 훈련한다.

■ 터널

터널통과의 실행어는 '터널'이다. 터널의 길이를 직선으로 짧게 하여 보조자가 개를 잡은 상태에서 핸들러가 반대편에서 부른다. 거리를 늘려가며 실행어에 터널로 들어가게 한다. 터널의 각도를 휘어놓고 같은 방식으로 훈련한다. 플랫 터널은 초기에 보조자가 입구의 천을 들어주어 익숙하게 하고 점차 일찍 놓아준다.

■ 위브 폴

위브 폴의 실행어는 '위브', '폴'이다. 이 훈련은 초반에 보조기구를 사용하여 진입구를 스스로 찾아가게 한다. 핸들러의 속도나 거리에 관계없이 마지막까지 잘 나올수 있도록 연습한다. 위브 폴 훈련은 가이드훈련과 채널위브, 2 by 2 방법이 있다. 위브 폴 가이드 방법은 먼저 4개의 위브 폴에 가이드를 채운다. 왼손으로 줄을 잡고 오른손의 강화물로 유도한다. 핸들러는 앞으로 가지 않고 마지막에 보상한다. 숙달정도에 따라 6개·8개·10개·12개로 증가시킨다. 12개가 완성되면 핸들러가 동반하여 좀 더 빠르게 움직여 개의 속도를 높인다. 먼 거리에서 입구를 찾아가도록 하고 핸들러의 속도나 거리에 관계없이 출구까지 나오도록 한다. 채널 위브 훈련은 폴이 눕혀진 상태에서 개가 직진으로 폴 사이를 지나가는 방법이다. 폴을 서서히 올리며 봉 사이를 자연스럽게 통과하게 한다. 2 by 2 훈련은 2개의 폴을 지나면 보상한다. 항상 마지막 폴을 지날 때 보상한다. 2개의 폴과 다른 두 개의 폴의 거리를 점차 줄인다. 4·6·8·10·12개 순으로 진행한다.

■ 접촉 장애물

접촉 장애물은 개가 접촉구역을 발로 디뎌야 하는 것으로 도그워크·시소·에이프레임이 있다. 실행어는 '올라', '업', '워크', '시소', '에이'이다. 훈련방법은 투온투오프와 러닝컨택이 있다. 투온투오프 방법은 개의 두 발이 장애물 위, 다른 두발은 지면에 닿는 것이다. 러닝컨택은 달리면서 접촉구역을 밟는 것이다. 투온투오프 방법은 러닝컨택에 비해 신체에 무리가 적지만 시간이 더 소요된다. 특히 시소의 경우 러닝컨택 시 실패할 확률이 높다.

투온투오프$^{two\ on\ two\ off}$ 훈련초기에는 장애물의 높이를 낮추어 시작한다. 내리막 접촉구역 끝에 터치패드$^{touch\ pad}$를 놓고 그 위에 강화물을 놓는다. 핸들러의 위치에 관계없이 접촉구역에서 기다리도록 훈련한다. 숙달정도에 따라 터치패드를 빼고 훈련한다.

러닝컨택$^{running\ contact}$은 바닥에 터치패드를 놓고 밟고 오는 것을 훈련한다. 접촉구역 끝에 설치된 터치패드를 밟고 지나가면 강화물을 준다. 장애물 높이를 올리고 달리면서 터치패드를 밟도록 한다. 숙달정도에 따라 여러 방향에서 연습한다. 핸들러의 위치, 속도에 관계없이 접촉구역을 밟을 수 있도록 훈련한다.

■ 핸들링

어질리티 기술훈련을 실시한다. 어질리티는 핸들러와 개의 위치가 바뀌어야 다음 장애물을 진행할 수 있는 경우가 많다. 위치를 바꾸는 핸들링은 속도와 위치에 따라 진행한다. 다양한 코스에 적응할 수 있도록 여러 핸들링을 연습한다. 프론트크로스·리어크로스·블라인드크로스·프론트턴·바디턴 등이 있다.

■ 어질리티 코스

어질리티 코스는 개가 자연스럽게 이동할 수 있도록 부드럽게 설계한다. 방향전환은 두 번 이상 포함해야 한다. 설계는 개를 제어하면서 코스를 완주할 수 있도록 속도에 균형을 유지하는 것이 중요하다. 장애물의 진입방향 위치는 명확해야 한다(양쪽 진입이 가능한 U자 터널 제외).

어질리티는 3가지 컨택 장애물을 사용해야 하며 AG2, AG3 코스에서는 심판 재량으로 4개를 설치할 수 있다. 장애물 사이의 거리는 5(소형 4m)~7m이다. 장애물 간 거리는 개가 장애물을 떠나는 지점에서 다음 장애물에 도달하는 지점까지이다.

핸들러는 장애물의 양쪽을 통과할 수 있어야 하며, 각 장애물 사이에는 최소 1m의 간격을 두어야 한다(A-판벽이나 도그워크 아래의 터널은 제외). 위브 폴, 타이어, 월과 플랫 터널은 한 코스 당 한 개씩 설치한다. 플랫 터널·스프레드 허들·타이어·롱점프는 이전 장애물과 직선으로 배치하고, 플랫 터널에서 다음 장애물까지 경로는 직선으로 설계한다. 첫 번째 장애물은 싱글 허들이고 마지막 장애물은 싱글 또는 스프레드 허들이어야 한다. 스프레드 허들은 AG2, 점핑2부터 사용할 수 있다.

3. Disk dog(최용석 독스포츠 교재에서 발췌)

3-1 Disk dog 규정

디스크 독^{disc dog}은 프리스비^{frisbee}로 불리는 독 스포츠이다. 사람들이 원반을 던지고 받던 놀이를 개에게 응용한 것이 유래이다. 경기종류는 디스턴스와 프리스타일로 나눈다. 알렉스 스테인^{alex stein}은 1974년 다저스 스타디움에서 프리스비를 선보였다. 이는 전국에 생중계되어 전설이 되었다.

디스크 독 경기는 스카이 하운즈사가 주최하는 스카이 하운즈^{sky houndz} 세계대회 와 애슐리 휘핏사가 주최하는 AWI 인터내셔널 챔피언십 세계대회가 있다. 그리고 USDDN이 주최하는 세계대회로 USDDN 월드 파이널이 있다.

► 표 2-4 Disk dog 경기종목

종목	세부내용
디스턴스 어큐러시	60초 동안 디스크를 던져 거리에 따라 점수를 획득하는 경기
페어스 디스턴트 어큐러시	2인 1팀으로 90초 동안 교대로 디스크를 던져 거리에 따라 점수를 획득하는 경기
파워 디스크	디스크를 멀리 던져 개가 잡은 거리를 측정해 순위를 정하는 경기
프리스타일	여러 장의 디스크를 가지고 음악에 맞춰 90초 동안 안무를 보여주는 경기

디스크 독 경기장은 27×45m 이상이어야 한다. 필드는 평평하고 장애물이 없는 천연잔디 또는 인조잔디이다. 경기장에는 스로잉 라인과 거리를 표시한다. 핸들러는 볼팅^{voulting}시 개가 미끄러지지 않도록 적절한 복장을 준비한다. 디스턴스 어큐러시는 디스크 1개로 60초 동안 획득한 점수를 합산한다. 핸들러와 개는 경기 시작 전에 라인 뒤에 위치한다. 스로잉은 라인 뒤에서 한다. 라인을 밟으면 점수가 없다. 스로잉 외의 시간에는 경기장 내에 자유롭게 다닐 수 있다. 경기종료 전 핸들러의 손을 떠난 디스크를 잡으면 점수에 인정된다. 득점은 개의 네 발이 모두 한 구역에 착지해야 하며, 2개의 구역에 착지하면 낮은 점수를 얻는다. 개가 디스크를 치고 다시 잡는 경우 마지막 캐치 지점을 득점으로 인정한다. 개가 점프해 디스크를 캐치한 경우 0.5점이 가산된다. 동점일 경우 던진 횟수가 적은 팀, 높은 점수가 있는 팀 순으로 결정된다. 그래도 동점일 경우 1라운드의 승부 가리기를 진행한다.

페어스 디스턴트 어큐러시는 DA와 같고 시간만 90초이다. 파워 디스크는 2번의 시도 중 더 좋은 기록이 인정되고 디스크를 잡았을 때의 착지 거리를 측정한다. 프리스타일은 음악에 맞추어 자유형식의 안무를 공연한다. 1라운드에서 최대 90초 동안 진행한다. 한 경기에서 여러 개의 디스크를 사용할 수 있다.

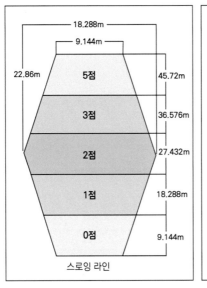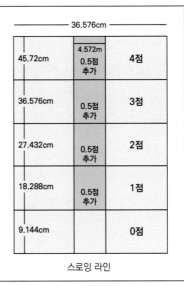

디스크독 경기장 배점/스카이 하운즈(좌) USDDN(우) ――――
출처: NCS. 반려동물행동교정. 2020

디스크의 종류는 크기와 무게로 나뉜다. 핸들러는 디스크의 종류를 자유롭게 선택할 수 있지만 단일 라운드에서는 한 종류의 디스크만 사용해야 한다. 우리나라에서는 대형표준과 중형표준 디스크를 주로 사용하며 소형견의 경우 소형 디스크를 사용한다.

► 표 2-5 디스크 종류

디스크 종류	직경(inch)	무게(g)
대형 표준 디스크	9~9.5	115이하
대형 중량 디스크	9~9.5	130~145
중형 표준 디스크	8.5~8.75	115이하
중형 중량 디스크	8.5~8.75	130~145
소형 디스크	6.25~7	40~90

출처: USDDN wolrld finals(2019).

디스크 독 훈련에 사용하는 용어는 다음과 같다. 스로우^{throw}는 디스크에 회전을 주어 던지는 것으로 백핸드·비하인드·더 백·사이드 암·원 바운스·에어바운스 등이 있다. 스로잉 라인^{throwing line}은 디스크를 던지는 라인이다. 오버^{over}는 개가 공중에 있는 디스크를 잡기 위해 핸들러의 몸을 뛰어넘는 동작이다. 볼팅^{vaulting}은 개가 디스크를 물기 위해 핸들러의 몸을 점프대로 활용하는 동작으로 등을 이용하는 백 볼팅, 가슴을 이용하는 프론트 볼팅, 무릎을 이용하는 니 볼팅 등이 있다. 독 캐치^{dog catch}는 핸들러가 점프하는 개를 공중에서 잡는 것이다. 팀 무브먼트^{team movement}는 핸들러와 개가 동시에 실행하는 동작으로 함께 도는 스핀 동작, 다리 사이를 지나가는 위빙 동작, 등 위에 올라가는 백 스톨, 발바닥에 올라가는 풋 스톨 등이다. 플립^{flip}은 머리 위에 떠 있는 디스크를 오른쪽이나 왼쪽으로 돌면서 잡는 기술이다. 저글링^{juggling}은 두 개의 디스크를 가지고 핸들러와 개가 서로 주고받는 기술이다.

3-2 Disk dog 훈련

■ 디스턴스

디스크 독 훈련초기에는 개가 디스크에 흥미를 가지도록 한다. 부드러운 고무나 천으로 된 디스크를 가지고 바닥에 굴리거나 빠르게 움직여 재미를 유발한다. 디스크에 흥미를 가지면 물려주고 당기기 놀이를 한다. 이어서 디스크 회수 훈련을 한다. 핸들러는 디스크를 굴려 개가 쫓아가서 물면 반대 방향으로 몸을 돌려 자신 쪽으로 오게 한다. 개가 핸들러에게 왔을 때 디스

——— 디스크 캐치 모습
출처: pixabay.com

크로 놀이를 해준다. 개가 디스크를 가지고 도망가면 긴 줄을 매고 실시한다. 핸들러는 디스크를 개를 불러 더 빨리 오게 한다. 가져·놔 훈련을 한다. 디스크로 터그 놀이 중에 동작을 멈추고 '놔'한다. 개가 디스크를 당기면 힘을 빼고 상대해주지 않는

스로잉 정확도 향상 연습 모습 ──────
출처: pixabay.com

방법으로 놓게 한다. 개가 디스크를 놓으면 즉시 다른 디스크로 굴려 보상한다. 디스크를 잘 놓으면 굴려주는 대신 가져라는 실행어를 알려준다.

본격적인 디스크 훈련은 핸들러가 던지기 연습을 충분히 한 후 실시한다. 훈련 초기나 강아지에게 많이 하는 롤링^{rolling}은 개가 흥미를 쉽게 가진다. 롤링 방법은 디스크를 수직으로 세우고 가슴에서 스냅을 이용해 전방으로 굴린다. 멀리 굴릴 때는 비스듬이 굴려준다.

스로잉 모습 ──────
출처: pixabay.com

백핸드 스로우^{backhand throw}는 디스크를 정확하게 가장 멀리 던질 수 있다. 그립은 손바닥을 펴고 생명선에 디스크의 가장자리를 댄다. 중지는 디스크가 안정될 정도로 빼고 약지와 새끼손가락으로 디스크의 홈을 잡고 엄지는 바깥쪽 윗부분에 대고 집게손가락은 디스크의 끝을 받친다. 디스크 던지기 연습을 한다. 오른손에 디스크를 잡고 오른발을 앞에 놓은 상태에서 목표를 향해 던진다. 디스크가 몸을 가로지르도록 왼편으로 당긴 상태에서 팔이 왼쪽 어깨에서 최대한 멀어지게 한다. 팔을 구부려 손목이 안쪽으로 향하게 하여 디스크가 지면과 평행하게 한다. 오른쪽 직선으로 부드럽게 가면서 놓을 때 회전을 준다. 팔을 쭉 뻗어 엄지와 집게손가락에서 디스크가 빠지게 한다. 오른손으로 던진 디스크는 왼쪽으로, 왼손으로 던진 디스크는 오른쪽으로 부드럽게 휜다. 손목을 너무 꺾거나 디스크를 놓는 타이밍이 좋지 않으면 디스크가 반대로 휜다. 디스크가 흔들리면 손목 스냅을 부드럽게 한다.

디스크를 잡은 손을 뒤로 돌려 등 뒤에서 던지는 비하인드 더 백^{behind the back}, 디스크를 바닥으로 던져 튀어 오르게 던지는 원 바운스^{one bounce}, 디스크를 아래로 내려찍어 U자 형태로 떠오르게 던지는 에어 바운스^{air bounce}, 디스크를 뒤집어서 던지는 업사이드 다운^{upside down}, 팔을 옆으로 뻗어 디스크를 던지는 사이드암^{side arm} 등 다양한 기술을 숙달한다.

■ 프리스타일

프리스타일 훈련은 핸들러와 개의 안전과 팀
워크가 중요하다. 개가 핸들러 신체를 점프하면
서 디스크를 잡는 오버, 디스크를 물기 위해 핸들
러의 신체를 점프대로 활용하여 지면에 착지하는
볼팅, 개가 점프했을 때 공중에서 핸들러가 안전
하게 안거나 잡는 독 캐치, 개가 높게 뛰면서 몸
을 회전하면서 디스크를 잡는 플립, 두 장의 디스
크를 가지고 주고받는 저글링 훈련을 한다.

———— 프리스타일 모습
출처: pixabay.com

4. Fly ball(최용석 독스포츠 교재에서 발췌)

4-1 Fly ball 규정

플라이 볼은 한 링에서 개들이 빠른 속도로 릴레이를 펼치는 경기이다. 다른 개
와 함께 안전하게 경기를 해야 하므로 친화력과 높은 집중력이 필요하다. 박스를 돌
아오는 순발력과 허들 구간에서 빠른 속도로 연속적인 레이스를 펼쳐야 하므로 체력
이 중요하다. 플라이 볼은 개가 스타트 지점을 지나 4개의 허들을 통과한 후 박스의
공을 물고 다시 4개의 허들을 넘어 피니시 라인으로 돌아오는 경기이다. 라운드 로빈,
스피드 트라이얼, 싱글 토너먼트 등의 종목이 있다.

1970년대 후반 캘리포니아에서 허들 경기에 테니스게임을 더하고, 플라이 볼 박
스를 개발했다. 1980년대에 허버트 웨그너herbert wagner는 TV 투나잇 쇼우에 출현하여
플라이 볼을 세상에 알렸다. 1984년에 미시간과 온타리오에 12개의 클럽이 모여 북미
플라이 볼 협회가 공식적으로 만들어지고 규정이 만들어졌다. 국제대회는 FCI가 주최
하는 세계 플라이 볼 대회 FOWCflyball open world cup와 유럽에서 개최되는 EFCeuropean
flyball championship이 있다.

공에 대한 소유욕 ———
출처: www.pexels.com
Blue Bird

플라이 볼 대회에 참가할 수 있는 나이는 경기 당일 기준 15개월 1일 이상이다. 한 팀은 최대 6두의 참가견과 핸들러, 박스로더로 이루어진다. 레이스는 참가견 4두 핸들러로 1개 팀이 된다. 참가견의 교체는 부상을 입은 경우 예외적으로 적용되며 미리 신고해야 한다. 생리 중인 개는 경기장에 들어올 수 없다.

점프의 높이는 허들 보호막을 설치한 경우 그 높이를 포함한다. 한 팀의 점프 높이는 해당 레이스의 가장 작은 개를 기준으로 한다. 주심은 필요에 의해 점프 높이를 다시 측정할 수 있다.

▶ 표 2-6 체고별 FCI Fly ball 점프 규정

자뼈 길이	점프 높이
10.00cm 이하	17.5cm
10.00 ~ 11.25cm	20.0cm
11.25 ~ 12.50cm	22.5cm
12.50 ~ 13.75cm	25.0cm
13.75 ~ 15.00cm	27.5cm
15.00 ~ 16.25cm	30.0cm
16.25 ~ 17.50cm	32.5cm
17.50cm 이상	35.0cm

출처: FCI Regulations for Flyball competition(2019).

대회진행은 경기장마다 1명 이상의 심판이 배정되고, 각 링마다 최소 2명의 라인 심판과 박스심판이 운영된다. 참가팀은 경기 전 참가견을 신고하고 점프 높이와 워밍업 시간을 확인한다. 참가견은 핸들러의 도움 없이 코스를 완주해야 한다. 하나의 레이스는 4두가 완주하는 것으로 이루어진다. 코스는 4개의 허들과 플레이 박스로 이루어지며 4개의 허들을 넘어 플레이 박스의 공을 캐치하여 다시 4개의 허들을 넘어야

완주로 인정된다. 4두의 참가견이 모두 완주하여 결승점에 먼저 도착한 팀이 해당 히트에서 승리한다. 이때 실수한 개는 코스를 다시 완주해야 한다.

플라이 볼 경기장은 20m 이상의 면적에 허들과 볼 박스가 있어야 한다. 경기장의 표면은 미끄럽지 않고 거칠거나 끈끈하지 않아야 한다. 잔디나 모래, 매트가 허용된다. 한 링에는 백스톱 보드에서 스타트·피니시 라인으로 이어지는 레이스 라인, 스타트 존, 엑시트 존을 설치한다. 스타트 라인부터 볼 박스까지의 거리는 15.525m, 스타트 라인에서 첫 번째 허들까지는 1.83m, 허들 간격은 3.05m, 마지막 허들부터 볼 박스까지는 4.57m이다.

———— 박스턴 모습
출처: Fly Ball. Lisa Pignetti

스타트 라인과 트랙은 거리를 뚜렷하게 표시한다. 두 레인의 중심선 간격 거리는 5m이다. 링 안의 두 개의 레이스 라인은 평행하고 길이가 같아야 한다. 볼 박스 뒷면 공간은 최소 60cm 높이의 백스톱 보드를 설치한다. 박스부터 백스톱보드 까지는 최소 1.52m의 공간이 있어야 하며, 레이스 진행 시 볼 박스와 백스톱 보드 사이에는 아무 것도 없어야 한다.

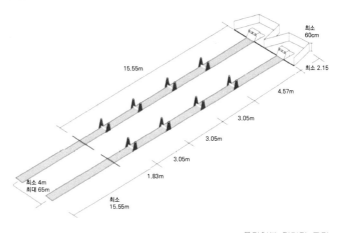
———— 플라이볼 경기장 규격
출처: FCI Regulations for Flyball competition(2019)

플라이 볼 장비는 허들 4개와 플라이 볼 박스 1개이며 한 경기를 위해서는 2세트가 필요하다. 허들은 두 세트의 장애물 기둥색이 다른 색이어야 하고, 허들 판은 하얀색이다. 허들의 내부판 너비는 61cm(편차 1cm 이내)이며, 기둥은 60~90cm이다. 재질은 부상을 최소화할 수 있어야 하며, 윗부분은 부드러운 재료로 마감한다. 높이는

17.5~35㎝이며 2.5㎝씩 조절한다.

볼 박스는 기계식 발사장치가 있어야 한다. 볼은 구멍에서 스타트라인 방향으로 60㎝ 이상 날아가야 한다. 크기는 L(77㎝)×W(61㎝)×H(46㎝) 미만이다. 단, 박스로더를 위한 플랫폼은 확장 가능하다. 박스를 고정하는 장치는 허용되나 높이가 1.25㎝ 이내이다. 박스 앞면에는 날카로운 모서리나 돌기가 없어야 한다. 볼의 크기는 다양하게 사용할 수 있지만 소리나는 것은 사용할 수 없다.

허들 넘는 모습 ———
출처: Fly Ball. Lisa Pignetti

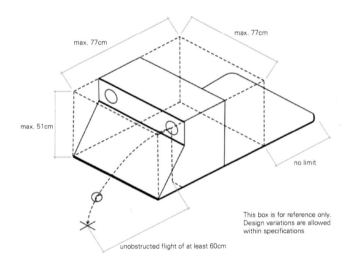

max. 77cm

max. 77cm

max. 51cm

no limit

This box is for reference only.
Design variations are allowed
within specifications

unobstructed flight of at least 60cm

박스 도면 ———
FCI Regulations for Flyball competition(2019).

플라이 볼에 사용되는 용어는 다음과 같다. 링^{ring}은 레이스가 진행되는 경기장이고, 히트^{heat}는 4두의 참가견이 모두 코스를 왕복해 경기가 끝난 상태이다. 레이스^{race}는 한 링에서 출진 팀이 경기를 시작하여 끝날 때까지 여러 차례의 히트이다. 디비전^{division}은 출진 팀이 기록을 제시하면 사무처가 기록별로 레벨을 편성한 것이다. 브레이크 아웃^{brake out}은 출진 팀의 완주 기록이 팀이 속한 디비전에 부여된 가장 빠른 시간을 초과했을 때 해당 팀에 내려지는 파울 규정이다. 클린 타임^{clean time}은 4두의 참가견이 실수 없이 한 히트를 완주하는데 걸린 시간이다. 만약 클린 타임이 해당 디비전의 브레이크아웃 시간보다 0.5초 이상 빠른 경우 팀은 해당 히트에서 진다. 헤이트 독^{height dog}은 해당 팀에서 가장 작은 응시견이다. 박스 로더^{box loader}는 박스에 공을 놓는 사람이다. 백스톱^{back stop}은 박스 뒷면 공간에 공이 굴러가는 것을 방지하기 위해 설치하는 보드이다. 박스 턴^{box turn}은 상자를 터치 후 돌면서 뒷다리로 차고 앞으로 나가는 것이다.

4-2 Fly ball 훈련

플라이 볼 기초훈련으로 볼 캐치·가져오기·리콜·타게팅을 훈련한다. 초기에는 부드러운 볼에 긴 줄을 맨 채 흥분시킨 후 가까운 거리로 굴린다. 개가 볼을 무는 순간 격려하며 반대 방향으로 달린다. 개가 돌아와서 볼을 놓으면 다시 앞으로 굴려준다.

리콜 훈련은 보조자가 개의 가슴줄을 잡은 상태에서 핸들러가 볼을 가지고 달려간다. 보조자는 개가 핸들러에게 가도록 놓아준다. 핸들러는 개가 다가와 볼을 물면 놀아준다. 타게팅은 박스 턴훈련에 필요하다. 스틱 끝에 개가 좋아하는 냄새를 묻힌다. 개가 스틱 끝에 코를 대면 보상한다. 점차 스틱을 발로 건드리도록 한다.

■ 점핑

본격적인 플라이 볼 훈련은 점핑과 패싱이다. 점핑은 보조자가 박스 위에 앉아 개의 뒷다리를 잡은 상태에서 핸들러는 개를 부르면서 달려가는 리콜 훈련을 한다. 지구력을 높이기 위해 5~7개의 점프를 놓고 연습한다. 훈련이 된 개를 앞에서 뛰게 하고 2개의 점프 거리만큼 간격을 두고 따라서 뛰게 하는 파워점프를 한다. 이 훈련은 속도와 집중력 향상에 좋다.

■ 패싱

교차훈련^{passing}을 한다. 경험이 많은 개를 출발선에 대기시킨 후 리콜을 한다. 초반에는 두 개를 멀리 떨어진 곳에서 교차하도록 하고 30㎝ 정도씩 거리를 좁힌다. 옆

플라이 볼 경기 모습 ——————
출처: Fly Ball. Lisa Pignetti

레인의 개와 뛰는 훈련을 한다. 개를 첫 번째 점프 뒤에서 잡고 있는 상태에서 다른 개는 옆 레인에서 준비한다. 핸들러와 상대 핸들러가 동시에 각자의 개에게 이름과 터그 등으로 집중시키고 같이 달리게 한다. 개가 핸들러에게 집중하면 풀 런을 한다. 레인을 바꿔 연습한다.

출발준비 연습을 한다. 출발준비는 개를 다양한 방식으로 잡을 수 있지만 일관성이 있어야 한다. 출발은 개가 스스로 하는 것이 좋다.

■ 레이스

레이스를 연습한다. 스타트할 개는 출발선에서 신호를 기다린다. 다른 개는 레인 오른쪽에서 기다린다. 선두견이 출발 후 핸들러는 레인의 왼쪽으로 이동 후 스타트 라인으로 움직인다. 선두견이 박스 턴 전까지 스타트 라인으로 뛰다가 박스 턴 후 런백 지점을 향해 반대 방향으로 돌아 터그를 잡고 개를 받을 준비를 한다. 마지막 개도 다른 개가 뛰어들지 않도록 왼쪽으로 빠져 나온다. 히트가 끝나면 런백 지역에서 개들과 놀아준다.

▶ 표 2-7 박스 턴^{box turn} 훈련과정

과정	진행내용
회전방향 결정	• 볼을 10m 정도 굴린 후 멈추면 '가져와'를 요구한다. • 개가 볼을 잡고 도는 방향을 확인한다. • 여러 번 반복하여 자주 도는 쪽으로 회전방향을 정한다. • 양쪽이 비슷하면 오른쪽으로 정한다.
판 트레이닝	• 1.2×1.2m의 튼튼한 판에 고무매트를 붙인다. • 판의 경사를 올라가기 쉽게 한 상태에서 스틱이나 터그로 판의 중앙을 가리키며 '터치'라고 말한다. • 개가 판을 비스듬히 뛰어오르게 유도하고 라인 중심으로 뛰도록 한다. • 판 앞에 허들을 세워 네다리 모두 올라가도록 유도한다. • 판을 점점 직각의 형태로 올려 돌아 내려올 때 판을 뒷발로 차게 한다. • 보상은 판쪽에서 점차 허들 쪽으로 멀리한다.

박스 트레이닝	• 초기에는 소리에 익숙하도록 볼을 놓지 않고 발사기를 켜놓고 턴 연습을 한다. • 박스 앞에 보조허들을 놓아 두 발만 올리지 않도록 한다. • 박스는 단단히 고정시켜 밀리지 않도록 한다. • 실행어만으로 턴을 할 수 있도록 한다.
박스에 발을 대지 않는 훈련	• 박스 앞에 보조 허들을 놓고 개가 도는 방향의 반대편에 발을 대고 도는 방향을 향하도록 선다(이 때 개는 뒤의 레인에 세운다). • 핸들러가 몸을 돌려 보조허들과 박스 사이를 지날 수 있게 유도한다. • 개가 핸들러의 몸을 돌면 보상하여 박스를 밟도록 한다. • 보상을 점점 멀리 주어 뒷발로 박스를 밀도록 유도하고 스스로 박스 턴을 할 수 있도록 한다.
공을 넣고 훈련	• 박스에 적응하고 턴이 숙달되면 볼을 넣는다. • 처음에는 3~5m 지점에서 개를 출발시킨다. • 볼을 잘 잡지 못하면 살짝 고정시킨다. • 성공율이 낮으면 볼을 바꾸거나 발사속도를 조정한다.

출차: NCS 반려돌물행동교정, 2020

제3장

공익견

공익견은 사회의 공적인 영역에서 특정한 목적을 위해 활용되는 특수목적견이다. 장기간 훈련, 특별한 기술, 적절한 훈련시설 등이 구비되어야 훈련이 가능하므로 주로 국가기관에서 운용한다. 현대에는 공격력보다 후각능력을 이용하는 추세이다. 탐지견·인명구조견·시신수색견·증거물수색견·증거물식별견 등이 활용되고 있다.

재난 구조견 ──────
출처: Rescue Dogs, Judith
　　　 Janda Presnall

마약탐지견 ──────
출처: 탐지견훈련교안, 관세국경관리연수원, 2020

────── 실종자 추적
출처: The Search and Rescue Dog, Royal Canin

I. 탐지견

1-1 탐지견의 개념

탐지견은 특정한 냄새를 기억하고 그와 동일한 냄새를 발산하는 물질을 찾는 공익견이다. 근래에는 폭발물이나 마약과 같은 전통적 분야에서 세균이나 암을 탐지하는 쪽으로 범위가 넓어지고 있다. 탐지견은 다른 공익견에 비하여 상대적으로 늦게 시작되었다. 1960년대 말 지뢰탐지견 훈련을 고안한 미국에서 그 근원을 찾을 수 있다. 현재는 대부분의 국가에서 운용하고 있다.

우리나라는 1986년에 86아시안게임과 88서울올림픽에 대비하여 폭발물탐지견이 도입되었다. 국방부와 경찰청 그리고 관세청 3개 기관의 인원이 주한미공군에서 훈련을 배웠다. 마약탐지견은 관세청이 서울올림픽에 활용했던 폭발물탐지견을 전환하여 시작한 이후 현재에 이르고 있다. 식육류탐지견은 검역원이 2000년에 가축전염병의 국내 유입을 예방하기 위하여 도입하였다.

■ 폭약

폭약은 불안정한 화학구조로 열이나 충격, 마찰 등에 의하여 급격하게 반응하는 물질이다. 폭발 시에는 다량의 가스와 열을 발생한다. 흑색화약$^{black\ Powder}$은 대표적인 저성능 혼합화약이다. 색상은 짙은 흑색이나 회흑색, 갈색 등이다. 형태는 미세한 분말과 과립형태가 있다. 무연화약$^{smokeless\ Powder}$은 1832년 Beconnot이 발명했다. 태웠을 때 연기가 나지 않는 것에서 이름지어졌다. 색상은 오렌지색, 흑갈색, 백색, 적색 등이다. 니트로글리세린$^{nitro\ glycerine}$은 1856년 Sobero가 발명했다. 민감도가 높아 초기에는 사용하지 못했으나, 1866년 노벨이 규조토에 흡수시켜 안정화시키면서 상용화되었다. 다이나마이트^{dynamite}는 니트로글리세린의 상표명이다. 콤포지션^{composition} C4는 대표적인 고성능 폭약이다. 가소성이 좋고 충격에 강해 사용하기 편리하다. 태우면 연기가 나지 않고 맹렬하게 탄다. TNT는 19세기말 개발되어 1·2차 세계대전에서 크게 이용되었다. 품질이 균일하여 폭발력 기준으로 적용된다. 급조폭발물$^{improvised\ explosive}$

^{device}은 군용폭약·상용폭약·화공약품 등을 생활용품으로 위장한 폭발물이다.

■ 마약

마리화나 ―――――
출처: pixabay.com

양귀비 ―――――
출처: pixabay.com

마약류는 마약류 관리법에 의하여 마약·향정신성의약품·대마로 나눌 수 있다. 마약은 계속 사용하고자 하는 욕구가 강하게 생기고, 사용량을 계속 늘려야 효과가 있는 물질이다. 천연마약은 양귀비나 코카 잎에서 추출되는 모든 알칼로이드로서 몰핀·헤로인·코카인 등 34종이다. 합성마약은 페치딘·메사돈 등 74종이다. 향정신성의약품은 인간의 중추신경계에 작용하여 오남용할 경우 육체적, 정신적 의존성을 일으켜 인체에 심각한 피해를 주는 물질이다. 환각작용을 하는 LSD·PCP·메스칼린·DET 등과 각성효과를 주는 암페타민류, 억제제 기능을 하는 신경안정제 등이 있다. 대마^{大麻}는 삼과에 속하는 1년생 초본식물이다. 성장 중인 대마의 순이나 추수기의 대마씨껍질, 수정이 안 된 암그루의 꽃을 도취제^{陶醉劑}로 사용한다. 씨가 없는 마리화나가 신세밀라^{Sinsemilla}이고, 여기서 추출한 갈색의 고체는 헤쉬쉬^{Hashish}이다.

▶ 표 3-1 마약의 종류별 의존도와 내성

구분	육체적 의존	정신적 의존	내성	약물 종류
몰핀류	○○○	○○○	○○○	아편, 몰핀, 헤로인, 페치딘, 코데인
코카인류	–	○○○	–	코카인
대마류	–	○○	–	마리화나, 헤쉬쉬
암페타민류	–	○○	○○	암페타민, 메스암페타민
환각물질류	–	○	○○	엘에스디, 메스카린, 싸이로시빈

마약중독증상

- 약물에 대한 욕구가 강하고 억제할 수 없다.
- 행동이 조절되지 않는 것을 자각한다.
- 금단증상을 가볍게 하려고 대체제를 사용하여 그것이 효과가 있다고 인식한다.
- 약물을 중지하면 의식이 이상해지고 정신병 증상이 보인다.
- 초기에는 적은 양으로 효과가 있지만, 점차 양을 늘려야 효과가 있다.
- 약물을 비상식적인 방법으로 사용한다.
- 다른 즐거움이나 흥미를 가지지 못한다.
- 약물이 정신과 육체에 해롭다는 증거가 확실해도 계속 사용하고 있다.
- 약물을 끊어도 곧바로 다시 시작하는 경향이 있다.

출처: WHO 전문위원회

1-2 탐지견 훈련

■ 기초과정

탐지견 훈련은 목적취조건화 · 보고동작 · 탐지요령습득 · 지속능력강화 · 위양성반응 소거로 진행된다. 목적취를 기억시키는 훈련은 탐지견이 찾아야 할 냄새를 가르치는 과정이다. 더미 dummy를 이용한 방법은 개가 좋아하는 더미와 목적취를 묶어 쿼터링Quartering으로 훈련한다. 15cm 이상 자란 초지에서 보조자가 목적취 주

———— 인지판 훈련
출처: 탐지견훈련교안. 관세국경관리연수원. 2020

머니를 묶은 더미로 개를 자극한 후 풀숲에 던진다. 개를 풀어주면 더미를 찾기 위해 후각을 이용한다. 그 과정에서 더미에 묶인 목적취를 자연스럽게 익히게 된다. 점차 더미를 던지는 거리와 경과시간을 늘려가면서 연습한다. 개에게 의미가 없었던 목적취가 더미와 결합되어 있음으로써 의미 있는 자극으로 전환된다.

보고동작 훈련 ————
출처: 탐지견훈련교안, 관세국경관리연수원, 2020

인지판을 이용한 방법은 약 50cm 간격으로 뚫어진 구멍 아래에 목적취를 넣어둔다. 강화물로 개를 자극한 후 목적취가 들어있는 구멍에 넣는다. 개에게 인지판에 들어 있는 강화물을 찾도록 한다. 개가 목적취 위치에서 냄새를 맡으면 강화물로 보상한다.

보고동작 훈련은 탐지견이 목적취를 발견하고 지도사에게 알려주도록 하는 과정이다. 이 동작은 어떤 것이든 상관없지만 명확하게 변별될 수 있어야 한다. 앉아·엎드려·짖어·긁기 등이 있다.

훈련방법은 조작적 조건화를 이용한다. 탐지견이 목적취를 맡고 앉으면 강화물을 제공한다. 일정 횟수를 연습하면 목적취가 발산되는 곳에서 강화물을 받기 위하여 앉아 자세를 취하게 된다.

이동하는 가방 탐지 훈련 ————
출처: 탐지견훈련교안, 관세국경관리연수원, 2020

목적취 조건화 훈련을 할 때 목적취의 위치를 높게 하여 자연스럽게 유도하는 방법도 있다. 개가 목적취를 감지하면 '앉아' 실행어와 강화물을 동시에 높이 들어 '앉아' 자세를 유도한다. 숙달정도에 따라 지도사의 유도 없이 자발적으로 앉게 한다.

■ 발전과정

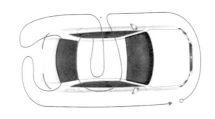

승용차 탐지 훈련 ————
출처: 탐지견훈련교안, 관세국경관리연수원, 2020

탐지요령 습득은 탐지대상에 따라 효과적으로 찾는 방법을 알려주는 과정이다. 사무실·화물장치장·창고와 같은 시설물이 가장 기본이다. 시설물은 내부장치나 집기류 등 모두를 검색해야 한다. 그러기 위해서는 개가 옆으로 서서 이동하며 구조물과 집기류의 상하부를 탐지할 수 있도록 연습한다. 의

심물건이 단독으로 제시되는 경우에는 냄새 농도를 낮게 설정하여 정밀하게 탐지하도록 한다. 탐지견이 특정목표물을 단독으로 탐지하는 방법도 훈련한다. 이는 폭발물로 의심되는 상황에서 탐지견 단독으로 이동시켜 진위 여부를 확인하는 데 이용한다.

차량은 중요한 탐지대상이다. 하지만 차량 내부와 주위에 이질적인 냄새가 많아 탐지견의 주의가 분산될 수 있다. 탐지방식은 항상 비슷하게 행해져야 하고, 차량에 접촉하지 않고 탐지하는 것이 바람직하다. 훈련수준을 고려하여 차량의 종류를 다양하게 훈련한다.

대형극장이나 경기장의 관람석, 대형승합차량, 항공기내부는 좌석사이를 이동하며 탐지해야 한다. 좌석을 탐지할 때는 지도사와 탐지견이 서로 다른 통로를 이동하며 탐지해야 원활하게 진행할 수 있다.

대인탐지는 초기에는 마네킹이나 옷걸이에 걸어진 옷가지에 목적취를 숨기고 훈련한다. 점차로 사람을 이용하는 방법으로 전환한다. 하체에서 상체로 목적취를 이동하며 숨긴다. 보조자의 숫자를 늘리고, 복장을 다양하게 설정하여 일반화시킨다. 또한 보조자의 걷는 속도에 변화를 주어 빠르게 이동한 사람에서도 목적취를 찾을 수 있도록 한다.

■ 완성과정

탐지견의 지속력·목적취농도·변별력·일반화는 실전능력을 향상시키는 과정이다. 탐지견은 임무에 투입되면 완수할 수 있는 능력을 가져야 한다. 탐지시간은 이에 큰 영향을 미친다. 일반적인 조건에서 열정적이고 섬세한 태도로 40분 정도를 탐지할 수 있어야 한다. 40분은 탐지견 1두

——— 산재된 물품 탐지
탐지견훈련교안. 관세국경관리연수원. 2020

가 400여석의 대형항공기 내부를 탐지할 수 있는 시간이다.

탐지견이 찾을 수 있는 목적취의 농도는 낮을수록 유리하다. 범법자들이 마약이나 폭발물을 시설물 깊숙이 숨기거나 밀폐형 가방에 넣으면 발산되는 냄새의 농도가

굉장히 낮아진다. 이런 경우를 대비하여 매우 낮은 농도의 목적취도 찾을 수 있는 능력을 구비할 수 있도록 훈련한다.

탐지견의 위양성반응은 실제현장에서 혼란을 야기한다. 위양성반응은 지도사의 행동과 훈련과정에서의 문제점 그리고 목적취를 교란시키는 알코올·휘발유·향수·로션·음식물·비누·커피 등이 있다. 위양성반응을 제거할 때는 먼저 탐지견의 목적취에 대한 조건화 정도를 점검하고, 위양성반응을 발생시키는 원인을 파악한다. 지도사는 파악된 요인을 제거하고, 목적취를 다시 조건화한다.

탐지견은 환경변화에 구애받지 않고 훈련된 능력을 충분히 발휘해야 한다. 훈련방법은 다양한 환경을 경험시키는 것과 훈련과정에서 제공된 자극을 2차 조건화물로 이용하는 방법이 있다.

1-3 탐지견 운용

시설물은 외부를 먼저 탐지하여 지도사와 탐지견의 안전을 확보한다. 지도사는 내부에 들어갈 때는 출입문의 안전상태를 탐지한다. 내부에 들어가면 구조와 집기들을 파악하고 탐지순서와 방법을 구상한다. 전등이 꺼진 상태이면 점등하지 않고 적응 후 탐지한다. 탐지견을 운용할 때 지도사의 능력은 탐지견의 실력 발휘에 매우 중요하다. 위해물질이 숨겨질 만한 곳을 파악하고, 육안으로 내부를 식별하기 어려운 대상에 주의한다. 또한 운용 간 핸들러와 탐지견이 부상을 당하지 않도록 주의한다.

핸들러는 운용 전에 건물 외부의 풍향, 건물 내부의 온도, 창문과 출입문, 천장의 높이, 내부구조, 집기의 종류, 냉·난방기 등을 파악한다. 바람은 목적취를 실제 위치에서 멀리 떨어진 곳으로 이동시키거나 여러 곳으로 분산시킨다. 기온은 목적취의 농도를 높이거나 낮출 수 있다.

선풍기·에어컨·난방기는 공기를 이동시킨다. 공기가 움직이면 목적취도 옮겨진다. 출입문·창문·홀·층고는 목적취의 이동에 영향을 미칠 수 있다. 거주자 또는 방문객의 냄새는 목적취를 교란시킬 수 있다. 음식물이나 쓰레기도 탐지견의 주의를 분산시킨다.

공연장이나 강당과 같은 공공장소는 넓고 산만하다. 이들 공간은 많은 사람들의 접근에 주의를 기울인다. 진행방법은 로비를 먼저 탐지한 후 방을 검색한다. 닫혀진 문은 면밀히 탐지한 후 개방한다. 1층을 완료하고 위층으로 올라간다. 이동과정에서 계단과 벽의 부착물을 빠트리지 않는다.

좌석구역은 전체를 파악한 후 의심스러운 장소를 먼저 탐지한다. 이어서 좌석과 무대를 탐지한다. 앞 열 좌석 뒷부분과 다음 열 좌석을 함께 탐지한다.

운송수단은 승용차량 40대, 대형승합차량 10대, 열차 8량, 항공기 300석을 기준으로 탐지견 1두당 1회 탐지 대상으로 할당한다. 탐지 중 의심스러운 차량은 표식을 하고 전체를 탐지한 후에 다시 탐지한다. 차량이 정렬되지 않은 경우에는 누락되는 차량이 없도록 주의한다.

차량탐지는 가능하면 바람이 불어오는 방향으로 진행한다. 이는 탐지견에게 목적취를 감지하고 근원으로 쉽게 찾아갈 수 있도록 한다. 그릴·엔진룸·범퍼·휠·도어·트렁크·주유구에 주의를 기울인다. 연속으로 정렬된 차량은 먼저 탐지한 차량의 일부분을 겹쳐서 다음 차량으로 이동하여 중복 탐지한다.

핸들러는 항상 안전에 유의해야 한다. 탐지견이 주행 후 뜨거운 차량에 데이면 탐지를 꺼리게 된다. 또한 차량 또는 지면에 있는 날카로운 돌출부는 핸들러나 탐지견에게 부상을 입힐 수 있다.

▶ 표 3-2 **차량탐지 요령**

탐지견	핸들러
핸들러와 차량으로 이동	바람을 이용하기 유리한 위치로 이동
차량을 향해 앉아 자세	탐지견 우측에 위치한 상태에서 차량 주위를 시계반대 방향으로 이동
	그릴·엔진 룸 범퍼·휠·도어·트렁크·주유구
바람의 영향으로 목적취 이동	탐지견을 관찰하면서 조심스럽게 이동
탐지견의 행동 변화	누락 부위 재탐지
목적취 발견	보상

2. 인명구조견

2-1 인명구조견의 개념

인명구조견은 실종되거나 사고를 당한 사람의 부유취를 찾는 공익견이다. 구조견은 임야지 수색뿐만 아니라 지진이나 붕괴로 인한 재난지역, 물이나 눈 속에 갇힌 실종자를 구하는 데 활용되고 있다. 구조견의 수색범위는 야지에서 몇 킬로미터에 이른다. 따라서 신뢰할 수 있는 수준의 체력과 동기를 가져야 한다. 구조견은 실종자에서 발산되는 냄새를 감지하면 발산지를 향하여 독립적으로 이동한다. 이때 모습은 냄새원뿔의 가장자리를 눈으로 보는 것처럼 행동한다.

인명구조견은 알프스에서 Mount St. Bernard Hospice, St. Gothard가 활용한 것이 처음 기록이다. 1960년 이전까지는 추적견을 활용했다. 1961년 미국 워싱턴 주 근교에서 소녀가 실종되었을 때 부유취를 이용하는 방법이 개발되었다.

그들은 그 사건을 계기로 수색견 단체를 만들었다. 거기에는 추적견 대신 공기 중의 냄새를 맡는 수색견을 활용할 것을 제안한 윌콕스^{Hank Wilcox}가 있었다. 그는 군견훈련에 부유취 수색견을 훈련시킨 경험이 있었다. 부유취를 감지하는 이 방법에 큰 공헌을 한 사람은 시로틱^{william syrotuck}이다.

시로틱은 기상학·통계학·물리학·피부학과 같은 지식을 이용하여 학문적으로 접근했다. 또한 성공적인 실종자 구조를 위해서는 수색견의 운용방법도 과학적이어야 한다고 생각했다. 그에 따라 실종자의 특성과 사고배경에 따른 수색방법을 연구했다. 실종자의 행동을 이해하는 것은 그들의 위치를 정확하고 빠르게 찾는 데 결정적인 도움을 주기 때문이다.

시신수색견은 인체가 부패될 때 발산되는 냄새를 찾도록 훈련된다. 재난이나 폭발로 매몰된 시신, 범죄로 희생된 사람의 소재를 발견하는 데 활용된다. 이 개들은 다른 동물의 사체^{死體}가 아닌 인간의 시신 냄새에만 반응하도록 훈련되어 있다. 따라서 매장된 시신 또는 훼손된 시신의 일부분, 시신에서 흘러나온 체액, 체액으로 오염된 토양 등을 찾을 수 있다.

피해자의 시신을 찾기 위해 개가 활용된 기록은 1974년이다. 뉴욕의 경찰들은 Oneida 지방에서 발생한 살인사건의 피해자를 찾기 위하여 드넓은 숲을 수색하고 있었다. 서폴크^{Trooper Jim Suffolk}는 텍사스의 군견부대에서 시신 수색훈련을 받은 펄^{Pearl}이라는 래브라도 리트리버를 활용했다. 펄은 120cm 아래에 묻혀있던 시신을 발견했다. 1977년 코네티컷 주 경찰은 시신수색견 훈련 프로그램을 본격적으로 도입했다. 초기에는 땅위에 놓인 피해자의 시신을 찾는 것이 중점이었지만, 점차 지하에 묻힌 시신을 찾는 것으로 확장했다. 미국의 레브맨^{Andrew Rebmann}은 1978년에 코네티컷 주 경찰 연구소, 주 보건부 병리학과와 함께 시신수색견 훈련에 사용할 인공물질을 개발했다. 레브맨이 운영하는 훈련 프로그램에서는 시신수색견들에게 인공물질을 사용한다.

인공적으로 제조한 시신 냄새물질

Putrescence와 Cadaverine 이라는 인공적으로 제조한 화학물질로 시신수색견 훈련에 사용한다. 이들 물질은 유기물이 부패하는 성분과 유사한 2개의 아미노 화합물^{di-amino compounds}로 이루어져 있다. 시신의 부패 정도에 따라 다음의 4종류로 이루어진다.

시신 수색견 훈련용 인공시료

1. Sigma Pseudo^{TM} Corpse Formulation I (FI): 0℃에서 시신의 부패 초기 단계나 부패 말기의 냄새
2. Sigma Pseudo^{TM} Corpse Formulation II (FII): 부패 후기 단계에서 발산되는 냄새
3. Sigma Pseudo^{TM} Distressed Body: 반응은 없지만 아직 생존해 있는 실종자의 냄새
4. Drowned Victim Scent Formulation: 익사한 시신에서 발산되는 냄새

시신수색견 훈련에 사용되는 목적취는 자연적인 냄새와 인공적으로 제조한 냄새가 있다. 자연적인 냄새는 좋은 재료이지만 구입과 취급이 어렵다. 시신의 살과 혈액, 시신의 냄새가 밴 흙, 시랍^{屍蠟, adipocere}이 있다. 사람의 살은 단계별로 부패정도를 조절할 수 있어 가장 좋은 재료이다. 혈액은 지하에 묻힌 시신 수색과 냄새의 농도를 조절할 때 편리하다. 시신이 놓여진 흙에 남은 냄새도 좋다. 이 흙은 시신을 구성하는 모든 물질들의 냄새 전체가 남아있고 사용하기가 쉽다. 또한 시신이 있었던 장소라면

어디서나 채취할 수 있으므로 상대적으로 구하기 쉽다. 다만 흙 또한 변질되므로 냉동 보관해야 한다. 시신에서 유출되는 지방이 시랍이다. 훈련에 좋은 재료이지만 이 또한 시신이 놓였던 장소에 들어가야 얻을 수 있다. 시신에서 추출된 물질들은 강한 부식성을 가지고 있으므로 유리나 플라스틱 용기에 보관하고 사용에 주의를 기울여야 한다. 보관 중이던 시료들이 건조되면 물을 몇 방울 떨어뜨려 사용한다.

2-2 인명구조견 훈련

■ 기초과정

임야지에서 수색동기 형성 ────
출처: The Search and Rescue
Dog, Royal Canine

실종자 발견 모습 ────
출처: The Search and Rescue Dog,
Royal Canine

인명구조견 훈련은 사람의 냄새에 대하여 의미를 부여하는 것에서 시작해서 매우 낮은 농도의 냄새를 찾는 것까지 진행된다. 가장 먼저 개에게 사람의 몸에서 발산되는 냄새를 가르친다. 사람의 냄새에서 강화물을 연상하도록 한다. 훈련의 원리는 파블로프의 조건화를 적용한다. 개가 가장 좋아하는 것을 이용하여 놀이를 진행함으로써 사람의 냄새와 강화물이 동일한 가치를 가지도록 한다. 지도사와 보조자가 마주한 상태에서 개를 불러 보상한다. 보조자가 개 전면에서 강화물로 자극하며 앞으로 이동한다. 개가 보조자에게 다가오면 보상한다. 훈련수준의 진보정도에 맞춰 보조자가 이동할 때 자극 강도를 서서히 줄인다. 사람의 냄새를 강화물과 연관시키는 과정이므로 항상 성공할 수 있도록 조건을 쉽게 설정한다. 개의 동기와 자발성을 높아지도록 가급적 통제하지 않는다.

이어서 공기 중에 떠 있는 사람의 냄새를 감지하는 방법을 훈련한다. 보조자는 개와 마주한 상태에서 전방으로 이동한 후 자극한다. 지도사는 개가 보조자를 볼 수 없도록 뒤로 돌아선다. 보조자는 바람이 불어오는 방향을 향하여 반원 형태로 다시 이동하여 숨는다. 지도사는 개에게 보조자를 찾도록 한다. 개는 보조자를 마지막으로 본 지점에서 바람에 실려 오는 사람의 냄새를 감지하게 된다. 보조자는 개가 찾아오면 크게 보상한다. 보조자는 개가 시각에 의존하지 않도록 주의한다. 다만 개의 동기를 유지하기 위하여 청각자극을 적절히 활용한다.

구조견은 실종자를 발견하고 명확한 신호로 지도사에게 알려 주어야 한다. 보고동작은 '되찾기 · 짖기 · 앉아 · 브링셀' 등이 있다. 이들 중 가장 효과적인 '되찾기'는 구조견이 실종자의 체취를 인지하고 지도사에게 다가와 앞에 앉는다. 이어서 지도사가 다시 찾아가기를 요구하면 그 위치로 안내한다. 훈련은 지도사와 보조자가 개를 사이에 두고 부르는 것에서 시작한다. 지도사와 보조자가 개를 불러 다가오면 보상하는 방법이다. 훈련정도에 따라 거리를 늘리고, 점차 보조자는 개가 찾아왔을 때 보

보고동작(짖음)훈련
출처: The Search and Rescue Dog.
Royal Canine

상을 불규칙하게 한다. 보조자가 개에게 보상하지 않을 때는 지도사가 개를 불러 보상한다. 이때 지도사는 개가 자신의 정면에 '앉아' 자세를 취하도록 한다. 마지막 단계로 보조자로부터 보상을 받지 못한 개가 지도사에게 오면, 지도사는 보상하지 않고 개에게 보조자를 다시 찾도록 한다. 보조자는 개가 자신을 다시 찾아왔을 때 보상한다.

■ 발전과정

인명구조견은 넓은 공간을 빨리 수색할 수 있을 때 효과적이다. 따라서 구조견이 그에 필요한 능력을 가질 수 있도록 훈련해야 한다. 구조견은 열정적이면서 체력을 적절히 안배하여 경제적으로 수색해야 한다.

지도사는 구조견에게 넓은 공간에서 좌우로 수색하는 방법과 풍향에 따른 행동요령을 알려준

왕성한 수색 동기
출처: The Search and Rescue Dog. Royal Canine

다. 개는 전방을 향하여 이동하는 성향을 가지고 있으므로 훈련 초기부터 가로로 수색하는 행동을 배우도록 훈련한다. 100(가로)×400(세로)m 정도의 공간에서 출발선 중앙에 지도사와 개가 위치한다. 보조자가 왼쪽 끝에 숨은 상태에서 소리로 자극한다. 개가 왼쪽으로 이동하여 보조자를 발견하고 보고동작을 취하면 보상한다. 3회 연속하여 강화한 후에 왼쪽의 보조자가 오른쪽으로 이동한 후 수색한다. 개는 방금 전에 갔던 왼쪽으로 이동하게 된다. 개가 머뭇거리면 오른쪽에 위치한 보조자가 음성으로 자극한다. 개가 보조자를 발견하고 돌아와 보고하면 보상한다. 보조자를 좌·우측에 번갈아 위치시키고 훈련한다. 보조자가 숨는 위치를 불규칙하게 확장하여 훈련한다.

개가 공간을 좌우로 수색하는 능력이 형성되면 바람의 형태에 따라 훈련한다. 냄새는 지형에 따라 원뿔형·굴뚝형·회오리형·웅덩이형·고리형태를 띤다. 지도사는 구조견이 이와 같은 다양한 냄새의 이동을 파악하여 경제적인 수색을 할 수 있도록 기회를 제공한다. 또한 기온의 변화에 따른 냄새의 이동과 흐리거나 강우, 강설 등 기상조건에 따른 냄새의 변화에도 복합적으로 훈련한다.

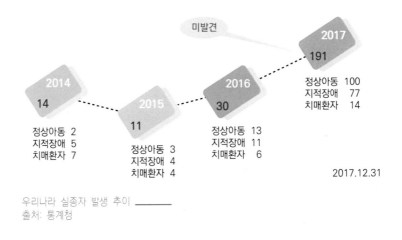

우리나라 실종자 발생 추이 ───────
출처: 통계청

■ 완성과정

구조견은 활동능력과 더불어 수색시간도 중요하다. 지도사는 구조견이 임무시간 내내 동기를 유지할 수 있도록 보상계획을 신중하게 설계하여 수색시간을 확장한다.

우수한 구조견은 일반적인 조건에서 1회에 약 1㎢를 수색할 수 있다. 구조견의 수색 지속능력은 지형과 기상조건에 따른 체력 소모가 관건이다. 지도사는 지형과 기상조건을 고려하여 신중하게 보상계획을 수립한 후에 훈련한다.

구조견은 공기 중에 떠 있는 미약한 인체취를 감지한 후에 냄새를 발산하는 근원을 찾을 수 있어야 한다. 따라서 구조견이 낮은 농도의 냄새를 감지할 수 있는 능력은 중요하다. 이 과정의 핵심은 개가 냄새의 가장자리를 감지하고 발산지의 방향을 찾아가는 것이다. 훈련요령은 보조자가 수색지역 중앙에 숨는다. 지도사는 개와 함께 보조자 은신지점을 기준으로 나선형태로 외곽에서 내부로 선회한다. 구조견이 보조자의 냄새를 감지하면 그 자리에서 보상한다. 점차 보조자의 인체취 농도를 낮은 수준으로 설정해 훈련한다.

구조견은 다양한 환경조건에서 훈련된 능력을 표현할 수 있어야 한다. 수색능력의 일반화는 환경의 외형적 모습과 더불어 환경 특성에 따른 냄새의 변화에 적응하는 능력을 포함한다. 수색능력 일반화는 '2차 조건화'를 적용한다. 훈련과정에서 상시적으로 사용되었던 특정한 사물을 이용한다. 임의의 환경에 동일요소를 설치하여 수색 동기를 유발한다.

2-3 생존자 수색견 운용

인명구조견팀은 실종자에 대한 정보가 수집되면 관계기관과 긴밀히 협조하여 수색계획을 수립한다. 핸들러는 사건의 배경과 실종자의 성격, 수색공간의 지형적 특성이나 장애요인 등을 파악한다. 다수가 투입되는 사건일 경우 임무에 투입되는 핸들러들은 모두 수색계획에 참여하여 수집된 정보를 분석한다. 회의에서는 각 팀의 장단점을 고려한 가장 적합한 팀의 배정과 수색방법을 합리적으로 결정한다.

수색은 구조견팀이 현장에 도착 후 최대한 빨리 시작한다. 긴급구조팀은 회의 이전에 유력지역을 대상으로 먼저 수색할 수 있다. 급속수색은 수색지역의 지형평가에 중요한 자료를 얻을 수 있다. 핸들러는 급속수색 간 파악한 정보를 자세히 보고한다. 도상에서 판단하는 것과 현장은 차이가 있다. 도면으로 식별되지 않은 사항은 나중에 참고할 수 있도록 지도에 기록한다. 야간에 장시간 운행한 경우에는 우선지역에 급속 수색을 실시하고, 주간 수색계획에 포함하여 다시 실시한다.

인명구조견 과학장비 ──────

실종자의 생존 가능성은 시간의 경과에 따라 급격히 감소할 수 있으므로 야간에도 가능하면 수색을 실시한다. 실종자들은 어둠 속에서 움직일 가능성이 낮고, 구조팀의 소리에 더 쉽게 반응할 수 있다. 또한 밤은 상향식 수색시 구조견이 인체취를 감지하기 좋은 조건이다. 야간수색은 다른 수색장비에 비하여 구조견의 효용성이 높다.

· 관계기관은 핸들러를 도와줄 수 있는 현지인을 제공한다.
· 수색지역에 익숙한 현지인의 도움은 매우 중요하다.
· 핸들러는 현지인을 자신의 팀에 포함하여 함께 임무를 수행한다.
· 핸들러는 동행하는 현지인을 책임감 있게 관리한다.

수색을 종료한 핸들러는 복귀 후 지휘소에 수색결과를 보고한다. 수색한 지역과 주요한 지형 특징들을 상세하게 설명한다. 핸들러로부터 파악된 모든 정보는 종합하여 수색임무에 보완한다. 구조견팀은 현장에 다시 투입하기 전에 새로운 정보를 포함한 수색상황을 점검한다. 핸들러는 자신의 수색구역을 정확하게 확인하고, 브리핑이 끝나는 즉시 수색을 실시한다. 통신수단은 장시간 수색과 급박한 상황에 대비하여 절대적으로 필요하므로 반드시 점검한다.

실종자의 단서는 발자국·돌·나무껍질·옷 조각 등 어떤 것이든 될 수 있으므로 소중하게 다룬다. 다만, 경험이 적은 핸들러는 발견된 단서에 과잉 반응을 보일 수 있다. 사건과 연관성이 입증되지 않은 단서를 발설하면 실종자 가족이 동요될 수 있다. 따라서 핸들러는 단서를 취급할 때 침착하고 신중해야 한다. 단서에 관한 모든 정보는 유효성을 확인할 때까지 보안을 유지한다. 잘못된 정보로 혼란을 일으키지 않도록 특별한 코드를 사용한다. 발견된 단서는 지도에 위치를 표시하고 표식을 붙여 지휘소의 승인이 있을 때까지 현장에 보관한다. 단서가 실종자 소유로 확인되면 해당 단서와 위치는 실종자가 있었던 새로운 마지막 목격지점이 된다. 이는 수색활동에 중요한 정보로써 가치를 가질 가능성이 높다.

이동방향	경과시간
- 발자국 모양 - 낙엽: 이동방향 선명/기울어짐 - 돌: 원래 위치 - 수목 입구의 흔적 - 나무껍질 이동방향에 남겨짐 - 부러진 나뭇가지의 방향 - 통나무의 앞뒤 발꿈치	- 흙 냄새 - 발자국의 마른 정도 - 발자국 위 낙엽의 양 - 낙엽의 섬유질 - 수액의 경화 - 수액의 냄새 - 나뭇잎 기울어짐

———— 수색단서

핸들러는 실종자를 발견하면 위치와 실종자의 상태를 보고하고 지원을 요청한다. 실종자의 신변에 불법이 개입된 경우 추후 수사에 관련된 정보가 필요할 수 있다. 핸들러는 현장에 대한 모든 사항과 구조견의 행동을 기록한다.

핸들러는 실종자의 모든 상황에 대처할 준비가 되어 있어야 한다. 실종자가 생존해 있으면 안전한 곳으로 이동하지만, 아프거나 다쳤다면 응급처치와 함께 신속하게 대응해야 한다. 건강한 상태로 발견된 실종자는 정서적인 문제를 나타낼 수 있다. 이 경우 가족 또는 그가 신뢰하는 사람에게 도움을 요청한다.

실종자가 사망한 경우 해당 장소에 원인을 규명하는 데 결정적인 증거가 있을 수 있다. 특히, 타살이 의심되는 경우 현장보존은 필수적이다. 핸들러는 구조견이 증거를 훼손하지 않도록 현장에서 떨어진 곳에서 보상한다.

구조견팀의 임무는 실종자를 찾으면 종료된다. 하지만 많은 경우 실종자를 발견하지 못한 채 중단할 수 있다. 이는 쉽지 않은 결정이지만 일반적으로 다음과 같은 조건에서 이루어질 수 있다.

수색중단

- 모든 지역에 대한 수색이 합리적으로 완료되었다. 구조견팀이 수색지역 전체를 3회 철저히 수색했다면 더 이상 찾을 곳이 없을 수 있다. 이는 관계기관들이 합의한 결정이어야 한다.
- 실종자가 해당 지역을 벗어났다는 정보가 입수되었다. 다만 추측이나 소문이 아닌 사실에 근거해야 한다. 관계기관은 정보의 신뢰성에 대하여 최종적으로 결정한다.

2-4 시신 수색견 운용

시신을 수색할 때는 사건의 성격을 배경으로 유연하게 접근한다. 수색방법이 사건현장의 환경적 요인과 발생정황에 적절할 때 성공 가능성이 높다. 수색견팀은 수색지역이 정해지지 않은 막연한 임의의 지역에서 임무를 수행할 수 있다. 이런 경우에는 관계자들이 수집한 정보를 바탕으로 타당도가 가장 높은 곳부터 선정하여 수색한다. 수색은 일반적으로 바람의 방향을 고려하여 소로, 길의 종점, 길의 양편에 중점을 두고 실시한다. 시신의 고의적인 절단 또는 야생동물이 훼손한 경우에는 주요부위를 수습한 후에 범위를 확대하여 넓은 지역을 수색한다. 시신의 유기장소에 대한 정보가 신뢰할 수 있을 때에는 핸들러가 동반하여 정밀수색하고, 수색이 이미 진행된 곳은 우선순위를 낮게 설정한다. 시신에서 유출된 체액은 지하로 스며들어 주변지역에 냄새를 발산할 수 있다. 시신을 육안으로 발견할 수 없지만 수색견이 반응하면 그 지점은 중요한 단서가 될 수 있다.

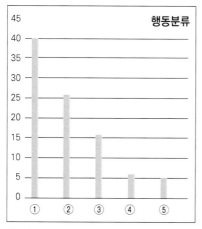

① 길, 수로 ② 구조대기 ③ 역추적
④ 무작위 이동 ⑤ 시야확보

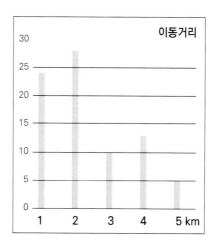

——— 실종자 행동
출처: Analysis of Search Incidents and Person Behavior

　　수색범위가 한정된 경우는 정확한 정보가 제공되거나, 수사과정에서 시신 유기지점이 밝혀진 때이다. 유기장소로 유력한 곳은 피해자의 거주지 지하실이나 근처 야산 등이다. 수색은 피해자 거주지에서 시작해 나선형이나 방사형으로 범위를 점점 확장한다. 핸들러는 자신이 수색하는 장소와 방법에 대하여 소신을 가지고 정밀하게 실시한다.

　　길가 수색은 거리가 먼 경우가 많으므로 상황에 맞게 계획을 수립한다. 수색형태는 길을 중심으로 50m 폭으로 실시한다. 1차 수색에 시신이 발견되지 않으면 추가로 2차 수색을 실시한다. 경사로는 주간에 데워진 공기가 위로 이동하므로 위에서 아래로 수색한다.

　　오염지역은 유기물의 부패된 냄새와 유독화학물질 등으로 수색견이 능력을 제대로 발휘하기 어렵다. 오염된 장소에서 수색은 수색견과 핸들러의 질병 감염과 부상 위험이 상존한다. 따라서 수색견이 이 곳에 있는 물을 먹지 않도록 주의하고 수색 후에는 제독과정을 거친다.

수색 실패 주요 원인

· 피해자가 사망하지 않았다.
· 수색공간에 시신이 없다.
· 기상 및 지형적 특성으로 수색견이 감지하지 못했다.
· 핸들러 또는 수색견의 능력이 부족하다.
· 수색계획이 현장상황과 차이가 크다.

우발적 사고는 보통 사소한 다툼이 물리적인 폭행으로 이어져 사망에 이른 경우이다. 가해자는 시간이 부족한 상태에서 빨리 처리해야 하므로 피해자의 시신을 은폐하거나 가매장한다. 도로에서 멀지 않은 으슥한 산책길, 인적이 드문 숲에 나뭇잎이나 쓰레기 등으로 덮거나 묻는다. 대부분 지표면으로부터 15~60cm 이내에 불완전하게 처리한다. 가해자가 밤에 시신을 유기한 경우에는 정보가 제공되더라도 장소가 불명확하여 수색지역이 확대된다.

계획적 살인은 가해자가 피해자를 살해하고 유기하기까지 시간적·정신적 여유를 가지고 치밀하게 실행된다. 따라서 범죄 전에 시신을 매장할 땅을 물색하고 미리 파놓기도 한다. 범인은 목격자가 없을 장소에서 살해하여 미리 정해 놓은 곳으로 이동하여 시신을 매장한다. 매장지는 매우 깊고 뒤처리도 육안으로 구분되지 않도록 한다.

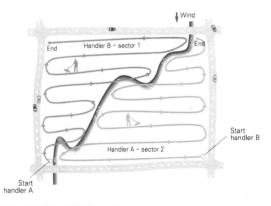

길을 기준으로 구획분할 수색 ───────
출처: The Search and Rescue Dog, Royal Canine

연쇄살인과 같은 사회적 불만 사건은 개인적 불행이나 고민을 사회 구성원 전체에게 폭발시킬 때 발생한다. 살해 수법이 잔혹하고 무작위로 범행한다. 연쇄살인에서 시신을 유기하는 방법은 다양하다. 평범한 장소에 시신을 묻거나 또는 다수의 시신을 함께 매장하지만 시신이 쉽게 발견되지 않을 정도로 숨긴다.

자살은 두 가지 형태이다. 먼저 자신을 찾아주기를 원하는 경우이다. 이들은 거주지나 자동차 또는 집에서 가까운 곳에서 일을 벌인다. 반대로 자신의 시신이 발견되지 않기를 바라는 경우에는 바람에 쓰러진 나무 아래로 들어가거나 물을 건너 으슥한 곳에 숨는다. 또는 사람의 접근이 어려울 정도로 높은 나무에 목을 매기도 한다. 자살자들의 시신은 일반적으로 최후에 있었던 곳에서 반경 2km이내 한적하고 높은 장소에서 주로 발견된다.

치매로 인한 사망은 정신적인 능력이 현저하게 감퇴한 상태에서 발생하므로 행동패턴을 예상하기 어렵다. 그들은 목적 없이 배회하다 길을 잃고 변을 당한다. 특히 숲에서 길을 쉽게 잃으며 보통 사람들이 들어가지 않는 우거진 숲까지 이동한다. 치매 환자들은 보행이 어렵지만 의외로 매우 멀고 거친 지형을 헤쳐 나가기도 한다.

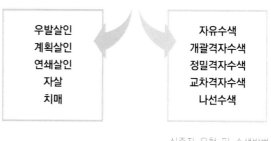

———— 실종자 유형 및 수색방법

3. 증거물 수색견

3-1 증거물 수색견의 개념

증거물 수색견은 범죄 현장에서 범행에 관계된 사람들의 냄새가 밴 물건을 찾는다. 이 개들이 찾아야 할 대상은 살인이나 폭행과정에서 발생된 범행도구·발자국·신체부위·머리카락·옷가지·장식물 등 대부분 작은 것들이다. 이처럼 작은 증거물들은 사람의 육안으로 찾기 어렵다. 수색견은 많은 인원이 투입되어 수색하는 것에 비하여 성과 측면에서 매우 높은 효율성을 가진다.

증거물 수색견은 매우 작거나 땅 속에 묻혀있는 것을 찾아야 하므로, 작은 범위를 면밀하게 수색할 수 있는 고도의 집중력이 필요하다. 따라서 수색범위가 넓을 때는 휴식을 충분하게 제공하고 다른 개와 교대하거나 동

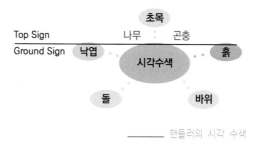

———— 핸들러의 시각 수색

시에 투입하여 성공률을 높인다. 수색현장의 기온·습도와 같은 환경요인들은 수색견의 체력과 증거물의 냄새 발산에 영향을 준다.

증거물 수색견의 장 · 단점
· 수색견은 증거물 여부를 판단할 수 없다.
· 수색견은 고온(35℃ 이상)에 능력이 저하된다.
· 수색견은 핸들러의 능력에 크게 좌우된다.
· 수색견은 환경의 영향을 많이 받는다.

3-2 증거물 수색견 훈련

■ 기초과정

증거물 수색견은 미약한 냄새가 남겨진 증거물을 찾을 수 있는 정밀수색능력이 있어야 한다. 따라서 훈련용 교보재는 10㎠ 이내의 작은 것을 사용한다. 훈련초기에는 지도사의 냄새가 남겨진 것을 사용한다. 또한 교보재는 개의 눈에 보이는 상태에서 차츰 눈에 보이지 않도록 숨긴다. 물건을 땅 속에 묻거나 낙엽·돌·잔해물 등으로 자연스럽게 덮는다.

지표면에 노출된 물건을 찾는 훈련을 한다. 10㎝ 정도의 풀이 자란 숲에서 바람이 불어오는 쪽을 향한다. 지도사는 전방에 자신의 냄새가 남겨진 물건을 던진다. 개가 물건을 찾으려고 냄새를 맡는 행동을 취하면 격려한다. 초기에는 물건을 던진 곳에서 출발시키지만 차츰 개가 위치를 파악하지 못하도록 출발점을 바꾼다. 개의 동기가 정점에 이르렀을 때 물건을 찾도록 요구하고, 던져진 물건을 향해 달려가는 것을 응원한다. 물건을 찾으면 그 옆에 앉거나 짖는 동작을 취하도록 한다.

개가 지면에 노출된 물건을 쉽게 찾으면 낙엽이나 돌로 덮는 과정으로 진행한다. 10㎡의 면적에 물건이 눈에 보이지 않도록 설치하고 15~30분 기다린다. 출발지점은 물건에서 바람이 불어오는 쪽에 정한다. 지도사는 개가 숨겨진 물건을 꼼꼼하게 찾도록 견줄을 잡고 동반수색한다. 훈련장소에 잡목이 있을 때는 줄을 푼 상태로 개와 지근거리에서 수색한다.

■ 발전과정

지도사는 개가 정밀수색 요령을 배울 수 있도록 수색공간을 긴 막대나 줄로 나눈 상태에서 훈련한다. 개가 나누어진 공간에서 정밀하게 수색하면 점차 줄을 제거하고 훈련한다. 습득정도를 고려하여 훈련장소를 다양하게 변경하고, 지도사가 물건의 위치를 모르는 상태에서 훈련한다. 이때 보조자는 핸들러가 개의 반응을 유발하는지 관찰한다.

땅 속에 매장된 물건 수색은 훈련 시작 6시간 이전에 설치하여 냄새가 지표면으로 발산되도록 한다. 초기에는 모래나 자갈이 있는 토양에서 10~20cm 깊이로 묻는다. 보조자는 훈련장에 구멍을 여러 개 파놓아 개가 파여진 흙에 반응하지 않도록 한다. 지도사는 개의 숙달정도에 따라 흙의 종류와 깊이를 다양하게 설정한다. 진흙처럼 공극이 작은 토양은 물건을 숨기고 1일 이상 경과시킨다. 증거물은 보통 50㎝ 이내에서 발견되므로 그 범위 내에서 훈련한다.

——— 증거물 수색 모습

개가 보상을 받지 못한 상태로 오랫동안 수색할 수 있는 능력을 기르기 위하여 물건이 없는 상태에서 훈련한다. 이는 지도사에게 실제 현장에서 개의 반응이 없으면 그곳에 증거물이 없다는 확신을 줄 수 있다. 훈련이 끝나면 개의 동기 유지를 위하여 근처에 물건을 숨겨 보상한다.

■ 완성과정

마지막으로 개가 훈련과정에서 경험하지 못한 임의의 장소에서 훈련한다. 지도사도 훈련 장소에 물품의 소재여부와 위치를 모르는 상태에서 진행한다. 이 과정은 필요한 훈련과정을 모두 마친 개에게 실시한다. 지도사는 실전감각과 개의 능력을 종합적으로 파악할 수 있다.

증거물을 찾는 일반적인 방법은 수색지역에서 조금씩 이동하며 냄새를 자세히 맡게 하는 것이다. 훈련장에 3~4m 간격으로 동일한 방향으로 줄을 설치해 수색한다. 이 방법은 옆으로 이동하면서 세밀하게 수색해야 하므로 동반수색한다. 또 다른 방법은 십자형 격자 형태로 줄을 설치한다. 이는 동쪽에서 서쪽 방향으로 수색하고, 동일한 지역을 남쪽에서 북쪽으로 수색한다. 이 방법은 수색지역의 모든 곳을 샅샅이 찾는 방법이다.

3-3 증거물 수색견 운용

블러드하운드 ———
출처: pixabay.com

증거물 수색견을 효과적으로 운용하기 위해서는 개의 능력을 고려하여 범위와 방법을 결정한다. 수색구역별로 순위를 정하여 중요한 지역을 우선한다. 우선지역은 범죄현장, 범인의 예상도주로, 범인이 머문 곳, 범행관련 자동차와 그 주변, 목격지점 등이다. 증거물에 남은 냄새는 시간이 경과함에 따라 감소하므로 되도록 빠른 시간에 수색을 개시한다. 수색구역이 여러 곳인 경우에는 발견될 확률이 큰 곳에 우선순위를 두고 순서를 결정한다. 넓은 지역은 다시 세분화한다. 세분화한 곳에서도 우선순위를 정한다.

지도사는 자신의 수색견이 수색할 지역과 계획에 대하여 명확히 인식해야 한다. 수색 경계선이 설정된 후에는 수색지역의 오염에 주의한다. 수색구역은 나무나 바위와 같은 자연적인 지형지물이나 줄이나 깃발 같은 인위적으로 만든 표식을 활용해서 구분한다.

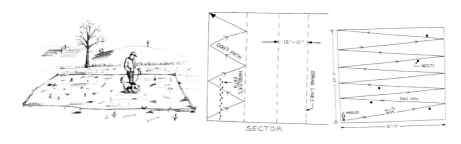

———— 증거물 수색견 운용방법

수색견을 1두 이상 운용할 때는 상호 간섭을 최소화하기 위하여 구역을 할당한다. 발견 가능성이 있는 높은 지역을 우선적으로 수색하고, 수색견이 능력을 유지하도록 적당한 휴식과 교대로 실시한다.

증거물을 수거할 때는 오염을 방지하기 위하여 1회용 비닐장갑·지퍼 백·집게·모종삽 등을 준비한다.

지도사가 개를 믿는 태도는 수색견 운용에 중요한 전략이므로 개의 능력에 믿음을 가진다.

자유수색은 특정한 패턴 없이 담당구역을 자유롭게 수색하는 형태이다. 수색견 단독으로 전체지역을 작업할 수 있을 때 적용한다. 동반수색은 지도사가 견줄을 잡고 수색하는 방법으로

———— 정밀수색

수색지역이 혼잡하거나 정밀한 수색이 필요할 때 쓴다. 격자수색은 수색구역을 바둑판 형태로 분할하여 수색하는 방법으로 증거물을 찾을 가능성이 상대적으로 높다. 수색견은 바람이 부는 방향을 향하여 지도사 전방 10m이내에서 수색한다. 수색견의 활동을 육안으로 확인할 수 있는 개활지나 약간의 덤불이 있는 곳에서 이용한다. 격자교차수색은 먼저 수색한 방향과 수직으로 다시 진행하는 방법이다. 면밀한 수색이 필요한 수색지역을 이중으로 수색할 때 이용한다. 증거물을 찾을 가능성이 더 높아진다. 나선수색은 수색지역을 외곽에서 중심을 향하여 원 형태로 좁혀가는 방법이다. 시신분리사건이나 증거물을 더 찾고자 할 때 적용한다.

4. 증거물 식별견

4-1 증거물 식별견의 개념

　　증거물 식별견은 사건현장에 남아 있는 특정인의 냄새가 증거로 채택될 수 있도록 냄새를 변별한다. 증거물에 잔류하는 냄새와 용의자의 고유취가 동일함을 개의 후각으로 증명하는 것이다.

　　1903년 독일의 경찰관이 살인사건에 경찰견 하라[Harras]를 이용한 것이 유래이다. 용의자로 지목된 6명에게 손에 자갈을 쥐라고 했다. 하라는 범죄현장에서 발견된 칼에 남아 있는 냄새를 맡은 후 그 냄새와 같은 냄새가 있는 자갈을 식별했다. 두베라는 사람이 가지고 있던 자갈이었다. 그 사람은 범행을 자백했다. 이것이 범인을 냄새로 식별한 처음 사례이다.

냄새 식별 모습 ────

　　냄새 식별은 개가 사람들의 냄새 차이를 구분할 수 있다는 전제 하에 범행 장소에서 수집된 증거물이 범인의 것임을 확인하는 것이다. 범인의 냄새를 식별하는 과정은 범죄현장에서 획득한 증거물이 수집되었을 때 시작된다. 용의자가 사용한 범행도구를 먼저 확보한다. 용의자에게 식별용 금속을 쥐도록 한다. 다른 사람들에게도 동일한 방법으로 냄새를 채취한다. 수집된 금속을 청결한 장소에 배열한다. 확보된 금속들은 용의자의 것을 알지 못하도록 무작위로 배열한다. 배열된 금속 중에 용의자의 것을 식별하도록 한다.

증거물의 법적 인정요건

1) 증거물이 과학적으로 신뢰할 수 있어야 한다.
2) 자격을 구비한 전문가에 의해 인정되어야 한다.

3) 테스트 과정이 과학적으로 타당한 절차로 이루어져야 한다.

냄새 식별이 과학적인 증거로 인정되는 과정에는 2개의 사건에서 개념과 규칙이 세워지기 시작했다. 플로리다 주의 '톰 린슨'의 개는 피의자의 신발이 남아있던 지점에서 추적을 시작하여 취선에서 나머지 하나를 발견했다. 이를 증거로 사용하도록 주장했지만 과학적으로 타당성이 부족하다는 이유로 채택되지 못했다. 반면 애리조나 주에서는 합리적인 절차로 진행되었기 때문에 증거로 인정되었다. 테스트는 법정에서 증거로 활용될 것을 염두에 두고 수행되어야 한다.

개가 식별한 냄새가 법정에서 증거로 채택되는 것은 쉽지 않다. 다만, 사람 개인의 냄새는 단 하나만 존재하고, 냄새는 안정적이라는 연구가 이루어지면서 증거로써 유용한 쪽으로 기울고 있다. 사람의 고유취에 대한 과학적인 연구는 1996년 네덜란드의 '스쿤schoon'에 의해서 진행되었다.

4-2 증거물 식별견 훈련

■ 기초과정

증거물 식별견 훈련은 2개의 과정으로 이루어진다. 배열된 여러 냄새 중에서 지도사가 제시한 특정한 냄새와 동일한 것을 찾아내는 과정과 그것을 알려주는 것이다. 먼저 냄새를 식별하는 과정은 개의 후각변별능력이 절대적으로 중요하다. 변별이란 훈련된 행동이 동일한 조건에만 정확히 표현되는 능력이다. 빨간 불빛에 행동하도록 훈련되었다면 빨간색 외에 조금 더 옅거나 짙은 색상에는 반응하지 않는 것과 같다. 변별은 특정한 부분에 대한 능력을 한정하는 절차로 고도의 능력이 필요할 때 사용된다. 변별훈련은 연속변별·동시변별·표본대응과 같은 몇 가지 방법이 있다. 증거식별은 표본대응을 기본으로 차별강화하는 것이 효과적이다. 다음은 증거식별견이 지도사가 제시한 냄새와 동일한 냄새를 인지하고 알려주는 보고동작이다. 이 동작은 조작적 조건화로 이루어진다. 보고동작은 냄새를 찾았을 때 그 자리에서 앉게 하는 것이 좋다. 증거식별견의 명확한 보고동작은 냄새확인에 대한 신뢰성을 높여준다.

훈련장은 지도사와 보조자가 활동하는 데 방해되지 않도록 8×15m 정도의 실내가 적당하다. 실내구조는 개가 주의를 집중할 수 있도록 단순하고 환기가 잘 되는 곳이 좋다. 공간이 너무 작으면 냄새가 서로 간섭을 일으켜 혼란을 초래할 수 있다.

훈련장에 20×20×20㎝ 크기의 철제 상자 10개를 50cm 간격으로 설치한다. 훈련은 강화물로 놀이를 하는 것에서 시작한다. 개가 보는 상태에서 강화물을 상자 중의 하나에 넣는다. 상자에는 지도사의 친숙한 냄새가 들어있다. 지도사의 냄새가 있는 상자를 발견하면 보상한다.

■ 발전과정

보조자의 냄새를 사용할 때도 동일한 방법으로 훈련한다. 물건을 상자에 넣은 후 보조자가 개의 코앞에 손바닥을 놓는다. 지도사는 개에게 보조자의 손바닥 냄새를 맡게 한다. 그 다음 개가 상자에 있는 물건를 찾으면 보상한다. 이때 상자에는 다른 사람의 냄새가 없어야 한다.

개가 이 과정을 성공적으로 수행하면 상자들 중에 물건을 2개 설치한다. 2개의 상자 중에 하나는 냄새가 없는 깨끗한 물건이 들어 있다. 나머지 상자에는 보조자의 냄새가 묻어있다. 이는 개에게 모든 물건이 아닌 특정한 냄새를 선택해야 하는 것을 가르쳐 준다.

■ 완성과정

개가 일관성 있게 수행하면 다음 단계로 진행한다. 상자를 3개 이상으로 늘리고 간격을 점차 넓게 이격시킨다. 개의 진행정도가 더디면 이전 단계로 돌아간다. 숙달되면 점차 새로운 사람의 냄새를 가지고 훈련한다. 지속적으로 다른 사람의 냄새를 사용한다. 훈련의 최종단계로 물건를 쥐고 있는 시간을 줄이고 유혹냄새 강하게 한다. 훈련에 사용하는 물건을 옷·도구·보석·열쇠 등으로 다양하게 넓힌다.

훈련과정 요약

1. 상자에 지도사의 냄새가 남겨진 물건을 설치한다.
2. 첫 번째 상자에서 시작해 차츰 10개의 상자로 확대한다.
3. 지도사의 냄새에서 보조자의 냄새로 전환한다.
4. 보조자의 냄새를 설치하고 다른 상자에는 다른 사람의 냄새를 설치한다.
5. 여러 사람의 냄새 가운데 보조자의 냄새를 설치한다.
6. 냄새의 농도를 약하게 배열한다.
7. 다양한 사람의 냄새 중에 특정인의 냄새를 식별한다.
8. 다양한 물건을 이용한다.
9. 오래 경과된 냄새를 식별한다.

4-3 증거물 식별견 운용

증거물 식별견은 범행 용의자가 있거나 범죄현장에서 증거물이 발견되었을 때 활용된다. 냄새 식별에 이용할 냄새를 수집하는 방법은 실질적인 증거물을 이용하는 방법과 냄새를 흡수하는 기구를 이용하는 방법이 있다. 직접적인 방법은 증거물의 표면을 닦거나 용의자의 체취를 수집한다. 간접적인 방식은 수집기구Scent Transfer Unit-100(STU-100)를 이용하여 물건이나 표면의 냄새를 필터에 흡수시키는 방식이다.

증거물 식별견을 운용하기 위해서는 대조군으로 사용될 여러 사람의 냄새가 필요하다. 대조군으로 참여하는 사람들은 동일한 비누로 손을 깨끗이 씻고 잘 말린다. 냄새를 묻힐 거즈도 깨끗이 소독한 것을 사용한다. 참여자들에게 소독된 거즈를 2개씩 제공하고 각자의 냄새가 배도록 5분 간 손에 쥐고 있게 한다. 참여자들은 손에 쥐고 있던 거즈를 유리용기에 넣고 뚜껑을 덮는다. 이 용기는 밀봉정도와 오염 여부를 사전에 테스트한다. 용기 안의 거즈는 모두 동일한 기온이 될 때까지 1시간 정도 기다린다. 이와 같은 준비를 끝내고 냄새 식별을 시작한다.

식별 장소는 조용하고 환기가 잘 되어야 한다. 또한 방해하는 사람이 없도록 최소한의 관계자로 제한한다. 보조자는 거즈 설치대에 대조군과 용의자의 냄새가 밴 거즈를 50cm 간격으로 놓는다. 거즈의 위치는 지도사와 참관인들이 편견을 갖지 않도록 주사위를 던지는 방식으로 결정한다. 지도사는 증거물에 남겨진 용의자의 냄새를 개에게 맡게 한다. 이어서 설치된 여러 개의 거즈에서 냄새를 식별하도록 한다. 개는 용의자의 냄새와 동일한 거즈가 있으면 그곳에서 반응한다. 이어서 용의자의 냄새로 지목된 거즈를 빼고 다시 식별시킨다. 개가 반응하지 않으면 정확하게 식별한 것이다. 식별견은 특정한 냄새에 대하여 선호도가 없어야 한다. 또한 식별된 냄새가 증거로 채택될 수 있도록 매우 엄밀하게 관리해야 한다.

제4장

문제행동 교정

I. 행동의 개념

1-1 행동의 의미와 분류

행동이란 동물체가 신체 내·외부의 자극에 대하여 외부로 표현하는 움직임이다. 목표동작을 중심으로 선(先)동작과 후(後)동작이 유기적으로 결합되어 있다. 행동은 동일 자극에 대하여 다양하게 표현될 수 있고, 다른 자극에 대하여 동일한 행동이 표현되기도 한다. 또한 목표동작의 완성만으로 충족되지 않으며 전체행동의 실현이 중요하다. 따라서 단위행동의 선동작과 후동작이 부족하면 문제가 발생한다. 개의 문제행동을 이해하는 첫걸음은 정상행동normal behavior의 체계를 아는 것이다.

정상행동은 생존에 유리하도록 적응된 일반적인 행동으로 개체적 행동과 사회적 행동으로 나뉜다. 개체적 행동은 개가 혼자 시작해서 단독으로 마무리 지을 수 있는 행동으로 섭식행동·배변행동·몸단장행동·운동행동·호신행동·탐색행동·휴식행동·놀이행동으로 이루어진다. 섭식행동은 음식과 물의 섭취, 배변행동은 소변과 대변의 배설, 휴식행동은 수면을 포함한다. 사회적 행동은 개체 간 상호관계에서 영향을 주고받는 행동으로 생식행동·모자행동·의사소통행동·사회적 놀이·적대적 공격행동 등이 있다. 생식행동은 탐색·구애·교미로 이어지는 일련의 행동 단위이다. 모자행동은 출산 전 보금자리를 다듬는 것에서 강아지에 대한 수유 등이다. 의사소통행동은 상호 간에 의사를 전달하는 방법으로 음성·표정·자세·동작·냄새 등을 이용하여 단독 또는 동시에 표현된다. 사회적 놀이는 상호활동·친화행동·생식행동·적대행동을 발달시키고 사회적 관계에 대한 인식을 강화시킨다. 적대적 공격행동은 섭식·안전·생식경쟁·우위·신경증·외상 등에 직결되어 있다.

비정상 행동은 갈등행동과 이상행동으로 구분되는 실의행동이다. 실의행동은 정상행동 외의 그 기능이나 목적을 파악하기 어려운 행동으로 개가 스스로 상황을 개선하기 어려운 상태에서 발생된다. 갈등행동과 이상행동으로 구분할 수 있다.

갈등행동은 목표 동작이 어떤 방해를 받아 이루어지지 않을 때 다양하게 시도해 보는 경우 또는 상호 모순된 둘 이상의 동기가 존재할 때 나타난다. 저수준에서는 활동력 저하 같은 행동이, 고수준에서는 짖음이나 공격과 같은 행동이 표현된다. 갈등행동은 전위행동·전가행동·진공행동·양가행동으로 세분된다.

전위행동^{displacement behaviour}은 생식행동 또는 적대상황에서 많이 발생한다. 문지르기·물기·핥기·몸 흔들기·하품 등이다. 전가행동은 만족하지 못한 욕구를 다른 대상에 나타내는 행동이다. 진공행동은 불만족스러울 때 그 대상이 없는 상태에서 해소하기 위해 하는 행동이다. 양가행동은 상반된 욕구나 정서가 공존하는 상태에서 표현되는 행동이다.

이상행동은 상동행동·변칙행동·이상반응으로 행동양식 및 빈도와 강도가 장기간 정상적인 범위를 벗어난 것이다. 욕구불만, 장기간의 갈등, 질병 등이 원인이다. 상동행동은 특정한 행동을 지속적으로 반복하는 것이다. 변칙행동은 환경의 부적합으로 인해 정상적인 행동양식이 변한 것이다. 이상반응은 단순한 환경의 지속으로 정상적인 반응도가 무너져 무관심이나 과

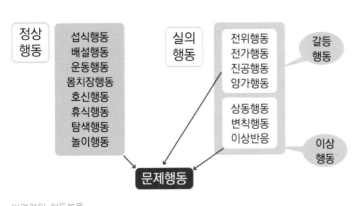

반려견의 행동분류 ————

잉 반응하는 현상이다.

1-2 문제행동의 의미와 요인

개의 문제행동을 의미적으로 분류하면 다음과 같다. 정상적인 행동양식을 벗어나 그 의도를 파악하기 어려운 실의행동이다. 다음은 정상적인 행동이지만 일반적인 허용범위를 벗어난 경우와 정상행동이지만 인간사회에 적합하지 않는 것이다. 또 다른 개념은 정상행동과 실의행동을 불규칙적으로 장기간에 걸쳐 예측할 수 없도록 표현하는 현상이다.

문제행동은 생물학적 요인과 환경적 요인으로 구분한다. 생물학적 요인은 유전·건강상태·감응수준·성격·정서·애착관계·연령·행동발달·학습·경험 등이다. 환경적 요인은 개의 생활공간을 이루는 모든 조건과 보호자의 특성이다.

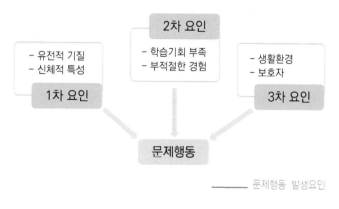

문제행동 발생요인

■ 생물학적 요인

유전은 문제행동 발생요인 전반에 광범위하게 영향을 준다. 견종특성·질병·감응성·성격·동기·정서 등에 넓게 연관되어 있다. 후대에 유전되는 문제행동은 행동유전학을 통해 점차 밝혀지고 있다. 따라서 문제행동 발생 시 유전성 여부를 부모견의 정보를 근거로 파악한다.

견종특성에 따른 특이성은 특정품종의 문제행동 비율이 다른 견종보다 높은 상대적 비율에 의하여 인정된다. 일반적으로 활동수준이 높은 쉽독 그룹은 생활공간이 좁으면 과잉운동행동을 보인다. 테리어 그룹은 파괴적 행동을 보일 수 있고, 스피츠 그룹은 하울링을 더 많이 나타낼 수 있다.

건강상태와 관계된 문제행동은 먼저 질병을 치료해야 한다. 귀에 문제가 있는 개는 소리를 잘 들을 수 없기 때문에 지도사의 요구를 거부한 것처럼 보인다. 고관절 이형성과 관절염, 노령은 앉거나 뛰는 행동을 회피하거나 잘못하게 한다. 신경증을 지닌 개는 무의미하게 보이는 공격성을 나타낼 수 있다.

개는 감각수준이 뛰어난 만큼 그에 따른 문제가 발생할 가능성도 높다. 특히 시각과 청각에 의한 발생빈도가 높다. 시각에 의한 문제는 생소한 환경이나 거대한 물체에 대한 두려움, 높은 곳이나 어두운 곳에 접근 거부, 섬광에 대한 두려움, 움직이는 물체에 대한 공격성 등이다. 청각은 인간의 가청범위를 벗어난 소리에 대한 짖음, 큰 소리나 이상한 소리에 대한 공격성 또는 두려움이다.

성격은 생활조건이나 보호자와 연계되어 문제를 발생시킨다. 감응성이 높은 개는 사소한 자극에도 민감하게 반응하여 공격성을 나타낼 수 있다. 활동성이 높은 개는 생활공간이 부적합하면 다양한 갈등행동을 보인다. 사교성과 친화성이 약한 개는 다른 개에 대하여 적대적 행동을 보일 수 있다.

정서는 즐거움·무서움·외로움·화남·놀람·아픔 등이다. 이들 요소 중 부적합한 상태가 지속되면 과도한 스트레스로 정상적인 범위를 벗어난 행동을 장기간 표현하게 된다. 가장 흔하게 볼 수 있는 행동이 적대행동·분리불안·부적절한 배변이다.

보호자와의 애착관계는 표현형태에 따라 안전형·불안전회피형·불안전양가형·혼란형으로 나눌 수 있다. 보호자와 떨어지는 것을 매우 두려워하는 불안전 양가형이나, 보호자에게 일관된 애착행동을 보이지 않는 양가형은 분리불안으로 발전할 수 있다.

문제행동은 성별에 따라 차이가 있다. 특히 적대행동과 생식행동에 주로 나타난다. 수캐는 암캐에 비하여 우위적 공격성, 동성 간의 공격성, 배회행동을 더 많이 나타낸다. 암캐는 새끼를 출산한 경우 모성에 의한 적대행동을 나타낼 수 있다.

문제행동은 연령에 따라 발생된다. 노령견의 문제행동은 생리적 또는 인지적인 것일 수 있다. 행동적 특징은 부적절한 배변, 다른 반려동물 또는 사람과의 상호작용 감소, 적대적 행동, 방향감각 상실, 수면 패턴의 변화, 무의미한 짖음 등이 있다.

개는 행동발달 단계에 적합한 성장이 이루어지지 않으면 문제행동이 발생된다. 특히, 성숙도와 준비성에 영향을 크게 준다. 특정행동이 집중적으로 발달하는 민감한 시기에 적절한 경험을 제공받지 못하면 과도한 짖음, 산책에 대한 두려움, 소음에 대한 부적응, 장난감 또는 음식에 대한 과잉 소유욕, 파괴적 행동 등이 발생한다.

개는 인간과 공생에 필요한 행동요령을 학습 및 경험해야 한다. 개체유지행동과 사회적 행동 전반에 걸쳐 적절한 요령을 습득해야 하다. 불완전한 훈련으로 인한 문제행동은 다양하다. 음식에 대한 과도한 소유욕 및 공격성, 부적절한 배변행동, 과잉행동, 사람에 대한 마운팅, 자위, 다른 반려견에 대한 적대행동 등이 있다.

■ 환경적 요인

환경적 요인은 반려견의 생활에 관계된 것으로 생활조건과 보호자에 의한 영향요인으로 구분할 수 있다. 생활조건은 생활공간의 크기 및 위치, 수면공간의 구조 및 온도, 5감에 대한 적정한 자극 제공 여부, 적절한 영양 및 운동, 사회적 관계 등이다.

생활시설 및 구조는 개의 행동학적 이해가 필요하다. 견종 및 나이에 따른 원활한 활동이 보장되는 적정수준의 넓이, 바닥 재질의 적합도, 운동 공간의 구비, 잠자리의 은신처로서 안전감, 물과 음식물의 섭식 편이성 등을 갖추어야 한다. 생활시설이 부적절하면 정서 불안정 및 활동력 부족으로 부적절한 배변, 과잉활동, 스트레스 증가, 적대행동 등을 초래한다.

기온은 심한 스트레스에 의한 문제행동을 양산할 수 있다. 쾌적온도 범위를 벗어난 저온 및 고온은 활동을 위축시키고 섭식 및 음수 행동에 나쁜 영향을 준다. 더위는 적대행동을 증가시키고, 갈증을 느끼거나 지치면 보호자의 요구를 잘 따르지 않는다. 추위는 활동력 감소 및 부적절한 배변행동을 유발한다.

감각을 자극하는 요인이 부적절하면 무기력해지거나 상동행동을 표현할 수 있다. 과도한 자극이 지속되면 두려움·긴장·적대행동을 표현한다. 특히 소음이 지속되면 휴식 및 수면의 부족으로 스트레스가 높아진다. 과도한 스트레스는 경계단계에서 심박수·혈압·체온을 상승시키고, 저항단계에 이르면 무력해지거나 이상행동을 표현하게 한다. 부적절한 자극에 대하여 스스로 회복하는 노력에도 개선되지 않으면 활동을 중단하거나 무기력 상태에 빠진다.

적절한 영양공급은 개의 육체와 심리에 안정을 제공한다. 영양소는 종류에 따라

세로토닌이나 아드레날린과 같은 호르몬 생성에 영향을 준다. 영양소를 과잉 공급하면 식욕부진·비만·땅파기 등과 같은 문제가 발생된다. 영양소가 불균형 및 결핍되면 이물질섭취·식분증·과잉섭식·대견 공격성·씹기·활동력감소와 같은 행동을 보인다.

인간과 생활하는 개들은 대부분 운동량이 부족하다. 필요 운동량은 견종과 연령에 따라 차이가 있다. 사냥에 주로 이용되는 견종은 더 많은 운동이 필요하고 노령견은 줄어든다. 운동이 부족하면 땅파기·배회·도망·써클링circling과 같은 상동행동을 나타낸다.

개는 사회적 동물이므로 사람이나 다른 개와 적절한 관계가 필요하다. 독립된 공간에서 장기간 생활할 경우 자극의 저하로 사회적 행동에 악영향을 미친다. 부적절한 사회적 관계는 과도한 짖음과 적대행동을 발생시킬 수 있다. 보호자에 대한 과도한 애착은 분리불안의 심화, 미지인에 대한 공격성 등을 나타낸다.

■ 보호자

보호자의 특성은 개에게 지대한 영향을 준다. 영향요인은 개와의 성격조합, 개의 행동에 대한 만족수준, 합리적 지식을 근거로 한 관리방법, 보호자의 장·단기 생활패턴, 개와의 상호작용을 통한 사회적 관계 수준 등이다.

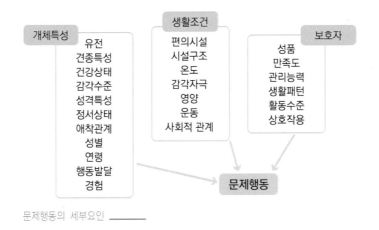

문제행동의 세부요인 ─────

2. 문제행동 파악

2-1 문제행동 상담

개의 문제행동을 해결하는데 보호자와 상담은 매우 중요하다. 지도사가 통찰력을 가질 때 상담과정에서 문제요인에 대한 많은 정보를 얻을 수 있다. 따라서 지도사는 보호자에게 문제행동에 대한 전체적인 내용과 더불어 특이한 행동에 대해서도 자세히 물어본다.

보호자들은 비현실적인 기대를 가지고 쉽게 답을 얻고자 하지만 개의 문제행동은 섬세한 상담을 통해 문제의 원인에 다가갈 수 있다. 지도사는 상담과정에서 개의 생물학적 요인과 환경적 요인을 분리하여 구체적으로 접근한다. 또한 문제행동에 연계된 다른 요인을 종합적으로 파악한다.

보호자와의 상담 목적은 문제행동의 정확한 원인과 잠재된 다른 요인을 알아내는 것이다. 이를 위해 지도사가 해야 할 핵심적인 질문은 다음과 같다.

첫째, 문제행동의 정체를 명확히 파악하는 것이다. 보호자들은 불만 상태에서 모든 것을 단번에 해결하려는 욕심으로 주요 문제와 더불어 지엽적인 것을 동시에 분출한다. 또한 표현하기 곤란한 것은 숨기기도 한다. 지도사는 그 과정에서 문제행동을 정확히 식별해야 한다.

둘째, 문제행동이 시작된 시기를 알아내는 것이다. 문제행동은 대부분 초기에는 문제로 인식되지 않기 때문에 기억하기 어렵다. 그러나 이는 문제해결의 중요한 단초이고 또한 문제행동의 지속기간을 앎으로써 문제수준을 예측할 수 있다. 문제행동은 일반적으로 미지인의 방문, 가족행사와 같은 일상의 변화, 장기간의 기상변화와 같은 것들이 계기일 수 있다.

셋째, 문제행동이 발생되는 시간을 알아낸다. 이는 문제행동의 발생빈도와 유형을 파악하는 데 도움이 된다. 생활패턴이 규칙적인 보호자는 비교적 쉽게 알 수 있다. 보호자의 존재 여부 또는 특정한 시간대에 발생 등은 계획수립에 중요한 가치를 가진다.

마지막으로 문제행동이 발생하는 장소를 파악한다. 문제행동의 종류에 따라 특정한 장소에서 일어나는 것과 생활공간 전체에서 생기는 경우가 있다. 발생장소는 지도사의 질문방법에 따라 한정될 수 있으므로 유의한다.

▶ 표 4-1 보호자 상담

개체적 행동	섭식 □ 배설 □ 운동 □ 몸단장 □ 호신 □ 휴식 □ 탐색 □ 놀이 □
사회적 행동	생식 □ 육아 □ 의사소통 □ 적대행동 □
과거이력	• 문제행동이 발생한 계기는? • 최근 일어난 사건은? • 문제행동을 유지시키는 요인은? • 문제행동이 발생한 시기는? • 문제행동이 발생하기 바로 전 행동은? • 개가 문제행동을 표현한 후 행동은? • 문제행동이 발생할 당시에 있었던 사람은? • 문제행동이 발생한 장소는? • 문제행동과 관련된 다른 행동은? • 어린 시절 생활환경은? • 문제행동이 발생하였을 때 보호자나 가족의 대응 방법은? • 보호자의 행동이 개의 문제행동을 악화시킨 적은? • 문제행동에 대하여 교정 받은 경험은? • 훈련을 받은 경험은?

▶ 표 4-2 반려견의 행동표현

구분		행동표현
두려움	환경변화	생소한 환경을 두려워한다. 놀라거나 겁을 먹은 후 쉽게 회복된다. 자신만만하다. 예상하지 못한 사물의 출현에 깜짝 놀란다. 새로운 상황과 환경에 쉽게 적응한다.
	미지인	보호자가 다른 사람과 인사할 때 느긋하다. 수줍음이 많다. 사람들이 몰려들 때 두려워한다. 낯선 사람을 두려워한다. 어린이를 무서워한다.
	접촉	미지인의 접촉을 두려워한다. 질책이나 벌을 받으면 반항한다. 통증에 민감하게 반응한다. 손질할 때 두려워한다. 행동이 통제되면 무서워한다.

	미지견	대담하다. 다른 개를 피한다. 다른 개와 만날 때 순응한다. 다른 개를 두려워한다. 다른 개에게 위협을 받으면 무서워한다.
활동성	흥분	상황변화에 쉽게 흥분한다. 다른 개에 대하여 쉽게 흥분한다. 다른 개에 대하여 안정적이다. 방문객에 대하여 매우 흥분한다. 끊임없이 움직인다.
	놀이	놀이에 냉담하거나 무관심하다. 장난감을 가지고 노는 것을 좋아한다. 보호자나 다른 개와 터그 놀이를 한다. 공·장난감·막대 등을 가지고 논다. 놀이에 쉽게 싫증낸다.
	행동	무기력하다. 숨겨진 물건이나 보상을 얻기 위해 행동한다. 일이 완전히 끝날 때까지 행동한다. 호기심이 많다. 매우 기민하다.
	동반	사람들과 상호작용을 요구한다. 사람을 따라다닌다. 애정이 많다. 냉담하다. 칭찬받는 것을 좋아한다.
대인 공격성	일반	미지인에게 공격적으로 행동한다. 미지인이 접근하면 공격적으로 행동한다. 미지인에게 친근하다. 아이들에게 공격적으로 행동한다. 긴장하거나 두려울 때 공격성을 보인다.
	상황	통제하거나 손질할 때 공격적으로 행동한다. 휴식 시 방해받거나 움직이면 공격적으로 행동한다. 좋아하는 물건을 공격적으로 지킨다. 사람들의 위협에 대하여 공격적으로 행동한다. 방문객에게 공격적으로 행동한다.
동물 공격성	개	다른 개와 장난을 한다. 다른 개를 공격하려고 한다. 다른 개에게 친근하다. 다른 개에게 공격적으로 행동한다. 다른 개로부터 위협을 받으면 공격적으로 반응한다.

먹이	다른 동물을 잡아 죽인다. 고양이에 매우 흥분한다. 자전거, 조깅하는 사람, 스케이트보드 타는 사람을 쫓는다. 다람쥐, 새 또는 다른 작은 동물들을 쫓는다.	
우위	다른 개에 대해 단호하고 강압적이다. 다른 개로부터 음식을 지킨다. 다른 개와 장난감을 공유한다. 놀이 중 다른 개 위로 뛰어오르거나 올라탄다. 다른 개보다 우위에 있다.	

출처: Amanda Clare Jones

► 표 4-3 상황에 따른 반려견의 행동

구분	행동표현
두려움	집 밖에서 미지인이 접근할 때 집 밖에서 모르는 아이가 접근할 때 진공청소기·경적·낙하물과 같은 소음이 갑자기 들릴 때 미지인이 집을 방문할 때 친숙하지 않은 사람이 접촉할 때 차량 통행이 많을 때 도로에 이상하거나 생소한 물건이 있을 때 수의사가 진료할 때 천둥·번개·불꽃놀이 할 때 자신보다 큰 미지견이 접근할 때 자신보다 작은 미지견이 접근할 때 자동차 여행·엘리베이터·동물병원 등 생소한 환경에 처음 노출될 때 바람이나 바람에 물건이 날릴 때 가족이 발톱을 깎아줄 때 가족이 손질하거나 목욕시킬 때 가족이 밟았을 때 가족이 발을 닦아줄 때 미지견이 집을 방문할 때 미지견이 짖거나, 으르렁거리거나, 달려들 때
공격	보호자 또는 가족이 음성으로 교정할 때 동행 중 미지인이 정면에서 접근할 때 동행 중 낯선 아이가 직접 다가올 때 개가 차에 있을 때 미지인이 접근할 때 가족이 장난감·개껌·다른 물건을 치울 때 가족이 목욕시키거나 손질할 때 미지인이 보호자 또는 다른 가족에게 접근할 때 보호자나 가족이 집을 비우고 미지인과 있을 때

	섭식 중 가족이 접근할 때
	배달원이 집에 접근 할 때
	가족이 음식을 가져갈 때
	개가 밖에 있거나 마당에 있을 때 미지인이 지나갈 때
	미지인이 만지려고 할 때
	조깅, 자전거, 롤러 블레이더, 스케이트 보더가 지나갈 때
	동행 중 미지견이 정면에서 다가올 때
	동행할 때 낯선 암캐가 정면으로 다가올 때
	가족이 정면으로 쳐다볼 때
	모르는 개가 집에 방문할 때
	마당에 고양이, 다람쥐 또는 다른 동물이 들어올 때
	미지인이 집을 방문할 때
	다른 개가 짖거나 으르렁거리거나 먹을 때
	보호자 또는 가족이 개가 훔친 음식이나 물건을 빼앗을 때
	집안의 다른 개를 향해
	동거하는 다른 개가 자신의 보금자리에 다가갈 때
	음식을 먹을 때 동거견이 접근
	좋아하는 물건을 가지고 놀 때 동거견이 접근
분리	몸을 떤다.
	침을 많이 흘린다.
	긴장·동요·안절부절
	징징거림
	짖음
	하울링
	문·바닥·창문·커튼 등을 씹거나 긁음
	식욕 부진
흥분	보호자 또는 가족이 집에 돌아올 때
	보호자 또는 가족이 놀아줄 때
	초인종 소리
	산책 전
	자동차 여행 전
	손님이 집에 왔을 때
애착	가족 중 특정인에 집착
	보호자나 가족을 계속 추종
	보호자 근처에 머무르는 경향
	관심을 끌기 위해 보호자를 밀거나 앞다리를 치는 경향
	보호자가 다른 사람에게 애정을 나타낼 때 짖음·뛰어오름·개입
	보호자가 다른 개나 동물에게 관심을 보일 때 동요

기타	고양이를 보면 쫓는다. 새를 보면 쫓는다. 다람쥐, 토끼 등 작은 동물을 쫓는다. 기회가 주어지면 집이나 마당에서 탈출할 수 있다. 동물의 배설물 또는 냄새나는 물질에 몸을 구른다. 자신이나 다른 동물의 배설물을 먹는다. 물건을 씹는다. 물건, 가구 또는 사람에 마운팅한다. 사람들이 음식을 먹을 때 애걸한다. 음식을 훔친다. 계단에서 긴장하거나 겁을 먹는다. 줄을 과도하게 당긴다. 가정의 물건에 배뇨한다. 사람이 접근하거나, 만질 때 배뇨한다. 주간 또는 야간에 혼자 있을 때 배뇨한다. 주간 또는 야간에 혼자 있을 때 배변한다. 과잉 행동, 불안, 트러블을 겪고 있다. 장난스럽고, 강아지 같고, 거칠다. 활기차고 항상 움직인다. 아무 것도 없는 데 주시한다. 보이지 않는 파리를 잡는다. 자신의 꼬리를 쫓는다. 그림자나 밝은 점을 쫓는다. 놀라거나 흥분하면 지속적으로 짖는다. 자신의 신체를 과도하게 핥는다. 사람이나 물건을 과도하게 핥는다. 기괴하고 이상한 행동을 반복적으로 표현한다.

© 2015 James A. Serpell. Pennisylvania 수의과대학

2-2 문제행동 관찰

개는 인간과 언어를 통한 의사소통이 불가능하다. 따라서 관찰은 도구를 사용하지 않고 개의 행동을 파악할 수 있는 매우 유용한 방법이다. 부득이하게 도구를 사용하는 경우 개의 행동에 영향을 주지 않도록 한다. 관찰은 기억하지 못하거나 왜곡으로 인한 오류가 없는 장점이 있다. 다만 관찰자의 주관이 개입될 가능성이 높으므로 객관적인 기준과 2인 이상 관찰 후 교차 점검하여 신뢰도를 높인다. 관찰방법은 객관

성·타당성·신뢰도를 가져야 관찰자에 따른 차이를 피할 수 있다.

행동은 동일한 자극에 다양하게 표현되고 또한 다른 자극에 대하여 같은 행동이 표현되는 특성이 있으므로 섬세하게 관찰한다. 그러므로 개의 행동을 관찰할 때는 목적과 주의사항을 숙지하고 적합한 방법을 선정한다. 관찰자는 목표 동작의 선동작과 후동작을 파악하여 적확한 행동 단위를 설정한다. 선동작과 후동작은 생략되는 경우가 있으므로 목표 동작의 출현에 주의를 기울인다. 관찰자의 목표가 명확하면 개의 행동을 심층적으로 볼 수 있다.

관찰 간 보호자의 행동변화와 관찰자 및 보조자의 등장은 개의 정서에 부정적 영향을 줄 수 있다. 따라서 사람의 개입이 필요한 경우 사전에 라포르 형성을 통해 안정감을 가지도록 한다. 이 과정에서 개에게 잘못된 후유증이 남지 않도록 주의한다. 개의 문제행동이 사회적 관계에 의한 경우에는 제3자의 참여가 필요하다. 관찰자는 참여자에게 개입시기 및 요령을 사전에 정확히 설명함으로써 설정된 상황이 자연스럽게 연출되도록 한다.

행동을 관찰할 때는 정해진 목표를 연속적이고 전체적으로 살펴야 한다. 관찰 간 개의 행동에 영향을 미칠 수 있는 요인을 없앤다. 관찰목저을 달성할 수 있도록 관찰환경을 최적화한다. 관찰자는 관찰 전에 상담기록 및 문진표를 통해 목표 동작을 명료화하고, 관찰 시 유의사항을 점검한다. 그리고 관찰에 필요한 장비 및 도구를 준비한 상태에서 개의 행동을 행동 단위로 면밀히 관찰한다.

___ 반려견 행동관찰 절차

■ 통제관찰

관찰방법은 통제관찰과 비통제관찰이 있다. 통제관찰은 환경을 인위적으로 설정한 상태에서 특정한 행동을 지켜보는 방법이다. 이 방법은 관찰조건을 목적에 맞게 조성할 수 있어서 문제행동을 파악하는 데 적당하다. 다만 인위적으로 설정된 상황이므로 실제 환경에서의 행동과 차이가 있을 수 있다. 또한 관찰을 위하여 특별히 조성된 환경이 개에게 심리적인 부담을 줄 수 있다.

■ 비통제관찰

비통제 관찰은 자연스러운 행동을 파악하는 방법이므로 일상의 환경을 그대로 유지한다. 이 방법은 개의 다양한 행동을 볼 수 있는 반면에 특정 동작을 관찰하기가 쉽지 않다. 따라서 관찰자는 관찰에 앞서 목표행동에 대한 발생 조건을 파악해야 한다.

개의 다양한 표정 ————
출처: pixabay.com
출처: pixabay.com
출처: pixabay.com

개의 행동을 관찰할 때는 비언어적신호인 바디랭귀지를 기초로 한다. 비언어적신호는 음성·표정·자세·동작으로 이루어진다. 음성신호는 짖음·으르렁거림·낑낑거림으로 구분할 수 있다. 짖음은 횟수와 음의 장단고저·연속성·간격에 따라 의미가 다르다. 일반적으로 고음은 두려움을 나타내고 저음은 우위성을 나타내며, 짖는 속도는 흥분도와 연관되어 있다. 으르렁거림은 보통 음이 낮고, 음질의 변화가 심할수록 두려움이 큰 상태이다. 가슴 깊은 곳에서 무겁게 내는 소리, 고르지 않는 소리, 으르렁거린 후 짖는 형태 등이 있다. 낑낑거림은 콧소리가 섞인 고음, 낮은 콧소리 등이 있다.

표정은 내부의 정서 및 의사가 눈·귀·입의 변화로 얼굴에 나타나는 모습이다. 눈동자가 커지면 흥분된 상태이고, 눈의 크기가 작아지면 우호적인 의미이다. 눈을 둥글게 크게 뜨는 것은 우위성과 관계된다. 귀는 기립상태와 방향으로 여러 변화를 나타낸다. 기립상태는 바짝 세우거나, 머리에 붙여 눕히거나, 약간 기울인다. 방향은 앞으로 기울이거나, 뒤로 당기거나, 아래로 향하는 형태이다. 입은 다물거나 벌리거나 입술을 말아 올리는 형태이다. 이빨이나 잇몸을 드러내면 위협하는 것이고, 옆에서 볼 때 C자형으로 크게 벌린 것은 우위적 위협이다. 입술 끝을 뒤로 당기는 때는 두려운 상태이다.

자신을 크게 보이려고 하는 자세는 우위적인 신호이고, 작게 움츠리는 것은 순응적인 동작이다. 머리나 몸을 상대에게 향하는 것은 우위성과 위협을 나타내고, 피하는 것은 우호적인 자세이다. 몸의 자세는 높낮이와 전후방향성에 따라 의미가 다르다. 사지를 똑바로 세우고 전방으로 향하는 것, 앞다리를 낮추고 후방으로 빼는 것, 상대에게 발을 얹는 것 등이 있다.

꼬리는 높낮이와 흔드는 강도에 따라 의미가 달라진다. 위치는 높을수록 우위성이 강하고, 낮을수록 순종성이 강하다. 꼬리를 흔드는 정도는 흥분수준과 비례한다. 미세하게 흔드는 것은 긴장이나 흥분의 표시이다. 그 모습은 수평상태로 긴장감이 없거나, 긴장된 상태로 똑바로 세우거나, 수평보다 낮은 위치에서 좌우로 부드럽게 흔들거나, 뒷다리 사이에 집어넣는 것 등이다.

▶ 표 4-4 개의 바디랭귀지

	신음	민감한 고통
음성	으르렁거림	공격, 방어, 인사, 놀이
	낑낑거림	인사, 보살핌 및 접촉 요구
	하울링	무리 구성원들의 친밀감, 이방에 대한 경고, 집합
	비명	고통, 복종
	이빨 부딪침	놀이 간청, 방어, 위협
	낑낑거림	방어, 고통, 인사, 복종, 놀이 간청
	캥캥	놀이 간청, 불편한 상황에서 복종, 접촉 간청
	짖음은 소리의 높낮이, 연속성, 횟수, 속도 등에 따라 표현하고자 하는 것이 다르다. 으르렁거림은 소리의 안정성, 높낮이, 연속성, 깊이 등에 따라 내용이 다르다. 낑낑거림은	

			높낮이의 전후, 끊김 등에 따라 의미가 다르다.
표정			눈을 똑바로 맞춤, 피함, 깜박임, 꼬리를 높이 들고 눈을 깜박임 등이 있다. 귀는 앞으로 기울임, 완전히 뒤로 넘김 등이 있다. 이빨은 드러내고 코에 주름, 이빨을 안보이고 주름이 없으며 몸을 낮춤, 입이 가볍게 열림, 입술을 올리고 이빨이 거의 다 보임, 입을 반쯤 벌림 등이 있다.
자세			자세는 위축된 듯 몸을 낮추고 상대를 올려보기, 사지를 긴장시켜 똑바로 서 있거나 앞으로 천천히 이동하기, 긴장 상태로 똑바로 내미는 것이 있다. 꼬리는 등 쪽으로 약간 구부려져 올라감, 뒷다리까지 내려감, 뒷다리 사이에 말려들어 감, 꼬리 끝의 털만 섬 등이 있다.
동작			동작은 코로 쿡쿡 찌름, 땅 냄새를 맡거나 파기, 먼 곳을 바라 봄, 자신의 몸을 긁음, 앉아서 상대에게 자신의 냄새를 맡게 함, 옆이나 위를 향해 눕고 상대의 시선을 회피함, 상대 어깨에 머리나 앞발을 얹음, 어깨를 부딪침, 상대와 옆으로 서기, 앞발을 뻗어 몸을 낮추고 허리와 꼬리 올리기 등이 있다.
	간격 축소	수동적 복종	머리 귀 목을 낮추며 혀 왕복 또는 핥기, 꼬리 흔듦, 앞발 들기, 복부 노출, 이를 드러내며 입술 수평 귀는 아래로 눈은 절반 감김
		능동적 복종	머리와 꼬리 높이 들기, 머리 낮추며 쳐다봄
		놀이	앞 낮추고 뒤 올림, 앞발 들기, 귀 서고 앞을 향함
	간격 확장	우위적 신호	눈을 크게 뜨고 쳐다봄, 입술 뒤로 으르렁거림, 머리·목·귀를 세운 상태로 점차 낮아짐, 발끝을 곧게 세우거나 털 세움, 꼬리 세우고 천천히 흔듦
		접근 금지	배뇨 위해 물체로 가 바닥 긁음, 머리를 높게 들고 목이나 어깨 위에 섬
		복합 신호	머리를 들지만 몸이 낮으며 꼬리는 다리 사이, 접촉 전 하품이나 스트레칭
		적극적 방어	잇몸 보이며 동공 확장, 털 세움, 핥기, 혀 내밀기, 머리 돌림

출처: How to Speake dog. stanley coren

▶ 표 4-5 성격파악을 위한 행동 테스트

구분	테스트
미지인의 목줄 접촉	생소한 핸들러가 개의 목줄에 이동용 줄을 연결한다.
미지인과 동행	미지인과 복도를 약 7.5m 이동 후 3×4.5m의 방으로 동행한다.

미지인의 우호적 접근	미지인이 개에게 다시 다가가 다정한 목소리로 접근한다. 개가 두려움이나 공격성을 보일 경우 인공 손을 사용한다. 개가 적대행동을 보이면 종료한다.
미지인의 위협적 접근	미지인이 개를 무시하고 가만히 서 있는다. 또 다른 생소한 사람이 개에게 다가간다. 개를 정면으로 응시하고 가볍게 위협한다. 개가 으르렁거림, 헐떡거림, 입술과 귀를 뒤로 당김, 뒤로 물러섬, 짖음 등의 징후를 보이면 중단한다. 개가 입술 핥기, 꼬리 흔들기, 칭얼거림, 몸 흔들기 등의 친근한 행동을 보이지 않으면 핸들러는 범위 내에 접근하지 않는다.
미지인의 접촉	미지인이 개 옆에 앉은 상태에서 부드럽게 쓰다듬는다.
미지인에 의한 신체 압박	미지인이 개를 진료를 받는 것처럼 가벼운 압박에서 시작해 몸부림 여부와 상관없이 45초 동안 중간 수준으로 상승시킨다.
미지인에 대한 수용력	미지인이 개에게 삐걱거리는 장난감으로 놀이를 유도한다. 장난감으로 쿡쿡 찌르고, 말을 걸고, 손뼉을 치고, 뛰어다니며 흥미를 유발한다.
미지견에 대한 반응	개를 친화성이 좋은 중성화된 수캐에 노출시킨다. 각각의 개는 다른 사람이 줄을 잡고 걷는다.
미지견에 대한 사회성	사교성이 좋은 비공격적인 중성화된 수캐와 함께 4분 동안 놀이장소에 두고 그들의 상호작용과 행동을 관찰한다.
환경 변화에 대한 반응	개를 새로운 방으로 이동시킨다. 핸들러는 줄을 놓고 방을 탐색하게 한다. 핸들러는 개의 행동에 대응하지 않는다.
동적 사물에 대한 반응	개가 줄을 끌고 다니도록 놔둔다. 핸들러가 원격조종 자동차를 바닥에 놓는다. 20초 후 핸들러는 개의 반응과 관계없이 실내를 돌기 시작한다. 자동차에 노출된 지 1분이 지나면 차를 치우고 잭 인 더 박스를 놓는다. 개가 탐색할 수 있도록 한다. 그 후 갑자기 열린다.
동적 인형에 대한 반응	미지인이 큰 인형의 손을 잡고 걸어오는 동안 핸들러와 서 있는다.
음식 욕구	줄이 달린 공을 던진다.
놀이능력	개와 장난감으로 줄다리기한다. 20초 후 줄다리기를 끝내고 개에게 장난감을 회수한다.
활동력	개를 마당에 혼자 두고 활동수준을 살핀다.

■ 관찰기록

지도사는 관찰내용을 자신의 주관적인 생각을 배제하고 6하 원칙에 의하여 적합한 용어를 사용하여 기록한다. 관찰기록은 형식에 따라 일화기록형·목록점검형·척도평정방법이 있다.

일화기록형은 개의 특정 행동을 중심으로 관찰자가 의미 있다고 생각되는 모든 것을 상세히 적거나 연관된 사실을 기록하는 방법이다. 특정 행동이 언제 어떤 조건에서 발생하는지 사실 그대로 기술한다. 다만 관찰자의 분석은 관찰내용과 구분하여 별도로 기록한다.

▶ 표 4-6 일화기록형 관찰

일화 기록		
견명( ) 나이( ) 성별( ) 견종( )		
관찰일시: ( ) :		관찰자:
관찰자 의견		

목록점검형은 작성된 목록표의 제시된 항목에 해당사항을 체크하는 방법이다. 점검항목은 관찰목적에 부합하는 내용으로 편성하고, 하나의 항목에 하나의 행동만 제시한다. 이 방법은 점검이 쉽지만 문제행동의 수준을 파악하기 어려운 단점이 있다.

척도평정형은 행동 항목별로 제시된 표현정도에 그 수준을 체크하는 방법이다. 문제행동의 발생빈도와 질을 통해 수준을 파악할 수 있는 장점이 있지만 관찰자의 주관적 판단에 영향을 받기 쉽다.

척도평정형 행동관찰 기록

		점수		검사항목별 등위평정									
		T점수	原점수	A⁺	A°	A⁻	B⁺	B°	B⁻	C⁺	C°	C⁻	D°

생물학적 특성

- 유전
- 건강상태
- 운동능력
- 감각수준
  - 시각
  - 청각
  - 후각
- 성격특성
  - 감응성
  - 외향성
  - 대담성
  - 친화성
  - 활동성
  - 공격성
- 정서상태
- 애착관계
- 연령
- 행동발달
- 학습
- 경험

생활조건

- 시설
- 구조
- 온도
- 감각자극
  - 시각
  - 청각
  - 후각
  - 촉각
  - 인지
- 영양
- 운동
- 사회적 관계

보호자

- 성격
- 만족도
- 관리방법
- 생활패턴
- 활동수준
- 상호작용

3. 문제행동 분석

　행동분석은 문제행동을 해결하는 데 핵심적인 절차이다. 문제행동은 대부분 복합적인 원인에 의하여 발생되므로 행동을 분석할 때는 개방적인 자세로 다양하게 접근해야 그 원인에 다가갈 수 있다.

3-1 분석방법

　개의 행동분석 방법은 분석주의·행동주의·인지주의·행동학적 방법 등이 있다. 분석주의적 방법은 개의 행동을 내면의 동기나 과거 경험을 근간으로 접근한다. 문제의 원인을 충동·불안·적대행동·생식욕과 같은 1차적 동기에 주로 둔다.

　행동주의적 방법은 행동이 발생된 결과에 중점을 두고 객관적으로 관찰할 수 있는 행동을 중시한다. 유전·내분비·동기와 같은 내적인 요인보다 외부로 표현되는 현상에 중점을 둔다. 이 방법은 반복성·가시성·재현성이 장점이다.

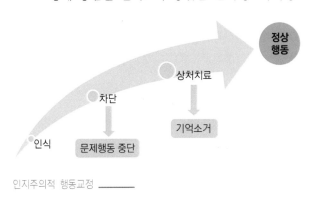

인지주의적 행동교정 _____

　인지주의적 방법은 지각·정보처리·기억으로 이루어진 사고과정을 중시한다. 개를 외부환경에서 주어지는 정보에 대하여 능동적으로 처리하는 유기체로 여긴다. 환경에서 주어지는 자극보다 기억에 의한 행동의 발생이나, 내부의 정서 등이 영향을 주는 것으로 해석한다.

　행동학적 접근방법은 유전·신경계·내분비 등 신체 내부적 배경을 중점적으로 파악한다. 전신적으로 넓게 행동에 영향을 미치는 생리적 요인과 동물 종 특성을 중시한다. 문제행동의 많은 부분을 차지하는 두려움이나 적대행동의 경우 신경이나 호르몬의 부조화에서 비롯된 것으로 인식한다.

　문제행동에 대한 기능분석은 발생되는 현재조건에서 실시한다. 개의 행동은 표면상 비슷해도 원인이 다른 경우가 많다. 이는 하나의 행동이 여러 기능과 연관되어 있기 때문이다. 또한 같은 기능일지라도 다른 행동으로 표현될 수 있다. 개의 행동기능을 정확히 이해하는 것은 해결방법을 쉽게 찾을 수 있는 지름길이다. 기능분석은 행동과 관계된 다양한 행동체계를 이해하고 문제행동의 유지조건을 알 수 있게 한다.

━━━━ 생리적 동기와 행동
출처: NCS 반려동물행동교정

► 표 4-7 행동기능에 의한 표현

기능	표현행동
관심 요구	• 점프한다. • 지도사 주변에서 빙빙 돈다. • 등을 대고 눕는다. • 누워서 배를 드러낸다. • 지도사를 향해 짖는다. • 물건을 가지고 과시한다. • 지도사에게 다가와 민다.
강화물 집착	• 지나치게 활동적이다. • 보호자의 손이나 주머니에 냄새를 맡거나 밀어 붙인다. • 음식이나 장난감을 얻으려고 연속적으로 점프한다. • 다른 개의 장난감을 뺏는다.
상황 회피	• 파괴적인 행동을 한다. • 아무 것도 하지 않는다. • 눈을 피하고 다른 곳을 쳐다본다. • 주의를 집중하지 않는다. • 지도사의 요구에 반응하지 않는다.
감각 자극	• 다른 개를 주시한다. • 다른 개의 냄새를 맡는다. • 사람이 걸어간 곳의 냄새를 맡는다. • 지면의 냄새를 맡는다. • 움직이는 물체를 주시한다.

의사 소통	• 짖는다. • 질주하는 행동을 한다. • 보호자를 밀친다.

3-2 분석절차

개의 문제행동은 복합적이어서 해결책을 찾기가 쉽지 않다. 행동분석의 일반적인 절차는 문제행동의 유형을 분류한 후 심각 정도를 고려하여 수준을 결정한다. 문제행동의 유형은 정상행동에 대한 이해를 바탕으로 다양하고 심층적으로 접근하고, 그 정보를 근거로 분석요소 간 상관관계를 고려하여 횡단적·종단적 분석을 시도한다. 분석결과를 종합하여 개체적 행동, 사회적 행동, 연계 행동으로 분류한다.

개의 문제행동을 파악하려면 표현행동에 대한 분석이 정확해야 한다. 문제행동을 유발하는 자극을 제시한 상태에서 절대적 또는 상대적 양을 측정기기를 활용하여 시간, 질, 크기를 평가한다.

개의 기본정보는 많은 정보를 내포하고 있다. 이름은 보호자의 만족도나 가정에서 위치를 나타낸다. 또한 연령은 문제를 쉽게 알 수 있게 한다. 부적절한 배변의 경우 3개월 강아지와 나이 든 개는 원인이 다르다. 어린 강아지는 훈련부족일 가능성이 높은 반면 노령견은 질병을 먼저 의심한다. 성별의 경우 우위성 공격, 수컷 간의 공격, 배회행동은 수캐에서 주로 나타난다. 개의 행동을 정확히 이해하기 위해서는 개체적 특성과 생활조건, 보호자의 특성으로 구분하여 파악한다.

3-3 문제행동 요인별 특성

건강상태에 따라 귀와 치아 질환은 공격행동·접촉거부, 청각 질환은 지시 거부, 관절 질환은 천천히 앉음·움직임거부·점프거부·층계회피·놀이회피, 시각 질환은 수신호나 급격한 움직임에 공격행동, 피부 질환은 불응·공격행동, 알러지는 긁기·씹기·활동 증가 또는 감소, 기생충은 음식집착·쓰레기관심, 전립선 질환은 마운팅·배뇨, 소화기질환은 설사·변비, 중추신경 이상은 허공응시·옆구리 핥기·머리흔들기·과잉식욕·구토·설사·공격행동·두려움·파리쫓기·헛짖음·꼬리쫓기·써클링·분별력상실·혼란, 영양 결핍은 무기력·음식집착·음식훔치기·쓰레기뒤지기·식분증 등이다.

———— 불만족한 모습
출처: pixabay.com

감각기관의 이상에 의한 주요특징은 반복되는 자극에 지속적 불안, 시각·청각·촉각 자극에 과도한 반응, 맥박과 호흡 증가, 소변의 감소, 에너지 대사의 증가, 좁은 공간에서 과도한 움직임 등이다. 의식장애에 이르면 활동력감소·수면주기변화·공간감각혼란·배변행동 이상을 나타낸다. 고열은 우울·식욕저하·수면증가·몸단장감소·음수량감소를 보인다. 강박증은 발가락이나 옆구리핥기·써클링·꼬리쫓기·부동·바닥긁기·계속걷기·으르렁거림·반복높이뛰기·허공쫓기·과잉몸단장·자해 등을 표현한다.

정서상태에 따라 나타나는 증상은 두려움·외로움·즐거움 등이다. 두려움은 배뇨·배변·헐떡임·호흡 및 심박증가·긴장·떨림·근육경직·입술핥기·코핥기·얼굴찡그림·머리흔들기·침과다분비·과잉짖음·하품·부동·활동량감소·계속걷기·활동량증가·숨기·탈출·몸을 돌림·목을 낮춤·시선회피·중립지대 응시·낮은 자세·귀처짐·동공확대·경계심·발들기·섭식변화·반복행동·감응도 증가·공격행동 등이다. 외로움은 과잉침흘림·안절부절·낑낑거림·짖음·하울링·긁기·식욕부진 등이다. 즐거움은 보호자 또는 가족의 귀가, 보호자 또는 가족과 놀이, 초인종 울림, 산책 준비, 자동차 여행 준비, 손님 방문 등의 상황에서 나타난다.

행동발달 측면에서 2주 이내에 촉각 및 열 자극에 대한 노출이 부족하면 과잉행동·접촉 민감성, 3주 이내의 사람 및 타견의 접촉과 청각 및 시각 자극에 노출이 부족하면 시각 및 청각 민감성, 8주 이내의 타견 및 타동물과의 놀이가 부족하면 개에 대한 민감성, 사람 및 타동물에 대한 민감성, 흥분 조절력 부족, 불안 대응력 부족, 12주 이내의 인간과의 상호작용이 부족하면 사람과 다른 동물에 대한 두려움, 대소변 억제력 부족, 20주 이내의 다양한 환경자극이 부족하면 새로운 것에 두려움, 놀이 능력 부족, 부동행동, 반응의 가소성 부족 등이 나타난다.

섭식행동에서는 다식증·비만·이식증·식욕부진·식분증·씹기·쫓기 등의 문제가 발생한다.

부적절한 배변행동은 주요한 문제 중의 하나이다. 시간과 장소를 구분하지 못하는 배변 문제행동의 원인은 훈련 부족·질병·협소공간·흥분·두려움·영역표식·과도한 복종성 등을 들 수 있다. 출입문 근처에 배변하는 것은 분리불안이고, 방문객의 흔적에 배변하는 것은 영역의식에 의한 마킹이다.

사회적 관계는 공격성·격리불안·관심유발 등을 발생시킨다. 의사소통행동은 과잉짖음·과잉복종·배뇨 등의 문제를 발생시킨다. 과잉 짖음은 질병·호르몬·대사성 질병·환경부적합·관심요구·과잉행동·두려움·강박 등에 의하고, 과잉 복종은 배뇨·숨기·두려움 등이 요인이다.

생식행동은 마운팅·자위·냄새맡기 등이 나타난다.

적대적 공격행동은 다른 개 또는 사람에게 큰 해를 끼칠 수 있으므로 요인을 정확히 파악하는 것이 중요하다. 이 행동은 개가 으르렁거리거나 물 때 발생한다. 두려움은 공격성을 유발하는 가장 흔한 이유이다. 처벌은 공격성을 높이고, 적대행동을 악화시킨다.

분리불안은 개가 집에 혼자 있거나 보호자와 떨어져 있을 때 발생한다. 일반적으로 심박수 및 호흡 증가·짖음·배뇨·파괴적 행동·우울 등의 증상을 나타낸다.

과도한 짖음, 아무 물건이나 물어뜯는 파괴행동, 보호자에게 관심을 구하는 행동, 아무 것이나 먹는 행동, 마운팅과 같은 부적절한 생식행동 등이 있다.

생활환경에서 발생되는 요인은 부적절한 시설 및 구조에서 발생되는 땅파기·도망·담장이탈, 운동부족 시에는 우울증, 불규칙한 일과시간은 부적절 배변행동, 사회적 관계 부족은 과잉관심끌기·무기력, 감각자극 부족은 쓰레기섭식·식분증·적대행동·배뇨, 다른 개와의 관계부족은 적대행동 등을 유발한다. 청각자극에 대한 두려움은 기음·고음·굉음 등에 떨거나 파괴, 침을 흘리거나 헐떡이는 증상을 나타나게 한다. 이는 소리와 관련된 특정한 자극에 반응하여 일어나고, 불안과 공존하는 경우가 많다.

▶ 표 4-8 반려견 행동 분석표

구분			세부내용
생물학적 요인	유전		
	건강상태		질병( ) 신경증( )
	운동능력		활력도( ) 협응력( ) 민첩성( )
	감각 수준	시각	섬광 ☐ 거물 ☐ 돌발 ☐ 고소 ☐ 암실 ☐ 동적지면 ☐ 생소환경 ☐
		청각	고음 ☐ 기음 ☐ 굉음 ☐
		후각	
	성격 특성	감응성	시각 ☐ 청각 ☐ 촉각 ☐
		외향성	
		대담성	수줍음 ☐ 신경증 ☐ 의심 ☐
		친화성	상호작용 ☐ 신뢰 ☐ 허용 ☐ 수용 ☐
		활동성	
	공격성		적대 ☐ 안전 ☐ 생식경쟁 ☐ 우위 ☐ 신경증 ☐ 외상성 ☐ 견종특성 ☐ 충동 ☐
	정서상태		즐거움 ☐ 화남 ☐ 놀람 ☐ 아픔 ☐ 우울 ☐ 두려움
	애착관계		순응형 ☐ 의존형 ☐ 유기불안 ☐ 애정독점 ☐ 불안회피 ☐ 불안모순 ☐
	연령		
	행동발달		발달수준 ☐ 성숙도 ☐
	학습		
	경험		
환경 적 요인	생 활 조 건	시설	면적( ) 위치( )
		구조	수면공간( ) 재료( )
		온도	냉방 ☐ 난방 ☐
		감각 자극	시각	예 ☐ 아니요 ☐

(표 계속 - 감각자극)

			시각	예 ☐ 아니요 ☐
			청각	예 ☐ 아니요 ☐
			후각	예 ☐ 아니요 ☐
			촉각	예 ☐ 아니요 ☐
			인지	예 ☐ 아니요 ☐

	영양	급식기구( ) 형태( ) 습관( ) 급여자( ) 방법( )
	운동	
	사회적 관계	가구원( ) 동거동물( )
보호자	성격	활동성 □ 충동성 □ 일관성 □ 수평적 □ 수직적 □
	만족도	
	관리방법	분위기( ) 음조( ) 표정( ) 행동( ) 과잉( ) 학대(정서적 □ 언어적 □ 신체적 □)
	생활패턴	규칙적 □ 불규칙적 □
	활동수준	시간( ) 질( )
	상호작용	

3-4 행동분석서

행동분석서에는 분석내용 전체를 요약하여 개괄적으로 기술한다. 서두에는 보호자와 개의 개별 정보, 문제행동 분석목적과 목표, 행동분석에 이용된 방법과 내용, 문제행동의 종류 및 원인을 기술한다. 분석서에 사용하는 용어와 문장은 이해하기 쉬워야 하고, 분석 내용은 명확히 파악할 수 있도록 세부적으로 작성한다. 개의 행동은 여러 요인이 복합적으로 기능한 결과이므로 그 원인을 명확히 기술하는 것이 쉽지 않다. 하지만 분석내용은 추후 교육 설계 및 행동교정의 근간이므로 생물학적 특성·생활환경·보호자 특성으로 구분하여 세밀하게 작성한다.

생물학적 특성에 대해서 기술할 때는 절대적 입장을 취한다. 개는 일반적으로 개체별 성격과 생장 환경의 영향에 따라 차이가 많기 때문이다. 개체의 생리적인 특성 또한 행동에 영향을 미친다. 보호자는 개의 행동에 직접적으로 영향을 미치는 요인이므로 사고방식, 생활습관, 개와의 상호관계, 태도 등 전반적인 상태를 최대한 기록한다.

4. 문제행동 교정

4-1 교정절차

　　문제행동 교정은 목표행동을 구체적으로 정하고 그것을 유지시키는 조건을 함께 파악한다. 이어서 계획에 따라 교정훈련을 실시하고 그 결과를 평가하는 순서로 진행한다. 지도사는 행동분석서를 기준으로 선정된 문제행동을 확인한다. 여러 문제가 동시에 식별된 경우에는 하나씩 해결한다. 이는 교정해야 할 주요 문제행동에 집중할 수 있고, 문제행동들은 서로 연관되어 있는 경우가 많아서 하나를 해결함으로써 다른 것도 자연스럽게 교정될 수 있기 때문이다.

　　문제행동이 명료해지면 교정의 초기목표를 설정한다. 이어서 그 목표에 따른 구체적으로 세분화된 계획을 수립한다. 목표행동은 발생 빈도를 증가시켜야하는 것과 감소시켜야하는 것이 있다. 목표행동을 변화시키기 위해서는 그 행동을 유지하는 조건을 찾아서 바꿔야 한다. 목표행동을 유지시키는 조건을 찾고 나면 교정계획을 실천한다. 마지막으로 계획한 교정과정에 대하여 그 성과를 평가한다.

▶ 표 4-9 문제행동 교정 과정

순서	과제	내용
1	문제행동의 명료화	문제행동을 구체적으로 파악하여 단순화
2	초기 교정목표 설정	문제를 해결할 초기 목표와 다음 단계의 방향 설정
3	목표행동 유발	문제행동을 표현할 수 있도록 환경 설정
4	목표행동 유지조건 확인	문제행동을 유지시키는 자극과 행동결과 파악
5	교정계획 실시	문제행동을 교정계획 수행
6	교정결과 평가	교정계획을 실행한 결과 평가
7	추후평가	일정 기간이 경과된 후 평가

4-2 **교정방법**

　　조작적 조건화는 재현이 가능한 과학적 방법이므로 문제행동을 교정할 때 주로 활용한다. 이는 문제행동이 발생된 과거 정보에 의존하지 않고 현재 표현되는 행동 자체에 중점을 둔다. 개체의 현재 상태에서 문제행동을 유지시키는 결과를 조작하여 해결한다.

　　행동교정에 이용되는 방법은 선행통제·대안행동강화·차별강화·둔감화·소거·역조건화·임시격리·질책 등이 있다. 문제행동을 교정할 때는 혐오적인 자극을 가급적 이용하지 않고 우호적인 방법으로 실시한다.

■ **교정준비**

　　문제행동을 교정하려면 먼저 적절한 환경을 조성한다. 환경의 변화는 개에게 스트레스를 줄 수 있으므로 저해요인을 최소화한다. 저스트레스 환경은 개의 심리적 부담을 줄이고 교정효과를 높일 수 있다.

- 감수성이 예민한 개를 위하여 감각자극을 최소화한다.
- 바닥은 미끄럽지 않은 자재를 사용하여 안정감을 높인다.
- 개가 편안하게 휴식할 수 있는 안정적인 공간을 마련한다.
- 다른 개들로부터 스트레스를 받지 않도록 한다.
- 지도사는 개가 놀라거나 흥분하지 않도록 안정적으로 행동한다.

　　개의 심리를 안정시킬 수 있는 도구를 준비한다. 민감한 개는 촉감을 둔화시키고 안정감을 줄 수 있도록 몸을 천으로 래핑한다. 개가 좋아하는 기호품을 이용한다. 음식을 이용하는 경우 자극적이지만 열량이 낮아야 한다. 어류·크림치즈·닭고기 등이 좋지만 음식 알레르기가 있는 경우에 주의한다. 장난감은 개의 스트레스를 낮추는 데 효과적이다. 적대적 공격성을 지닌 개는 교상사고를 예방하기 위하여 입마개를 준비한다. 바구니형 입마개는 착용시키기가 쉽고 간식을 줄 수 있어서 편리하다.

지도사는 행동교정에 앞서 개와 교감활동을 한다. 개와의 첫 만남은 우호적이어야 한다. 친화감은 행동교정의 근간이다. 간식이나 장난감을 준비하고 안정적으로 접근한다. 개가 스스로 다가올 때까지 기다리는 자세가 중요하다. 개가 좋아하는 기호품을 이용하여 긴장감을 완화시킨다.

■ 풍부화

교정방법은 생활환경을 적절하게 제공하는 풍부화와 행동을 조절하는 교정으로 나눌 수 있다. 풍부화^{enrichment}는 생활에 필요한 요건을 충분히 제공하여 정상적인 행동을 할 수 있도록 하는 방법이다. 제공해야 할 요소는 개체적 행동인 섭식행동·배변행동·몸단장행동·운동행동·호신행동·탐색행동·휴식행동·놀이행동과 사회적 행동이다. 이들 행동들에 대한 풍부화는 목표행동과 더불어 선행동과 후행동에 필요한 것이 모두 구비되어야 한다.

——— 평온한 모습
출처: www.pexels.com
Yaroslav Shuraev

생활조건의 풍부화는 반려견에 필요한 환경자극을 구비하여 정상행동을 증가시키고 비정상적이거나 원하지 않는 행동을 줄일 수 있다. 문제행동은 자극요인이 적은 단순한 환경에서 비롯된 경우가 많다. 적절한 넓이의 공간에 흙·구덩이·물·나무·풀과 같은 자연적 환경을 갖추어 준다. 감각자극은 다양한 시각·청각·후각·촉각적 요소이다. 또한 개는 인지능력이 비교적 높으므로 그에 필요한 적절한 인지적 자극은 문제행동을 예방하거나 교정하는 데 중요하다. 이를 위해 주기적인 놀이·산책 등을 실시한다.

개는 사회적 동물이므로 그에 필요한 자극이 주어져야 한다. 개의 사회를 구성하는 인간 및 다른 개들과의 의사소통과 우호적인 상호관계를 유지할 수 있는 충분한 시간과 내용을 제공함으로써 상호작용이 결핍되지 않도록 한다.

——— 열악한 환경
출처: www.pexels.com
Irina Zhur

반려견의 복지를 위한 행동 풍부화

· 신선한 물과 음식을 제공한다.
· 편안하게 쉴 수 있는 집과 휴식공간을 제공한다.
· 질병과 부상의 고통에서 예방과 치료를 제공한다.
· 정상적인 행동이 가능하도록 충분한 공간과 시설, 동종의 친구를 제공한다.
· 두려움과 고통를 피할 수 있는 적절한 환경과 치료를 제공한다.

영국 산업동물복지위원회, 1993.

■ 조작적 조건화 적용

선행통제는 개가 잘못된 행동을 표현하지 않도록 유발자극을 사전에 통제하는 절차이다. 문제행동은 근본적인 원인을 해소하는 것이 가장 좋다. 선행통제는 부작용을 피하면서 문제를 해결할 수 있는 좋은 방법이다. 훈련원리 측면에서 보면 자극을 제거하여 문제행동을 제거하므로 부적인 약화절차이다.

상반행동 강화는 문제행동과 동시에 수행하기 어려운 동작을 요구하는 방법이다. 문제행동과 양립할 수 없는 다른 행동을 요구하는 것이다. 사람에게 습관적으로 뛰어오르는 개에게 '앉아' 자세를 요구하여 문제를 해결하는 것과 같다. 개가 뛰어오르려 할 때 '앉아' 자세로 문제행동을 방지한다.

차별강화는 문제행동은 억제하고 바람직한 행동를 증강하는 방법이다. 시행하기 전에 강화해야 할 행동과 약화시켜야 할 행동을 정하고, 그 과정에 적절한 방법을 택

▶ 표 4-10 차별강화의 종류와 특징

종류	특징
선택행동 차별강화	문제행동에 주어졌던 강화물을 대안행동에 제공하여 해결한다.
고율행동 차별강화	정해진 시간 동안에 표현해야 할 목적행동의 시행횟수를 정해 놓고 그 이상 표현해야 강화물을 제공하는 절차이다.
무반응 차별강화	일정 기간 동안 문제행동이 발생하지 않으면 강화물을 제공한다.

한다. 차별강화는 선택행동차별강화·고율차별강화·무반응차별강화 등이 있다.

둔감화는 특정 자극에 대하여 반응도를 낮추는 것이다. 자극의 제시 방법에 따라 약한 수준에서 점차 강하게 제시하는 '점진적둔감화'와 처음부터 강하게 제시하는 '홍수법'이 있다. '점진적둔감화'와 '홍수법'은 문제를 유발하는 자극을 중성자극으로 변화시킨다는 점에서 동일하지만 자극의 제시 강도에 차이가 있다.

점진적둔감화는 문제를 유발하는 자극에 대하여 익숙해지는 현상으로 적응이라고도 한다. 개가 문제 자극을 좋게 경험하면 부적응이 줄어들기 시작한다. 문제를 발생시키는 특정한 자극 외에 다른 자극이 없는 상태에서 실시해야 효과적이다. 자극의 증가 정도는 개가 수용할 수 있는 범위 내에서 시작해야 부작용을 최소화하면서 문제행동을 개선할 수 있다.

홍수법은 특정한 문제 자극에 대하여 초기 단계에 높은 상태로 노출시키는 방법이다. 개의 품성이 약하고 예민한 경우에는 문제행동을 심각하게 악화시킬 수 있다. 홍수법은 개뿐만 아니라 보호자에게도 부정적인 영향을 미칠 가능성이 높다.

소거는 불필요한 행동을 제거하거나 약화시키는 방법으로 개에게 특별히 해롭지 않다. 파블로프조건화에서 소거는 조건자극과 연결된 무조건자극을 해제하는 것이다. 조작적 조건화에서는 개가 훈련된 행동을 표현할 때 행동의 결과에 대하여 강화물을 주지 않는 것이다. 이처럼 조건화된 자극과 연결된 무조건자극을 지속적으로 억제하거나, 개가 하는 행동에 대하여 무시하고 강화를 하지 않으면 행동이 감소한다.

역조건화는 조건화된 행동을 거꾸로 변환시키는 절차이다. 두려움과 같은 바람직하지 않은 현상을 제거할 때 효과적이다. 타인에 대한 회피, 경계심, 특정한 장소에 대한 위축 등 정서적인 문제를 완화하거나 제거하는 데 활용할 수 있다. 문제 자극을 개가 좋아하는 것과 결합시키고, 이전에 반응했던 자극에 반응하지 않으면 보상한다. 개가 진공청소기 소리를 무서워할 경우 그 소리와 좋아하는 것을 결합시킨다.

임시격리는 개를 지도사와 훈련 장소로부터 이탈시키는 방법이다. 개에게 좋은 것을 얻을 수 있는 상황으로부터 완전히 격리시킨다. 이 방법은 강제적인 통제이지만 부작용이 적다. 개가 현재 행동을 더 이상 하지 못하도록 일정 시간 동안 격리시키는 것이다. 다만 개가 격리되는 이유를 알기 어려운 약점이 있다. 임시격리가 효과를 보기 위해서는 시간이 너무 길지 않아야 한다. 또한 격리 중에는 어떠한 강화조건도 제공하지 않고, 격리시간은 최초에 계획한 시간이 지났을 때 해제한다.

임시격리의 유의사항

- 너무 오랜 시간 동안 격리하는 것은 훈련목적을 상실하여 비효과적이다.
- 격리 수용공간은 사회적관계가 단절되고 안락하지 않아야 한다.
- 격리할 때 개는 편안한 상태에 놓여서는 안 된다.
- 격리된 공간에서의 다른 강화요인이 없어야 한다.

반응대가는 개가 목적하는 행동을 수행하면 행동을 증강시키는 강화물을 제시하고, 원하지 않는 잘못된 행동을 표현하면 강화물을 제공하지 않는 절차이다. 이는 강화는 바람직한 행동에 대하여 강화물을 제공하는 절차인데 비하여 바람직하지 않은 행동에 대한 결과로 개에게 있는 강화적인 것을 빼앗는 방법이다.

반응대가의 유의사항

- 반응대가를 적용하기 전에 올바른 행동을 표현하도록 부족한 능력을 강화한다.
- 반응대가를 빈번하게 사용하거나 문제행동과 무관하게 강화가 보류되면 동기가 저하된다.
- 반응대가는 행동능력이 형성된 개가 하지 않을 때 사용한다.

질책은 인간의 언어를 이용하여 행동을 약화시키는 절차로 훈련에서 가장 빈번하게 사용된다. 다만 조건화되지 않은 언어자극은 개에게 혼란만 야기하므로 사용 전에 조건화해야 한다. 또한 질책에 사용하는 실행어를 크게 사용하는데 옳지 않다. 실행어가 조건화되었다면 음량이 크지 않아도 효과를 가질 것이다. 다만 질책하는 상황이 개와 거리가 먼 경우 전달을 위하여 크고 높게 할 수 있다.

질책 유의사항

· 조건화되지 않은 불필요한 인간의 언어 남발은 개를 위축시키고 혼란스럽게 한다.
· 질책은 조건화 과정에서 조용하고 엄숙한 목소리로 결합한다.
· 개를 비난하거나 감정적으로 화를 내는 행동을 하면 안 된다.

물리적 자극의 특징

· 물리적인 자극의 사용은 개가 감정적으로 반발하거나 공격적인 행태를 나타내게 할
  수 있다.
· 물리적인 자극의 사용은 개 교육에 대한 부정적인 영향을 줄 수 있다.
· 물리적인 자극은 올바른 행동을 가르치기보다 행동을 일시적으로 억제한다.
· 물리적인 방법은 지도사의 정서에도 악영향을 미쳐 교육 전반에 부정적으로 작용한다.
· 물리적인 방법을 사용하기 시작하면 의존도가 점차로 커진다.

CCPDT 혐오자극 최소화 지침

리마[19]LIMA는 개가 싫어하는 자극을 가급적 사용하지 않기 위한 것이다. 지도사는 개에게 피해가 가장 작은 방법을 사용하고, 그에 필요한 능력을 갖추어야 한다.

리마는 우호적인 방법이 있음에도 혐오적 자극을 사용하는 행위를 금지한다. 대부분의 문제 행동은 생활환경의 개선, 신체적 안락, 대안행동의 강화, 자극에 대한 둔감화, 역조건화 등으로 개선할 수 있다.

행동지도사의 자세

리마는 처벌을 배제하고 우호적 방법을 사용하기를 권한다. 지도사는 이를 위해 지속적인 연구와 실무 경험을 통해 능력을 향상시켜야 한다. 또한 자신의 역량과 경험 한계를 벗어난 문제는 조언하지 않아야 한다.

우호적 강화에 대한 이해

지도사는 우호적 방법을 먼저 선택한다. 이는 공격성 완화, 집중력 향상, 두려움 저하로 연계

된다.

지도사는 '강화는 개가 결정한다.'는 점을 이해해야 한다. 핸들링 · 펫팅 · 음식 · 도구 · 환경 등은 지도사가 결정하지 않아야 한다. 개의 행동을 강화시키거나 약화시키는 자극의 척도는 우리의 판단이 아니다.

체계적인 문제해결 수단

지도사는 훈련의 목표와 결과를 판단할 수 있도록 일관되고 체계적인 방법으로 접근한다. 지도사는 훈련 및 행동교정 방법을 다양하게 활용할 수 있다. 다만, 개의 수용능력과 영향을 이해하고 윤리적으로 적용한다.

혐오적 처벌의 남용 금지

리마는 비윤리적인 처벌, 과도한 통제, 감금수단의 부적절하고 남용으로 인한 잠재적인 영향을 예방하고자 한다. 처벌은 공격성 증진, 행동 억제력 약화, 불안과 공포 증가, 신체적 피해, 보호자에 대한 부정적 인식, 문제행동 증가로 이어진다.

개의 개체별 특성 존중

이 지침은 가능한 개에게 선택권을 주기를 바란다. 지도사는 개의 개체별 특성, 선호도, 능력 및 요구를 존중하고 다루어야 한다.

우리는 개에게 무엇을 원하는가?

리마는 개가 원하는 행동을 강화하는 데 중점을 두고 '당신은 개가 어떻게 행동하기를 바라나요?'라고 묻는다. 처벌에 의존하는 훈련은 이 질문에 대답하기 어렵다. 개가 원하는 행동을 배울 수 있는 기회를 제공하지 않기 때문이다. 이러한 리마의 방침은 E칼라 · 초크체인 · 프롱칼라의 사용에 국한되지 않는다.

리마[LIMA]는 개가 싫어하는 자극을 가급적 사용하지 않기 위한 것이다. 개에게 피해가 가장 작은 방법을 사용하고, 지도사는 그에 필요한 능력을 갖추어야 한다.

출처: CCPDT, Training polictics and position statements

---

19 Least Intrusive Minimally Aversive 혐오자극의 최소 사용을 위한 지침

	항목	세부내용
1단계	건강 및 환경풍부화	• 영양 및 질병문제 해결 • 생활환경 풍부화
2단계	문제요인 제거	• 문제행동을 파악하여 원인 제거
3단계	우호적 강화	• 바람직한 행동이 발생하도록 우호적 강화물 제공
4단계	대안행동 강화	• 대체 가능한 행동 강화 • 문제행동을 유지시키는 자극 제거
5단계	부적강화 부적약화 소거	• 부적강화: 목적행동을 높이기 위해 유지자극 제거 • 부적약화: 문제행동을 줄이기 위해 우호적 자극 제거 • 소거: 문제행동을 기준 이하로 억제 또는 영구적 제거
6단계	혐오자극	• 혐오적 자극의 윤리적 적용

• 지도사는 훈련이나 행동교정 방법을 결정할 때, 위의 6단계 절차를 이해하고 적용한다.
• 이 절차는 훈련 및 행동교정방법을 안내하는 역할을 한다.
출처: CCPDT Training Policics and Position Statements

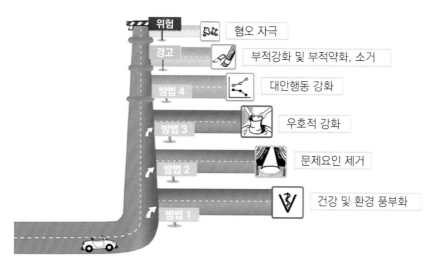

——— 문제행동의 인도적 해결 절차
출처:CCPDT-Candidate Handbook

CCPDT 물리적 자극 및 E칼라 사용 지침

개의 신체와 정서에 치명적인 영향을 미치는 비윤리적인 관행을 금지한다.

다음 사항은 어떤 이유로도 사용할 수 없다.
- 개를 들어 떨어뜨리거나, 줄에 매어 떨어뜨리는 행위 또는 기도를 조이는 행위
- 개의 다리를 1개 또는 2개가 땅에 남도록 목줄 등으로 들어 올리는 행위
- 대안행동의 강화, 문제행동의 유지자극 제거, 부적강화, 부적약화, 소거를 포함한 다른 노력을 다하지 않고 전기자극을 사용하는 행위
- E 칼라를 동시에 둘 이상 사용하는 행위
- 생식기 부위 또는 복부에 E 칼라를 사용하는 행위
- 줄·와이어·손으로 발가락 또는 귀 꼬집기
- 개의 머리를 물에 담그는 행위
- 꼬챙이로 찌르는 행위

E 칼라
세상에는 여러 훈련방법이 있다는 점을 인정하므로 특정한 유형을 배제하지 않는다. 따라서 E 칼라의 사용을 금지하지 않는다. 다만 전기자극은 다른 모든 방법을 적용한 후에 최종적으로 사용되어야 한다. 절대 훈련초기부터 사용하지 않아야 한다. E 칼라의 사용은 최후의 수단이어야 한다. E 칼라를 사용할 때는 다음의 방법들을 모두 완료해야 한다.

문제행동 유지자극의 제거, 대안행동의 우호적 강화, 역조건화 및 둔감화의 적용, 부적강화, 정적강화, 다른 전문가와 협의

특히, E 칼라가 적절한 수단으로 판단되는 경우에도, 두 개 이상을 동시에 사용하면 안 된다. 또한 목 이외의 다른 곳에 접촉하는 것도 금지한다.

출처: CCPDT-comdidate Handbook

4-3 교정완료

교정결과는 개체 특성, 생활조건, 보호자의 의지에 따라 차이가 날 수 있다. 지도사는 문제행동의 교정목표를 기준으로 다양한 상황에서 일관성 있게 표현되는지 평가한다.

► 표 4-12 문제행동 교정결과 평가

견명/나이:		평가일자: 평가자:
교정 목표		
문제행동 원인		
교정 기간		
교정방법	감각수준에 적합한 둔감화	
	성격특성을 반영한 역조건화	
	생활환경의 풍부화	
	감각 및 인지 자극의 풍부화	
	보호자의 관리 및 생활패턴 변화	
교정결과		
특이사항		

5. 주요 문제행동의 요인과 교정방법

5-1 부적절한 배변

배변 문제행동의 행동학적 요인은 다음과 같다.
영역보호, 복종 또는 흥분성 배뇨, 분리불안, 두려움, 후각 자극, 선호 장소의 발견

■ 영역보호

개가 자신의 영역에 위협을 느낄 때 표시하는 것으로 중성화되지 않은 수캐들이 더 자주 나타낸다. 일반적으로 성숙기 이후에 표현하고, 배뇨량은 정상적인 경우보다 적다. 영역표시는 산책 후나 문 근처에 나타낸다. 보호자가 보기 어려운 장소와 시간에 나타내는 것은 중요한 단서이다. 다른 동물이나 사람이 자신의 주위를 지나가거나, 집에 생소한 사람이나 동물이 있을 때, 반려동물·가구·보호자의 룸메이트 같은 새로운 조건, 보호자의 옷이나 신발에 다른 개의 냄새가 밴 경우 등이다. 장난감이나 가방과 같은 새로운 물건에 표시하기도 한다. 동거동물 간에 갈등이 있을 때도 이 행동을 나타낸다.

행동교정

영역보호에 의한 배뇨문제는 행동을 유발하는 장소나 자극에 노출시키지 않는 선행통제를 실시한다. 또는 영역표시 대상 근처에 양면테이프를 설치하거나 잘 보이지 않는 줄을 쳐 예방한다. 중성화수술도 문제를 해결하는 효과적인 보완책이다.
역조건화를 이용하여 문제행동을 교정할 수 있다. 개가 특정한 장소에 계속적으로 배뇨하면 그 아래에 간식을 놓아 영역표시의 대상에서 전환한다. 이러한 시도들은 일관적이고 꾸준히 실시해야 한다.

■ 복종 또는 흥분성 배뇨

1년 미만의 소심한 개들에게서 흥분하거나 위협받을 때 발생한다. 가족구성원이나 방문객의 접촉, 신체적 압박 또는 질책을 받을 때 나타난다. 복종성의 배뇨는 구르기·귀 젖히기·꼬리넣기·이를 드러내기와 같은 행동을 수반한다. 흥분성은 열광적이고 소란스런 상태에서 표현된다.

행동교정

복종 또는 흥분성의 배뇨를 유발하는 자극에 대하여 개의 행동을 변화시킨다. 복종심에 의한 배뇨의 경우 개에게 위협을 줄 수 있는 자세나 손짓을 사용하지 않는다. 개의 눈을 정면에서 마주보기, 억누르기, 개를 향해 손을 뻗기, 개를 안기, 정면으로 다가가 맞상대하기 등이다. 개에게 다가갈 때는 정면으로 가지 않고 무릎을 구부리거나 바닥에 앉는다. 그리고 개를 향해 손을 움직이지 않는다. 개가 사람의 손에 접근하면 턱 아래를 만져준다. 개를 서 있는 자세로 유지시키는 것도 효과적이다. 앉거나 누운 자세는 개에게 배뇨를 유발할 가능성이 높기 때문이다.

흥분성 배뇨는 개를 안정시키는 것이 중요하다. 장난감이나 간식을 주어 반기는 행동을 최소화한다. 보호자나 방문객은 개를 외면하고 안정될 때까지 기다린다. 처벌은 이 문제를 더욱 악화시키므로 유의한다. 보호자의 표정이나 행동의 미묘한 변화도 이 행동을 유발할 수 있다.

■ 분리불안

개는 보호자와 분리될 때 두려움으로 부적절한 배뇨·변 행동을 한다. 이 행동은 보호자가 없을 때에만 발생하고, 배뇨나 배변 또는 둘 다 나타난다. 보호자가 출타한 직후나 30분 이내에 발생한다. 다만, 보호자의 존재 여부와 관계없이 발생하면 다른 요인에 의한 경우이다. 개를 크레이

───── 외부에 대한 갈망

트나 좁은 공간에 가두었을 때 탈출을 시도하거나 크레이트 내부에 배변하면 분리불안일 수 있다. 또한 보호자를 계속 따라다니거나, 귀가하는 보호자를 흥분한 상태로 맞이하거나, 보호자의 외출 행동에 동요한다. 이런 개들은 보호자와 상호작용을 할 수 없을 때 신경질적이거나 욕구불만이 된다. 또한 지속적으로 관심을 갈구하고 혼자 있으려 하지 않는다.

분리불안이 발생되는 이유는 가족의 생활패턴의 변화, 사회적 위치의 변화, 새로운 환경으로 이동, 보호자와 떨어지게 되는 경우 등이다.

☞ **행동교정**

개가 홀로 남겨진 것에 따른 두려움을 감소시키고, 보호자에 대한 의존심을 줄이는 것이 중요하다. 운동이나 감금, 음식의 제한 등은 효과를 보기 어렵다. 이 문제는 두려움에서 초래된 것이므로 역조건화와 둔감화를 이용한다. 분리불안을 해결하는 과정은 쉽지 않으므로 보호자의 강한 의지가 있어야 한다. 문제가 해결되지 않는다면 실행방법이 적절하지 않은 것일 수 있다.

개가 보호자의 외출을 예상하지 못하도록 일상적인 외출 행동을 반복한다. 옷맵시 가다듬기, 거울보기, 자동차 키 흔들기, 신발 신기, 문 열기 등을 반복하지만 외출하지 않는다. 이와 같은 행동을 외출과 무관하게 하루에 수회 반복한다. 개가 동요하면 무시하거나 엎드려 자세를 요구한다.

보호자의 출근 시 행동패턴을 다양하게 바꾸고, 필요한 준비를 미리 해둔다. 외출을 준비하는 동안에는 개에게 관심을 보이지 않는다.

보호자는 짧은 시간 동안 외출을 시작한다. 간식이나 장난감을 제공하여 두려움을 해소시키거나, 조용히 기다리게 한다. 훈련시간은 개의 반응을 보고 결정한다. 점차 개가 보호자의 부재시간을 예상할 수 없도록 불규칙하게 늘린다.

집에서 개가 보호자를 지속적으로 따라다니면 기다려 자세를 취하도록 유도한다. 간식을 이용하여 엎드려 기다리는 자세를 가르친다. 그리고 보호자는 개에게 자신의 모습을 보여주기와 숨기를 반복한다. 숙달정도를 고려하여 보이지 않는 시간을 늘린다.

보호자는 귀가 시 행동을 안정되게 한다. 개의 요구에 반응하지 않고 기다려 자세를 요구한다. 개의 흥분이 가라앉을 때까지 무시한다.

■ 두려움

개들은 무서울 때 배변한다. 배변을 유발하는 가장 두려운 요인은 소리이다. 두려움은 배뇨 또는 배변, 혹은 양쪽 모두를 포함한다. 두려움과 관련된 배뇨는 유발자극들에 의하여 일어난다. 그러므로 자극이 없어도 두려움을 경험한 곳에서 발생할 수 있다. 외출을 두려워하고 긴 시간 동안 혼자 밖에 머무는 것을 싫어한다. 그에 연계되어 집 안에서 배뇨를 시작하게 된다. 심해지면 개는 사람에 대해서도 두려움을 가진다.

행동교정

두려움에서 발생되는 문제행동을 해결하기 위해서는 먼저 유발자극을 파악한다. 그리고 원인자극에 대하여 둔감화 또는 역조건화를 실시한다.

■ 후각 자극

특정한 냄새는 이미 가지고 있는 배변문제를 악화시키는 요인으로 작용한다. 일반적으로 냄새는 배변문제를 발생시키는 직접적인 원인으로 보기 어렵다. 다른 동물들이 배변한 장소에서 나는 냄새는 영역표시행동을 유발할 가능성이 높다.

행동교정

다른 개의 소·대변 냄새에 배뇨하면 그 원인을 제거한다. 이는 문제행동으로 연계될 수 있다. 다른 동물의 냄새는 영역표시 행동을 유발하므로 그 장소를 확인하여 효소세정제로 중화시킨다.

■ 좋아하는 장소의 발견

배변장소의 접근성이 나쁘거나, 기상조건이 좋지 않으면 아무 곳에나 배변할 수 있다. 배변장소의 표면이 부적절할 때에도 문제가 발생한다. 개들은 날씨가 좋지 않은 상태에서 배변을 위해 집 밖으로 나가는 것을 꺼리고, 밖에 오래 머무르려 하지 않기 때문에 집에 돌아온 후 배변한다. 더위에 약한 개는 덥고 습한 날씨에 불쾌한 바깥보다 안락한 장소를 더 선호한다.

행동교정

개가 좋아하는 특정한 장소에 배변하는 문제는 적절한 표면과 장소를 제공하는 것이 중요하다. 개들은 풀과 같은 부드러운 표면과 생활공간과 떨어진 곳에 배변하기를 좋아한다. 마당이 없는 경우 작은 공간에 잔디를 심는 것도 좋은 방법이다. 개가 좋아하지만 배변하면 안되는 장소는 줄이나 장애물을 설치하여 접근할 수 없게 한다.

5-2 파괴적 행동

파괴적 행동의 행동학적 요인은 다음과 같다.
영역보호, 관심 유인, 사회적 격리, 놀이, 분리불안, 두려움, 호신행동

■ 영역보호

영역보호에 의한 파괴적 행동은 다른 사람이나 개의 존재와 관계되어 있다. 보호행동이 지나치면 파괴행동으로 전환된다. 행인에 대한 과민함은 문이나 울타리를 파손하는 행동으로 발전하고, 택배 배달원의 접근은 물품을 물어뜯는 파괴적인 행동으로 이어진다.

행동교정

파괴적 행동의 문제 해결은 교정에 앞서 원인에 대한 정확한 분석이 선행되어야 한다. 특히 두려움은 영역보호나 분리불안과 밀접하게 연관되어 있다.

영역을 지키고자 하는 과정에서 발생되는 파괴적 행동은 다른 사람에 대한 의미를 변화시킨다. 사람들에게 중립적인 태도를 가지거나 우호적으로 행동하도록 한다. 미지인이 개에게 좋은 것을 제공하는 방법으로 역조건화를 이용하여 점진적으로 둔감하게 한다.

■ 관심 유인

관심을 받기 위해 표현하는 파괴행동은 그 대상이 있을 때만 나타난다. 이는 관심을 받고 싶은 개가 무엇인가 파괴할 때 강화 받은 결과이다. 이들은 보호자가 볼 수 있는 곳에서 양말이나 신발 등을 물어뜯는다. 그리고 보호자가 다가오면 도망을 간다. 결국 보호자와 쫓고 쫓기는 즐거운 놀이를 하게 된다.

행동교정

보호자의 관심을 받고 싶은 개는 욕구가 충족되지 않으면 파괴적인 행동을 한다. 이 문제는 보호자의 태도를 변화시켜 해결한다. 개가 바람직한 행동을 할 때 관심을 줌으로써 적절한 행동이 강화되도록 한다. 수납장의 양말이나 쓰레기통에 파괴적인 행동을 하는 개에게는 문제의 장소 근처에 건드리면 큰 소리가 나는 덫을 설치하여 억제할 수 있다. 또는 개가 이미 그 물건을 가지고 있는 경우에는 다른 장소로 불러 간식을 주거나 '기다려'를 시킨 후 회수한다. 만약 개가 중요하지 않은 물건을 파손하고 있는 경우에는 무시하고 다른 방으로 가서 관심을 주지 않는 방법으로 서서히 제거한다. 이는 개에게 파괴적 행동으로는 보호자로부터 관심을 받지 못한다는 것을 배우도록 한다.

■ 사회적 격리

가족과 사회적인 관계가 단절된 환경에서 생활하는 개는 파괴행동을 한다. 차고나 지하실, 뒷마당 등에 고립되어 생애 대부분을 보낸 개들은 상호관계가 이루어지지 않는다. 산책이나 운동 또한 거의 할 수 없어서 주변에 있는 무엇이든 물어뜯거나 땅을 판다.

다양한 개들과 우호적 만남 ───────
출처: pixabay.com

행동교정
다른 개나 사람과의 사회적 관계가 단절된 조건에서 발생되는 파괴적 행동은 생활환경을 풍부화하여 놀이나 상호작용을 통해 해소시킨다. 보호자와 함께 지내고, 활동공간을 넓혀주며, 행동을 자유롭게 해준다.

■ 놀이

개는 입이나 발로 놀이를 한다. 신발·가구·소품·옷 등 주변에 있는 모든 것이 장난감이 될 수 있다. 놀이와 관계된 행동은 보호자가 있을 때는 벌을 받기 때문에 혼자 있을 때 하는 경향이 높다. 특히 영구치로 교체되는 시기에 많이 나타나고 활동적인 개에게 심하다. 이는 한 동안 계속되다가 갑자기 사라지기도 한다. 또한 장난감이 많이 있어도 다른 물건을 파괴한다.

행동교정

이 문제는 어리고 활동력이 큰 개일수록 더 많이 발생한다. 놀이나 호기심, 이갈이 시기에 연계된 파괴적 행동은 대안행동을 강화하거나 문제가 발생되지 않도록 선행통제한다. 이 개들은 보호자가 외출하면서 제공하는 장난감은 대부분 싫증이 난 상태이다. 따라서 테니스 공은 흥미를 가질 수 있도록 던져주고, 오랫동안 씹을 수 있는 개 껌이나 식욕을 자극하는 질긴 가죽을 준다.

■ 분리불안

물건을 파손하는 문제는 분리불안과 관계가 높다. 보호자가 없거나 외출한 후 30분 이내에 주로 일어난다. 이 문제의 행동 특징은 문이나 창문을 파손하거나, 그 앞에 있는 카펫이나 커텐 등을 물어 뜯고, 밖으로 나가려고 울타리를 파괴하거나, 보호자의 냄새가 남아있는 물건을 훼손한다.

행동교정

개가 홀로 남겨진 이유로 인한 파괴적 행동은 두려움을 감소시킨다. 실외에서 파괴적 행동을 하는 개는 실내에 들어오면 사라지는 경우가 많다. 이 행동은 운동이나 장난감을 더 많이 주는 방법으로 해결하기 어려우므로 역조건화와 둔감화를 이용한다.

개가 보호자의 외출을 예상하지 못하도록 일반적인 외출 행동을 반복한다. 옷맵시 가다듬기, 거울보기, 자동차 키 흔들기, 신발 신기, 문 열기 등을 반복한다. 이와 같은 행동을 외출과 무관하게 완화될 때까지 하루에 수회 반복한다. 보호자는 개의 반응을 무시하거나 엎드려 기다려 자세를 요구한다.

보호자의 출근 시 행동패턴을 다양하게 바꾸고, 필요한 준비를 밤에 미리 해둔다. 외출을 준비하는 동안에는 개에게 관심을 보이지 않는다.

보호자는 개가 짧은 시간 동안 외출을 시작한다. 간식이나 장난감을 제공하여 두려움을 해소시키거나, 조용히 기다리게 한다. 부재시간은 개의 반응을 보고 결정한다. 점차 개가 예상할 수 없도록 불규칙하게 늘린다.

집에서 개가 보호자를 지속적으로 따라다니면 휴식자세를 취하도록 유도한다. 간식을 이용하여 엎드려 기다리는 자세를 가르친다. 보호자는 개에게 자신의 모습을 보여주기와 숨기를 반복한다. 숙달정도를 고려하여 보이지 않는 시간을 늘려간다.

보호자는 귀가 시 행동을 안정되게 한다. 개의 요구에 대응하지 않고 기다려 자세를 요구한다. 개의 흥분이 가라앉을 때까지 무시한다.

■ 두려움

두려움을 느낀 개는 파괴적인 행동을 하는데 이는 주로 시각과 청각자극에 의하여 발생한다. 거대한 물체나 생소한 것, 천둥소리나 이상한 소리, 가전제품의 기계음, 깜짝 놀라게 하는 소리 등이다. 또한 특정한 장소에서 두려움을 느낀 경우에는 그 자극이 없어도 똑같이 무서워한다. 개는 두려움을 피하기 위해 안전한 장소를 찾는다. 그 과정에서 땅을 파거나, 출입문을 파손하고, 펜스를 물어뜯는 등의 행동을 한다.

행동교정

두려움에서 유발된 문제는 원인자극을 파악하는 것이 가장 중요하다. 그리고 그 요인들을 대상으로 역조건화와 점진적 둔감화를 적용한다. 지도사는 순조로운 행동교정을 위해 생활환경에 대한 풍부화를 동시에 실시한다.

■ 호신행동

개는 자신의 신체를 지키기 위해 안전한 장소를 확보하는 과정에서 파괴적인 행동을 한다. 땅을 파거나, 카펫을 긁거나, 쇼파를 물어뜯기도 한다.

행동교정

신체를 보호하기 위한 행동에 따른 파괴적인 문제는 적절한 환경을 조성해 준다. 개 전용 보금자리와 침대 등을 제공하고 바닥을 파는 행동을 대체할 수 있도록 마당에 흙이나 모래로 채워진 장소를 제공한다. 특정한 장소에 집중적으로 문제행동을 일으키면 줄을 치거나 건드리면 큰 소리가 나는 덫을 설치한다.

5-3 과잉 짖음

과도한 짖음의 행동학적 요인은 다음과 같다.
영역보호, 방어, 흥분, 관심 유인, 놀이, 분리불안, 두려움, 상동행동, 통증, 욕구불만, 집단적 행동 등이다.

■ 영역보호

개는 자신의 영역에 침범한 사람이나 동물을 쫓아내거나 또는 욕구를 표현하기 위해 짖는다. 초인종·노크·자동차의 소리에 공격적 또는 방어적 위협행동을 보인다. 짖음은 일반적으로 자극이 사라지면 멈춘다. 개의 영역은 잠자는 공간 또는 생활공간 전체로 보호자의 경계선과는 일치하지 않을 수 있다. 또한 개들은 자동차도 자신의 영역으로 여긴다.

영역을 보호하기 위한 짖음은 자신의 소유물로 여기는 것 근처에서 발생하고, 보호자의 존재 여부와 관계없이 나타난다. 또한 다른 사람과 동물을 향해 나타내고, 자극요인이 사라질 때까지 지속한다. 방어성 짖음은 개의 무리 내에서 나타난다.

행동교정

짖음을 유발하는 자극에 노출되지 않도록 한다. 창문을 통해 지나가는 사람을 보고 짖으면 가림막을 세운다. 손님에게 심하게 짖으면 방문시간 전에 다른 방에 둔다. 자동차 안에서 짖으면 크레이트에 넣어서 이동한다.

교정목표는 다른 사람에 대한 영역보호적인 행동을 우호적이고 친화적으로 변화시키는 것이다. 개가 다른 개나 사람들을 영역을 침범하는 대상에서 반가운 대상으로 여기도록 한다. 이를 이루기 위해 점진적 둔감화를 적용한다. 개가 방문자를 멀리서 관찰할 수 있도록 하는 것에서 시작한다. 이 훈련은 개가 허용하는 범위까지 시간을 두고 천천히 접근한다. 울타리 근처에서 얌전하게 대할 때까지 진행한다.

역조건화는 우호적으로 대응하는 것에서 시작한다. 짖음을 무시하고 간식이나 장난감을 지속적으로 제공한다. 개는 사람들이 우호적이라는 것을 알게 되면 안정적으로 변화된다. 이 과정의 성공은 다양한 사람들에 의한 좋은 경험의 제공에 달려있다.

손님이 방문할 때 문제가 발생하면 3~4회 짖도록 놔둔 후 "조용히"라고 요구한다. 통제되지 않고 계속 짖으면 실행어 뒤에 깜짝 놀랄 수 있는 큰 소리를 낸다. 개가 순간적으로 짖음을 멈추었을 때 보상한다. 이 과정을 반복하면 초반에 약간 짖은 후 점차 보상을 받기 위해 멈춘다.

■ 방어

다른 개나 사람으로부터 자신을 지키려할 때 짖는다. 몸짓은 방어적인 자세를 취한다. 귀를 뒤로 제치고, 꼬리는 내리고, 목 주위의 털을 세우고, 눈을 크게 뜨고, 몸을 웅크리고, 이빨을 드러낸다. 방어적인 짖음은 특정한 사람이나 동물을 향하고, 위협이나 공격성을 나타내고, 위협자극이 있을 때에만 표현된다.

짖는 행동이 친한 사람이나 다른 동물을 보호하려 한다면 영역보호와 무관하다. 이는 자신을 보호하려는 방어적 행동과 구성원을 방호하기 위한 공격적 행동으로 구별된다. 보통 자기보호적인 행동이 대부분이지만 개가 누군가를 보호하려 할 때는 침입자와 지키려는 사람 사이에 위치한다.

행동교정

방어성 짖음에 대한 대책은 영역보호행동과 유사하다. 방어성 짖음을 유발하는 자극이 확인
되었을 때는 환경을 바꾸어 원인을 제거한다. 역조건화와 둔감화로 개의 방어적인 짖음을
중립적이거나 우호적으로 변화시킨다. 불완전한 사회화로 짖으면 다양한 조건에서 사람과
상호작용을 경험시킨다. 방어성 짖음은 두려움·위협·처벌 등의 결합에 의해서 일어나기
때문에 개의 환경에 대한 풍부화와 보호자의 태도변화도 필요하다.

■ 흥분

개가 흥분된 상태에서 지나치게 짖는 것은 사람이나 다른 동물
을 반길 때 발생한다. 보호자가 귀가했을 때, 좋아하는 사람을 만났
을 때 또는 그 사람의 소리를 들었을 때 일어난다. 보통 이렇게 짖을
때는 우호적인 자세로 쾌활하다. 심지어 아플 때에도 이런 반응을 보
인다. 하지만 이 행동을 격려하면 문제가 악화된다.

———— 과도한 흥분
출처: www.pexels.com.
Kool Shooters

행동교정

보호자와 상봉할 때 짖으면 개에게 바로 접근하지 않거나, 귀가 후 즉시 개를 다른 장소로
데려가 짖지 않도록 한다. 이 문제를 완화시키려면 개가 짖을 때 무관심하고 안정된 후에 애
정을 표시한다. 또는 짖음이 멈출 때 보상한다.

■ 관심 유인

개들은 원하는 것을 얻고자 하거나 무시당할 때 관심을 끌기 위해 짖는다. 보호

자나 다른 동물의 주의를 끌기 위해 울부짖거나 애처롭게 짖는다. 집 밖에 두면 문 뒤에서 짖는다. 그렇게 함으로써 안으로 들어갈 수 있기 때문이다. 심지어 보호자가 전화할 때마다 짖기도 한다. 개가 사람의 관심을 끌기 위한 짖음은 사람이 있는 곳을 향해 짖고, 사람과 다른 동물이 근처에 있어도 홀로 있게 되면 짖는다. 이 때 동작은 친근하고 순종적이다. 또한 점프를 하거나 긁고 파는 행동을 나타내기도 한다.

행동교정

보호자의 관심을 끌기 위해 짖는 행동은 개가 사람과 상호작용하는 방식을 바꾸는 방법으로 교정한다. 이 문제를 가진 개들은 자신에게 무관심할 때 짖는다. 따라서 보호자는 개의 짖음이 멈출 때까지 기다린다. 관심을 갖지 않는 동안 더 심하게 짖는 것을 참을 각오를 한다. 개가 짖을 때 오히려 멀리 이동하는 방법도 있다. 보호자와 함께 있을 기회마저 빼앗는다. 교정과정에서 말로 질책하는 것은 보호자의 관심을 받는 데 성공한 결과로 작용한다. 보호자는 개의 짖음이 멈추면 관심을 보여줌으로써 교정한다.

개가 관심을 끌기 위해 짖는 상황을 미리 피한다. 집안으로 들어가기 위해 짖는 것은 짖기 전에 안으로 넣어 준다. 보호자가 통화를 할 때 짖으면 전화하기 전에 재미있는 장난감을 주거나 멀리 떨어진 곳에 위치시킨다.

■ 놀이

개는 놀이를 하는 과정에서 짖는다. 이는 사람이나 다른 개에게 참여를 유도하는 것이다. 보호자에게 놀아주기를 간청하거나 여러 마리의 개가 함께 놀 때는 짖거나 으르렁거리는 소리를 내기도 한다. 허리를 낮춰 활처럼 낮은 자세를 취하는 친근한 자세로 짖는다. 놀이에서의 짖음은 사람이나 공 같은 물체를 향하여 수시로 불규칙하게 나타낸다.

행동교정

다른 개와 놀다 심하게 짖으면 잠시 격리시킨다. 장난감을 향해 심하게 짖으면 빼앗거나 충분히 준다. 놀이과정에서 개의 짖음이 심해지면 자극수준이 낮은 장난감을 제공하여 완화시킨다. 짖음 방지용 목줄은 공격성을 유발하여 개들 사이에 싸움이 일어날 수 있으므로 사용에 주의한다.

■ **분리불안**

분리불안증을 지닌 개는 좋아하는 대상과 떨어지면 심하게 짖는다. 이는 보호자가 떠난 즉시 또는 30분 이내에 지속적으로 일어난다. 그리고 보호자가 집에 돌아오면 사라진다. 보호자가 나간 문이나 모습이 보이는 창문에서 짖는다. 또한 배변·파괴·탈출을 시도하고 겁에 질린 태도를 보인다. 이 개들은 보호자나 다른 동거동물에 강한 애착행동을 보인다. 날뛰며 반기는 행동, 보호자가 사라질 때 흥분, 보호자의 외출준비에 동요한다.

행동교정

이러한 짖음은 두려움에 의한 것이므로 개를 편안하게 해주는 것이 중요하다. 특히 개를 오랫동안 혼자 두지 않는다. 개를 위탁시설에 맡기든지 데리고 이동한다. 만일 실외에서 짖는 경우에는 집을 비우는 동안에 실내에 두고 갈 수도 있다. 또한 개의 보호자에 대한 관심을 줄이기 위하여 운동시키거나 장난감을 제공한다. 분리불안의 교정은 보호자의 의지가 중요하다.

보호자는 열쇠를 만지거나, 문에 다가가거나, 신발을 신는 것과 같은 외출 시 행동을 수시로 반복한다.

보호자는 외출준비 순서를 다양하게 변경하고, 전날 밤이나 외출 전에 미리 준비해 둔다. 외출 시에는 개에 대하여 관심을 가지지 않는다.

개가 불안감을 느끼지 않을 정도의 짧은 시간 동안 나간다. 개를 혼자 두는 시간은 개의 수준에 따른다. 몇 초에서 몇 분 사이에서 개가 예상할 수 없도록 변동한다. 이 과정이 보호자의 일상과 유사해질 때까지 연습한다.

개가 집에서 보호자에 집착하지 않도록 한다. 혼자서 안정되게 있을 수 있도록 보호자 근처에서 벗어나면 간식으로 보상한다. 초반에는 보호자와 이격 시간을 짧게 진행한다. 보호자는 개의 요구에 응하지 않고, 보호자의 의지대로 조용히 기다리게 한다.

귀가 시에는 개가 흥분하지 않도록 침착하고 안정된 태도를 취한다.

■ 두려움

개가 두려움을 느끼는 특정한 자극에 노출되면 짖음, 캥캥거림, 으르렁거림, 헐떡임을 나타낸다. 강풍이 불거나 번개가 치는 날 밖에 두거나, 크고 이상한 소리를 접할 때 등이다. 개들은 웅크리거나 두려운 자극으로부터 벗어나기 위해 노력한다. 두려움에서 발생되는 짖음은 최초에는 두려움을 일으키는 자극의 존재와 관계되어 있다. 이때 짖는 행동은 숨기·피하기·도망·웅크림을 수반한다. 특히 두려움을 느낀 장소는 자극이 없더라도 오랫동안 계속된다.

행동교정

두려움을 일으키는 요인을 파악하여 상황이 발생하지 않도록 한다. 특정한 자극 요인이 파악되면 둔감화나 역조건화를 실행한다.

■ 상동행동

상동성 짖음은 특정한 이유나 목적을 파악하기 어렵지만 지속적으로 고정되게 표현하는 행동이다. 이 경우는 아무것도 아닌 것을 보고 또한 아무런 자극이 없는 데도 짖는다.

> **행동교정**
>
> 이는 심리적 갈등상태에서 발생한다. 먼저 갈등 요인을 파악하고 둔감화나 역조건화를 적용하여 안정시킨다. 우호적인 방법으로 조용히 머물러 있는 행동을 강화하는 것이다. 처벌은 공격성을 야기할 수 있으므로 적절하지 않다.

■ 통증

개는 아플 때 짖음, 캥캥거림, 앓는 소리 등을 나타낸다. 또한 웅크림, 움직이지 않음, 절름거림 등으로 통증이 있는 부위를 보호하려는 행동을 보인다. 전기자극이나 체벌에 의한 통증은 두려움과 짖음을 동시에 나타나게 한다.

> **행동교정**
>
> 통증으로 인해 생기는 짖음은 그 원인이 제거되어야 한다. 다만 보호자의 처벌에 의한 것이라면 그 행동을 즉각 중단한다. 원인을 파악하기 어려울 때는 질병에 대하여 검진을 의뢰한다.

■ 욕구불만

개가 하고자 하는 것을 못하게 하면 짖음으로 불만족을 표현한다. 보이지 않는 곳에 있는 음식이나 담장 밖의 고양이는 짖음을 유발한다. 이 짖음은 지속적이고 놀이처럼 보이는 다양한 자세를 보인다. 점프·긁기·땅파기·지속적 걷기 등을 동시에 나타낸다.

행동교정

욕구불만에 의한 짖음은 그 원인으로부터 격리시키거나 제거한다. 고양이나 다른 개의 접근을 방지하고, 소리에 의한 유혹은 배경음악을 틀어놓아 예방한다. 또한 후각을 자극하는 요인들도 제거한다. 생활환경 변화와 대안행동을 할 수 있도록 환경조건을 풍요롭게 한다.

■ 집단적 행동

개들은 다른 개가 짖으면 같이 짖는 경향이 있다. 사이렌이나 특정한 소리에 나타나곤 한다. 이는 늑대의 하울링howling처럼 먼 거리까지 전달하는 기능이 있다. 이 짖음의 특징은 다른 개들을 모방하고, 그 개들을 향한다.

행동교정

실외에서는 교정이 현실적으로 불가능하다. 주변에 개가 없는 곳을 찾거나 실내에서 기른다. 보호자가 있을 때 발생하면 우호적으로 대응하는 것에서 시작한다. 짖음을 무시하고 간식이나 장난감을 지속적으로 제공한다. 문제가 발생하면 "조용히"라고 요구한다. 실행어 뒤에 깜짝 놀랄 수 있는 큰 소리를 낸다. 개가 순간적으로 짖음을 멈추었을 때 보상한다. 다른 개들의 소리가 들리지 않도록 환경을 조절한다.

5-4 적대 행동

적대행동의 행동학적 요인은 다음과 같다.
영역보호, 방어, 모성 본능, 우위, 놀이, 두려움, 전가행동, 특발성, 통증, 소유욕, 사냥성 등이다.

■ 영역보호

영역을 보호하기 위한 공격성은 침입자에 대해서 일어난다. 이는 현관 벨소리 또는 방문객이나 다른 개의 접근에 의해서 자주 발생하지만 그 대상이 사라지면 동시에 해소된다. 또한 자신의 영역에서 위협했던 개나 사람을 다른 장소에서 만나면 공격적이지 않다. 이 행동은 보호자의 존재 유무와 상관없이 일어나고, 방어적 또는 공격적 자세 모두를 나타낸다.

영역에 대한 경계
출처: www.pexels.com
Helena Lopes

행동교정

개의 공격성은 원인을 정확히 파악하고 해결해야 한다. 하지만 일반적으로 적대행동을 보이는 개들은 격리시키거나 입마개를 씌운다. 하지만 다른 사람들과 동물에게는 안전하지만 개의 삶의 질을 떨어뜨리고 공격성을 악화시킨다.

영역보호성 공격행동을 억제하는 쉬운 방법은 유발자극에 노출시키지 않는 것이다. 정원에서 통행인을 지속적으로 위협하는 경우에는 위치를 다른 곳으로 바꾸고, 산책 시에 나타내는 공격성은 이동로를 수시로 변경한다. 손님의 방문이 예정되어 있을 때는 현관 벨을 차단하거나 개를 일시적으로 다른 장소에 둔다. 자동차로 동행할 때는 개를 크레이트에 두어 다른 사람이나 동물을 볼 수 없게 하거나 안전하게 고정시켜 창문으로 나오거나 점프하고 돌아다니는 것을 막는다.

적대행동을 보이는 개는 두려움을 동시에 가진 경우가 많다. 이는 개의 영역에 들어온 사람이나 다른 개에 대한 감응도를 낮추는 둔감화와 부정적인 생각을 우호적으로 전환시키는 역조건화를 적용한다.

■ 방어

방어적 공격행동 ————
출처: pixabay.com

방어적 적대행동은 자신의 무리 구성원을 위협으로 부터 보호할 때 일어난다. 이는 영역과 관계없이 구성원 이 있을 때는 어디서든 나타난다. 개는 방어적 공격성이 유발되면 보호자나 보호하려는 개의 앞에 위치한다. 이 행동은 우위·두려움·영역보호·소유성 공격성보다 발 현빈도가 상대적으로 낮다.

행동교정

방어적 공격성을 유발하는 장난이나 손을 흔드는 것과 같은 동작에 주의한다. 다른 개의 접 근에 유발되는 경우에는 외부견의 방문을 삼간다. 또한 다른 사람이나 개를 만날 때 보호자 가 개보다 먼저 접근한다.

이 행동의 교정목표는 다른 개나 사람을 위협적인 존재에서 좋은 일이 생기는 존재로 인식 하도록 하는 것이다. 보호자와 인사하는 사람에 대하여 공격성을 나타내면 멀리서 신호하는 것부터 시작한다. 동시에 상대가 개에게 좋아하는 것을 준다. 점차 실제 조건처럼 조성하고 연습한다.

■ 모성 본능

모성 본능적 공격성은 자신의 새끼가 위험하다고 느낄 때 나타나는 방어적 행동 이다. 이는 생소한 사람이나 가족 혹은 집안의 다른 개에 대해서 나타난다. 다만 이 유형의 적대행동은 이유 후 다른 유형의 공격성으로 나타나지 않는다.

■ 우위

우위성 공격행동은 경쟁적 상호관계에서 보이는 적대적 형태이다. 이로 인한 공격성은 다른 사람이나 개에 대하여 나타나지만 일반적으로 사회적 관계가 있는 개체들에서 볼 수 있다. 이는 가족 구성원에게 직접적으로 표현될 수 있다는 의미이다. 이 유형은 처음 보는 사람이나 개에게는 잘 나타나지 않는다.

우위성 공격행동은 다른 사람이나 개가 우위를 나타내는 행동을 할 때, 자신이 우위적 행동을 보일 때, 상대로부터 양보행동을 받지 못할 때 유발된다. 사람에게 우위성 공격행동을 시작하는 시기는 1살에서 2살 사이이고, 암캐보다 수캐에서 더 흔하다. 그러나 동거견들 간의 싸움에서는 암캐가 공격을 개시하는 경우가 많다.

―――― 우위성에 의한 대치 상태
출처: pixabay.com

동거견들 간의 우위성 공격은 서열관계의 불안정이 원인이다. 보통 자신의 우세적 위치가 침범당할 때 발생하지만 벨이 울릴 때나 보호자를 맞이하기 위해 달려가는 상황에서 일어날 수도 있다. 개들 간의 우위는 상황에 따라 다르다. 좋아하는 장소를 지배하는 경우, 장난감을 가지는 경우, 양쪽 모두에 우위성을 가지는 경우 등이다.

행동교정

우위적 적대행동은 유발요인을 사전에 제거하여 억제하는 것이 효과적이지만 최소한의 대응책을 준비한다. 유발자극을 예측하기 어렵거나, 개들이 함께 있을 수밖에 없는 경우 입마개를 씌운다. 동거견들 사이에서는 경쟁적인 관계를 피한다. 동거견들의 우위성 다툼은 보호자가 있을 때 주로 일어난다. 따라서 경우에 따라 보호자 없이 개들만 남겨두는 것도 해결책이 될 수 있다.

보호자에 대한 우위성 공격은 상호관계의 우열을 새롭게 정한다. 개의 우위성은 요구하는 것을 제공하지 않는 방법으로 변화시킬 수 있다. 개에게 원하는 것을 얻으려면 보호자에 대한 우위성을 포기하도록 한다. 개는 보호자의 우위적인 동작을 기꺼이 받아들이고 장난감이나 음식, 공간 등을 포기해야 한다. 이는 점진적 둔감화의 순차적인 적용이 핵심이다. 훈련동안에는 개에게 승리감을 줄 수 있는 상황이나 대립을 피한다. 개와 대결상황이 발생하지 않고 순조롭게 이루어지록 실행어에 대한 조건화를 강화한다.

동거견에 대한 행동은 우위에 있는 개를 응원하고 하위 개들에게는 순응행동을 유도하여 우열을 안정화한다. 우위에 있는 개에게 음식이나 보호자의 접촉에 대한 우선권을 제공하여 하위의 개로 하여금 기다리는 것을 강화한다. 우위견이 음식을 차지한 동안 다른 개에게는 장난감을 줘서 보상한다.

생소한 개에 대한 공격적인 행동에는 하위의 행동을 유도한다. 이는 점진적 둔감화를 적용하여 강화한다. 다만 진행과정에 적합한 수준의 상대견과 하위서열의 행동에 대한 강화방법을 준비해야 성공할 수 있다.

■ 놀이

다른 개와 놀이 ———
출처: pixabay.com

놀이과정에서 발생하는 공격행동은 노는 동안에 일어나는 위협이나 다툼이다. 놀이행동은 습격·쫓기·물기·흔들기 등으로 포식행동과 유사하다. 이 행동은 강아지나 젊은 개에서 주로 나타나지만 나이 많은 성견에서도 가끔 볼 수 있다.

행동교정

놀이 과정에서 발생되는 공격성은 흥미를 가지고 있는 놀이에 집중하게 하고 줄다리기와 같은 게임을 피한다. 공격적 행동이 발생되면 중단하고 일시적으로 격리시킨다. 이는 사람을 물면 놀이 기회가 빼앗긴다는 것을 알려준다. 또는 굉음이나 시트로넬라[20]Citronella와 같은 자극성 냄새로 억제시킨다.

■ 두려움

두려움은 자신의 안전이 위협받거나 안전공간이 침범될 때 일어나는 방어적 형태이다. 생소한 사람이 다가오거나, 모르는 개가 접근하거나, 때릴 것처럼 손을 올릴 때 나타난다. 두려움에 의한 공격행동은 상대가 위협을 멈추거나 안전공간 밖으로 물러나면 사라진다. 이는 가장 일반적인 유형이고, 보통 다른 유형의 공격성과 결합되어 나타난다.

행동교정

생소한 사람이나 개에게 두려움을 느끼는 개는 그들의 접근을 막기 위하여 공격적 행동을 한다. 이 문제는 두려워하는 자극에 대하여 수용력을 가질 수 있도록 점진적 둔감화를 실시한다. 이 과정에서 두려움이 호감으로 바뀔 수 있도록 음식이나 장난감 등을 이용하여 역조건화한다.

■ 전가행동

전가성 공격행동은 유발요인이 아닌 다른 대상을 향한 것이다. 이는 공격대상에 대한 직접적 행동이 제한될 때 발생한다. 따라서 보호자에게도 전가행동을 할 수 있

---

20 방부 및 살균 효과가 있는 자극성 다년생 풀

다. 일반적으로 집 앞을 지나가는 다른 개를 보고 서로 공격하는 경우, 지나가는 개에게 위협하던 개가 돌아서서 보호자를 무는 경우, 다른 개와 싸우다 말리는 사람을 무는 경우 등에서 볼 수 있다.

행동교정

전가성 공격행동은 문제가 발생하지 않도록 생활공간 주변에 다른 유발요인의 접근을 차단한다.
낯선 개가 옆을 지나갈 때는 혼자 놔두거나 동거견 중 나머지 개를 격리한다.

■ 특발성

특발성 공격행동은 예측하기 힘들다. 이는 약한 자극에도 매우 강력하게 반응한다. 행동표현은 우위성으로 인한 공격성과 유사하다.

행동교정

이 행동의 이유는 제어하기 어려우므로 한시적이지만 입마개를 씌우거나 사람의 접근을 제한한다.

입마개 착용한 모습 _____
출처: www.pexels.com
Guisell Bar

■ 통증

통증에 의한 공격은 고통이나 불편에 대한 방어적인 행동으로 두려움에 의한 것이다. 이는 고통스러운 자극에 반응해서 일어난다. 처벌에 의한 공격성은 두려움과 고통을 피하려는 것이다.

■ 소유욕

소유욕에 의한 공격행동은 음식이나 좋아하는 장난감을 가지고 있을 때 일어난다. 이는 그것을 집으려 하거나 또는 접근하는 것에 나타난다. 다른 개나 고양이 그리고 사람에 대해서도 공격한다. 자세는 우위적이거나 방어적일 수 있다.

행동교정

음식이나 특정한 장난감에 대한 강한 소유욕으로 발생되는 공격성은 접근기회를 인위적으로 조절한다. 접근을 차단하기 어려운 경우 개를 다른 장소로 부르거나 산책시킨다. 이 공격행동은 우위성에 의한 것일 수 있으므로 정확한 판단이 필요하다. 특정대상을 포기하면 더 큰 것을 얻을 수 있다는 점을 가르친다. 음식을 지키는 개에게 다가가 맛있는 고기를 주는 방법이다. 이 때 공격행동이 유발되지 않도록 거리를 조절하여 점진적으로 진행한다.

■ 사냥성

사냥은 음식물을 얻기 위해 공격하거나 죽이는 행위로 다른 동물을 포획할 때 볼 수 있다. 이때는 소리를 내거나 으르렁거리고 이를 드러내는 위협행동을 나타내지 않는다. 어린이나 다른 개에게 집단적으로 공격하기도 한다. 개들이 자전거를 타거나 조깅하는 사람을 쫓는 것은 빠르게 움직이는 물체에 대한 사냥성 행동이다.

행동교정

이 행동은 큰 피해를 줄 수 있으므로 지속적으로 감시하거나 안전한 견사에서 생활하게 한다. 특히 사람을 향한 경우에는 관리방법을 심각하게 고민해야 한다. 이는 보호자의 통제권 밖에서 발생하는 경우가 많다. 개가 자극통제권에 있도록 '와' 실행어에 대한 훈련을 완성시킨다. 사냥욕구를 자극하는 시각·후각적 다양한 상황을 조성하여 통제력을 높인다. 무선장치를 이용하는 것도 효과적일 수 있다. 다만 개에게 해가 없도록 시트로넬라를 분사하는 방법과 같은 것이어야 한다.

제5장

평가

I. 반려견 행동지도사 국가자격 실기 평가기준

▶ 표 5-1 CD 평가기준

항목	평가	세부내용
공통	−1	• 실행어 2회
	−3	• 지도사가 행동을 요구하면서 자세 변경 • 실행어 제시 이전에 수행
	−5	• 실행어 3회
	−1 ~ −5	• 지도사의 행동 유도는 정도에 따라 차등 감점
	실격(0점)	• 실행어 3회 초과
동행	−1	• 당김, 측면 이격, 뒤처짐, 회전 시 산만, 지도사의 도움 • 군중에서 다른 사람에 반응 • 실행어 없이 앉아 자세
	실격(0점)	• 동행 간 공격적인 행동
동행 중 앉아	−1	• 동작 속도 완만, 자세 유지 부족, 지도사의 도움
	−5	• 자세 부정확
	실격(0점)	• 응시견이 지도사에게 감

동행 중 엎드려	−1	• 동작 속도 완만, 자세 유지 부족, 지도사의 도움
	−5	• 자세 부정확
	실격(0점)	• 응시견이 지도사에게 감
동행 중 서	−1	• 동작 속도 완만, 자세 유지 부족, 지도사 앞에 앉아, 지도사의 도움
	−5	• 자세 부정확
	실격	• 응시견이 지도사에게 감
와	−5	• 응시견을 불렀을 때 오지 않음
	실격(0)	• 응시견이 기다려에서 이탈
대기	−1	• 대기 자세 불량, 산만, 1m 이내 이탈, 지도사의 도움
	−3	• 지도사가 대기 동작 해제를 위해 응시견에게 다가갈 때 움직임
	−5	• 응시견이 자세를 변경하여 대기
	실격(0점)	• 대기 중 3m 이상 이탈 • 대기 장소 이탈 후 3회 실행어 이내 돌아오지 않는 경우
악수	−1	• '손' 동작 시 지도사가 응시견의 손을 잡기 위해 유도하는 행동 • 다른 손을 주는 경우
굴러	−1	• 다른 방향으로 구르는 경우
차렷	−1	• '차렷' 자세 해제 시 응시견이 즉시 반응하지 않는 경우
기어	−1	• 엎드려 속도, 응시견의 팔꿈치가 지면에서 뜬 경우, 지도사의 도움
하우스	−1	• 응시견이 직진하지 않는 경우, 하우스에서 머뭇거림 • 하우스 안에서 산만, 복귀 속도
평지 덤벨운반	−1	• 덤벨을 던질 때 응시견의 자세 불안정 • 회수 속도 저조 • 덤벨 운반 후 지도사 전면 '앉아' 자세 • 덤벨을 씹는 경우
	실격(0점)	• "놔" 실행어 3회 초과에 거부
허들 넘어 덤벨운반	−1	• 덤벨을 던질 때 응시견의 자세 불안정 • 회수 속도 저조 • 덤벨 운반 후 지도사 전면 '앉아' 자세 불량 • 허들에 발이 스치는 경우

		−2	• 허들을 딛는 경우
		−3	• 허들을 넘어뜨리는 경우
넓이뛰기		−1	• 응시견의 기본자세 불량, 넓이 뛰기에 발 접촉
		−2	• 넓이 뛰기를 밟고 넘는 경우
물건 지키기		−3	• 전반적인 복종태도 불량 • 물건 지키기 부족
		실격	• 물건감시 중 1m 이상 이탈 • 물건감시 중 파손 • 헬퍼 공격
냄새 선별		−2	• 선별 간 지도사의 자세 변경 • 물건 훼손 • 선별 후 지도사 정면에 '앉아' 자세 불량
		실격(0점)	• 선별 시 1분 경과 • 선별대에 올라가거나 건너 뜀 • 선별대 파손 • 선별대 이탈

► 표 5-2 BH 평가기준

항목		평가	세부내용
동행 능력	공통	−0.5	• 지도사와 이격, 집중력 부족, 앉아 위치 부정확
	줄 잡고 동행	−0.5	• 속도 변환 시 부조화(집중력 부족, 당김, 뒤처짐) • 좌·우 회전 시 부조화(지도사와 이격, 집중력 부족, 느림) • 군중에서 불안정(집중력 부족, 지도사와 이격, 완만한 '앉아')
		−1.0	• 동행 중 부조화(측면 이격, 당김, 뒤처짐, 의욕 부족) • 회전 부조화(느린 회전, 넓은 회전, 집중력 부족)
	줄 잡고 동행	−0.5	• 속도 변환 시 부조화(집중력 부족, 당김, 뒤처짐) • 좌·우 회전 시 부조화(지도사와 이격, 집중력 부족, 느림) • 군중에서 불안정(집중력 부족, 지도사와 이격, 완만한 '앉아')
		1.0	• 동행 부조화(측면 이격, 당김, 뒤처짐, 의욕 부족) • 회전 부조화(느린 회전, 넓은 회전, 집중력 부족)
	동행 중 앉아	−1.0	• 동행 부조화(측면 이격, 당김, 뒤처짐, 의욕 부족) • 대기 불안정(지도사가 이격 후 돌아올 때 집중력 부족, 산만)
		−5.0	• 앉아 자세 불안정(앉지 않고 서 또는 엎드려)

	동행 중 엎드려 및 와	−0.5	• 대기 불안정(지도사가 이격될 때 집중력 부족, 산만)
		−1.0	• 동행 부조화(측면 이격, 당김, 뒤처짐, 의욕 부족) • 와 불완전(완만한 '와', 정면 앉아 부정확, 종료자세 완만)
		−5.0	• 엎드려 자세 불완전(앉아 또는 서)
	대기	−0.5	• 지도사의 자세 불안정
		−1.0 ~ −3.0	• 응시견의 불안정한 엎드려 • 지도사가 응시견에게 접근할 때 일어서거나 앉는 경우 • 지도사가 응시견에게 접근할 때 다가오는 경우
		−3.0	• 응시견이 서거나 앉았지만 대기 장소를 이탈하지 않은 경우
		−5.0	• 지도사의 도움 • 시험 중 다른 견이 종목 2 완료 후 대기장소 이탈
		−10.0	• 시험 중 다른 견이 종목 2 완료 전 대기장소로부터 3m 이상 이탈
성격	미지인들 만남	−1.0 ~ −3.0	• 미지인에 대한 두려움
		실격	• 미지인에 대한 공격
	자전거 만남	−1.0 ~ −3.0	• 자전거에 대한 두려움
		실격	• 자전거에 대한 공격
	자동차 만남	−1.0 ~ −3.0	• 자동차에 대한 두려움
		실격	• 자동차에 대한 공격
	조깅, 스케이팅 하는 사람 만남	−1.0 ~ −3.0	• 조깅하는 사람 또는 인라인스케이팅을 하는 사람에 대한 두려움
		실격	• 조깅하는 사람 또는 인라인스케이팅을 하는 사람에 대한 공격
	미지견 만남	−1.0 ~ −3.0	• 다른 개들에 대한 두려움
		실격	• 다른 개들에 대한 공격
	단독고정상태 미지동물 만남	−1.0 ~ −3.0	• 상황 또는 미지견에 대한 두려움
		실격	• 미지견에 대한 공격

► 표 5-3 IGP 1 obedience 평가기준

평가항목	평가 및 세부내용
동행	• 당김, 측면 이격, 뒤처짐, 완만한 앉아, 실행어 부가 사용, 신체적 도움, 보속 변경과 회전 시 산만, 의기소침은 감점
동행 중 앉아	• 행동력 부족, 완만한 자세로 앉아, 불완전, 산만한 자세는 감점 • 엎드리거나 서 있는 경우 5점 감점
동행 중 엎드려	• 행동력 부족, 완만한 자세로 엎드리기, 불완전한 엎드려 자세, 느린 태도로 지도사에게 오기, 지도사의 발을 벌리고 서 있는 자세, 지도사 정면 앉기와 종료 시 불완전은 감점 • '엎드려' 실행어 후에 응시견이 앉거나 서 있는 경우 5점 감점
평지 덤벨운반	• 기본자세 불완전, 태만한 자세로 달려가기, 운반능력 부족, 태만한 자세로 돌아오기, 덤벨 떨어뜨림, 덤벨을 가지고 놀거나 물어뜯음, 지도사의 발 벌린 자세, 정면에 앉기, 종료동작 결함, 덤벨을 충분히 던지지 않은 경우, 지도사의 도움은 감점 • 지도사가 과정 종료 전에 자신의 위치를 이탈하면 과목은 '부족'으로 평가, 응시견이 덤벨을 가져오지 않을 경우 0점
허들 넘어 덤벨운반	• 기본자세 결함, 태만한 자세로 뛰어가기와 넘기, 운반능력 부족, 덤벨 떨어뜨림, 덤벨을 가지고 놀거나 물어뜯는 경우, 지도사의 발을 벌린 자세, 정면 앉아와 종료동작 결함은 감점 • 점프 시 허들과 접촉하면 −1점, 허들을 밟고 넘어가면 −2점 • 허들 넘어 덤벨운반 배점: 뛰어 넘기 5점, 운반 5점, 뛰어 넘어오기 5점 • 이 과목의 부분평가는 3개 부분(넘어가기/운반/넘어오기) 중에 최소 1번의 도약과 '운반'을 실행했을 때 가능 • 운반이 실행되지 않으면 이 과정 점수는 0점 <table><tr><td>뛰어넘기 그리고 가져오기를 완벽하게 실행</td><td>15</td></tr><tr><td>뛰어 넘어가기 혹은 뛰어 넘어오기를 실행하지 않았지만 덤벨을 완벽히 운반</td><td>10</td></tr><tr><td>뛰어 넘어가기와 뛰어 넘어오기를 실행했지만 덤벨 운반 실패</td><td>0</td></tr></table> • 덤벨이 심하게 한쪽으로 벗어난 경우, 혹은 응시견에게 잘 보이지 않게 놓여 있는 경우 지도사는 심사위원의 허락 하에 1회 던질 수 있다. 이때 응시견은 앉아 있어야 한다. 응시견이 지도사를 허들너머까지 따라가면 0점이다. 응시견이 기본자세에서 벗어났지만 허들 전에 멈추면 1단계 강등된다. 지도사의 도움은 감점이다. 지도사가 이 과정 종료 전에 위치를 이탈하면 '부족' 평가
판벽 넘어 덤벨운반	• 기본자세 결함, 태만한 자세로 뛰어넘기와 뛰어가기, 운반능력 부족, 태만한 자세로 넘어오기, 지도사 발을 벌린 자세, 정면 앉기와 종료동작 결함은 감점 • 이 과정의 부분평가는 3개 부분(넘어가기/운반/넘어오기) 중에 최소 1번의 도약과 '운반'을 실행했을 때 가능 • 운반이 실행되지 않으면 0점

	뛰어넘어오기를 완벽하게 실행	15
	뛰어 넘어오지 않고 판벽을 우회	0

- 지도사의 도움은 감점, 지도사가 과정 종료 전에 위치를 이탈하면 '부족'

전진 중 엎드려	• 행동능력 부족, 지도사의 동반 이동, 태만한 자세로 전진, 한쪽으로 심한 이탈, 너무 짧은 거리, 머뭇거림, 너무 이른 엎드려, 불완전한 엎드려 자세, 응시자가 접근할 때 너무 이른 일어나기, 빨리 앉아 등은 감점 • 응시견이 대기장소를 이탈하거나 혹은 지도사에게 돌아오면 0점	
	응시견을 멈추게 할 수 없을 경우	0
	1회 추가 실행어	−1.5
	2회 추가 실행어	−2.5
	응시견을 멈추게 할 수 있지만 2회째 추가실행어에 엎드리지 않는 경우	−3.5

대기	• 지도사의 태도 불완전, 지도사의 도움, 응시견의 불안한 엎드려 자세, 응시견에 복귀할 때 너무 이른 서 또는 앉아는 감점 • 응시견이 서거나 앉아 있는 경우 다만 대기장소를 이탈하지 않으면 부분평가 • 다른 견이 시험과목 3을 종료하기 전에 대기장소에서 3m 이상 이탈하면 0점 • 다른 견이 시험과목 3을 종료한 후에 대기장소를 이탈할 경우 부분평가 • 지도사가 응시견에게 복귀할 때 다가오면 최대 3점 감점

► 표 5-4 IGP 1 Tracking 평가기준

평가	세부내용
가점	• 원점에서 자발적 출발 • 출발 후 추적줄이 완전히 풀릴 때까지 지도사가 움직이지 않음 • 추적줄이 긴장감을 유지한 상태로 추적

평가		세부내용
감점	-4	• 부적절한 출발 • 일시적인 트레일 • 굴절부위에서 과도한 선회 • 유류품 발견 동작 미흡 • 유류품 발견 오류 • 추적을 지속적으로 하지 않거나 소극적으로 함 • 지도사의 계속된 칭찬
	-7	• 유류품을 발견하지 못함
	-8	• 출발신호 반복 • 코를 높이 들고 트레일 • 성급한 추적 • 배뇨, 배변 • 동물이나 곤충을 쫓음

실격	• 족적취선에서 추적줄 길이 이상 이탈 • 지도사가 심사위원의 지시에 불응 • 추적 시작 후 15분 이상 경과 • 응시견이 추적을 하지 않는 경우(한 장소에 장기 머무름)

▶ 표 5-5 IGP 1 Protection 평가기준

항목	평가 및 세부내용
블라인드 수색	• 지도사의 통제에 대한 수용력, 역동적 수색, 블라인드에 대한 주의 및 선회 태도 등 　이 부족하면 감점
헬퍼 억류	• 집중력 있게 감시하지 못하면 감점 • 지속적인 짖음 부족은 −5점, 약한 짖음은 −2점, 짖지는 않지만 집중력 있게 경계 　하면서 헬퍼 주위에 체류하면 −5점 • 응시견이 헬퍼를 부딪치거나, 뛰어오르거나 하면 최대 −2점, 강하게 물면 최대 　−9점 • 응시견이 헬퍼 앞에 머물러 있으면 시험은 계속되지만 부족으로 평가 • 응시견이 헬퍼를 억류하지 않거나 감시위치를 이탈하면 시험 종료 • 응시견이 블라인드로 접근하는 지도사에게 다가오거나 소환 전에 오면 부족
헬퍼 도주저지	• 신속한 반응과 대처, 강한 물기와 효과적인 도주 억제, 야무지고 안정된 물기, 헬퍼 　에 밀착된 집중력 있는 감시가 중요한 판단기준 • 응시견이 엎드리거나, 20보 이내에 도주 시도를 확실하게 저지하지 못하면 시험 종료 • 감시단계에서 약간의 산만함이 보이면 성적이 1단계 하향, 응시견이 상당히 산만하 　게 감시하면 성적이 2단계 하향 • 응시견이 헬퍼를 감시하지 않지만 경계위치에 머무르면 성적은 3단계 하향 • 응시견이 경계위치를 이탈하거나, 지도사가 응시견에게 헬퍼에 머무르도록 음성신호 　를 내리면 시험 종료
감시 중 반격에 대항	• 신속하고 열정적인 물기, 놓을 때까지 야무지고 안정적 상태, 헬퍼에 밀착해서 집중 　적인 감시들이 중요한 판단기준 • 감시단계에서 응시견이 약간의 산만함이 보이면 성적은 1단계 하향, 응시견이 헬퍼 　를 산만하게 감시하면 성적은 2단계 하향, 응시견이 헬퍼를 감시하지 않지만 경계 　위치에 머물러 있으면 3단계 하향 • 응시견이 접근하는 지도사에게 다가오면 부족 평가 • 경계위치를 이탈하거나 응시견이 헬퍼에 머물게 하도록 지도사가 음성신호를 내리 　면 시험 종료
이동 중 공격에 대항	• 신속하고 열정적인 물음, 놓을 때까지 야무지고 안정적인 물기, 헬퍼에 밀착된 집중 　적인 감시들이 중요한 판단기준 • 응시견이 경계단계에서 약간의 산만함이 보이면 1단계 하향, 응시견이 헬퍼를 산만 　하게 감시하면 2단계 하향, 헬퍼를 경계하지 않지만 경계위치에 머물러 있으면 3단 　계 하향 • 응시견이 접근하는 지도사에게 다가오면 부족으로 평가, 응시견이 경계 위치를 이 　탈하거나 헬퍼에 머무르도록 지도사가 음성신호를 내리면 시험 종료

2. 반려견 스포츠 평가

▶ 표 5-6 Agility 평가기준

평가		세부내용
시간		• 표준시간을 초과한 만큼 감점 • 코스 시간은 0.01초 단위 측정
코스	실패 (-5)	• 허들의 봉, 월의 상단을 떨어뜨림 • 롱 점프 장애물을 넘어뜨림 • 장애물을 접촉 • 접촉 장애물의 접촉구간을 밟지 않음 • 시소가 땅에 닿기 전 뛰어내림 • 위브 폴 중간에서 빠짐(1회만 실패 인정)
	거부 (-5)	• 장애물 앞에서 멈추거나 도는 경우 • 허들 봉 아래로 지나감 • 터널에 머리나 발을 넣었다 다시 나옴 • 장애물의 거부 라인을 통과 • 위브 폴 진입을 잘못한 경우 • 시소에서 중간을 넘지 않고 내려옴 • 도그워크와 A판벽에서 내리막에 진입하지 않고 뛰어내림
실격		• 핸들러가 손에 무엇을 가지고 있는 경우 • 목줄이 채워진 경우 • 심판의 출발신호 전에 출발 • 경기장 안에서 배뇨 및 배변 • 코스 진행순서와 다르게 장애물을 접촉하거나 시도 • 핸들러가 장애물을 넘어뜨림 • 참가견을 거칠게 다루거나, 참가견이 핸들러에게 공격성을 보임 • 경기장 안에서 참가견을 통제할 수 없다고 판단되는 경우 • 3회 거부하거나, 최대시간을 초과 • 위브 폴을 2회 이상 거꾸로 통과 • 핸들러가 장애물을 뛰어넘음

▶ 표 5-7 Fly ball 대회의 종류별 평가기준

종류	세부내용
라운드 로빈	• 레이스 승리 시 2점, 비길 경우 1점, 패배 및 실패 시 0점 • 가장 많은 포인트를 획득한 팀이 라운드 승리 • 두 팀의 포인트가 같은 경우 완주 시간이 빠른 팀이 승리

스피드 트라이얼	• 참가팀은 히트를 마친 후 완주 시간으로 순위 결정 • 가장 빠른 완주 시간이 동일한 경우 두 번째 빠른 완주 시간으로 결정
싱글 토너먼트 /패자 부활전	• 레이스에 이긴 팀이 다음 레이스에 진출 • 패자부활전을 통해 레이스 1회 더 진행

► 표 5-8 Fly ball 평가기준

평가	세부내용
파울 (재시도)	• 1번 참가견이 시간을 측정하기 전에 출발선을 넘는 부정출발 • 앞의 견이 피니시 라인을 통과하기 전에 다음 견이 출발하는 얼리 패스 • 허들을 넘지 않고 지나침 • 참가견이 달리는 동안 핸들러가 스타트 라인을 넘어서 움직임 • 볼을 물지 않고 피니시 라인 통과
실격	• 한 팀이 워밍업을 끝낼 때까지 상대팀이 경기장에 나타나지 않음 • 상태 팀의 응시견이나 핸들러를 방해 • 심판을 방해하거나 시끄럽게 하면 경고 후 패배 선언 가능

3. 빈려견 성격평가

3-1 켐벨의 반려견 성격평가

► 표 5-9 강아지 성격평가

항목	방법	표현행동
친화력	강아지를 낯선 곳에 놓고 몇 걸음 떨어져 앉아서 손뼉을 치며 명랑한 소리로 부른다.	a. 빨리 뛰어와서 손을 핥거나 문다. b. 꼬리를 들고 빨리 와서 무릎 위로 뛰어 오른다. c. 꼬리를 수평이나 약간 아래 상태로 빨리 온다. d. 주저하거나 느린 동작으로 온다. e. 오지 않는다.
따르기	아무 말 없이 일어서 걷는다.	a. 바싹 붙어 꼬리를 흔들며 발걸음을 쫓는다. b. 꼬리를 들고 빨리 따라와서 가까이 선다. c. 주저하며 따라온다. d. 느린 동작으로 천천히 따라온다. e. 따라 오지 않는다.

가져오기	종이를 구겨 강아지 2~3m 전방에 던진다.	a. 종이를 빨리 쫓아 가져오지만 주지 않고 논다. b. 쫓아가서 가져온다. c. 주저하며 쫓아가서 일부분만 가져온다. d. 쫓아가지 않는다. e. 종이를 따라가지만 다른 방향으로 간다.
훈련능력	강아지 머리 위에서 종이로 소리를 낸 다음 옮기면서 '앉아'라고 한다. 잘하면 가지고 놀게 한다. 4~5회 반복한다.	a. 종이를 가지려고 뛰어오른다. b. 처음에는 뛰어오르지만 2~3회 후에 앉는다. c. 2~3회 후에 꼬리를 흔들며 앉는다. d. 앉은 다음 그만둔다. e. 멀리 걸어간다.
사교성	강아지의 머리와 목, 어깨, 귀, 머즐, 발 등을 만진다.	a. 뛰어올라 으르렁거리거나 손을 문다. b. 손을 긁거나 몸부림치며 뛰어 오르려고 한다. c. 몸부림 치고 손을 핥는다. d. 구른 다음 배를 보인다. e. 몸부림치고 멀리 걸어간다.
복종	강아지를 옆으로 굴리거나 바닥에 등을 붙여 조용해 질 때까지 가만히 있게 한다.	a. 심하게 몸부림치고 으르렁거리거나 짖는다. b. 강하게 몸부림친다. c. 몸부림치다가 조용해진다. d. 몸부림치지 않고 손을 핥는다. e. 몸부림치지 않고 오줌을 눈다.

출처: William E. Campbell. Behavior Problem in dogs/Dog Owner Guidance Service.

성격 테스트 이해

a가 3개 이상

이런 강아지는 지배적이고 공격적인 성향을 보여준다. 처음으로 개를 기르는 사람이나 어린 아이가 있는 가정이나 수동적이거나 유순한 성격의 사람에게는 적당하지 않다. 이들은 강한 훈련방법을 쓰는 성인에게 적당하다. 너무 강렬하거나 공격적인 훈련방법은 저항하거나 더 공격적으로 만들 수 있다. 경험과 식견이 많은 사람이 관리하면 좋은 반려견이 될 수 있다.

a와 b 또는 b의 혼합이 3개 이상

이런 강아지는 외향적이고 지배적일 수 있다. 처음으로 강아지를 기르거나 어린아이가 있는 가정에서는 좋지 않지만 성인에게는 괜찮다. 이런 강아지는 경험이 많은 사람에게 좋은 반려견이 될 수 있다.

c가 3개 이상

이런 강아지는 대부분의 가정에 적응하기 쉽다. 아이가 있거나 성인, 처음으로 강아지를 기르는 사람에게 적당하다. 이런 강아지는 훈련을 잘 받는다.

d가 3개 이상

이런 순종적인 강아지는 상냥하고 조용하게 다루어야 하고 노인이나 성인에게도 좋은 친구가 될 수 있다. 긍정적인 훈련방법과 주의 깊은 사회화가 이런 강아지의 사회성을 높일 것이다. 이런 강아지는 거칠게 다루어서는 안 된다.

b와 d 또는 e의 혼합이 3개 이상

이런 강아지는 비사교적이거나 수줍어 할 수 있다. 평점에 a가 있으면 스트레스를 주는 상황에서 물 수도 있다. 아이들이나 경험이 없는 사람에게는 좋지 않다.

테스트에서 결과를 확신할 수 없거나 이해하기 어려운 결과가 나오면 새로운 곳에서 다시 테스트하거나 다른 사람에게 테스트를 부탁한다. 또한 강아지에 대한 보호자의 정서적인 반응을 포함하여 훈련, 사회화, 성장에 따라 결과가 변할 수 있다.

3-2 볼하드의 반려견 성격평가

▶ 표 5-10 성견의 성격 평가

행동 발생 빈도	항상 : 10 가끔 : 5 없음 : 0
1. 땅이나 공중에 대고 냄새를 맡는다.	21. 장난감을 흔들고 물어뜯는다.
2. 다른 개들과 잘 지낸다.	22. 보호자와 시선을 마주친다.
3. 자신의 자리를 지킨다.	23. 만져주는 것을 싫어한다.
4. 새로운 상황을 회피한다.	24. "와" 했을 때 오지 않는다.
5. 자전거처럼 움직이는 것에 흥분한다.	25. 쓰레기나 음식을 훔친다.
6. 사람들과 잘 어울린다.	26. 보호자를 그림자처럼 따라다닌다.
7. 터그 게임에서 이기는 것을 좋아한다.	27. 보호자를 지킨다.
8. 자신감이 없을 때 주인 뒤에 숨는다.	28. 손질해 줄 때 가만히 있지 않는다.

9. 풀밭에 있는 것에 살금살금 다가간다.
10. 혼자 있을 때 짖는다.
11. 깊은 톤으로 짖거나 으르렁거린다.
12. 낯선 상황에서 겁먹은 듯 행동한다.
13. 흥분하면 높은 음조로 짖는다.
14. 보호자에게 달라붙는 것을 좋아한다.
15. 영역을 지킨다.
16. 불안하면 떨거나 낑낑거린다.
17. 장난감을 덮치듯이 달려든다.
18. 손질해주는 것을 좋아한다.
19. 장난감이나 음식을 지킨다.
20. 질책하면 기거나 뒤집어진다.

29. 손에 들고 있는 것을 좋아한다.
30. 다른 개들과 잘 어울린다.
31. 손질이나 목욕을 싫어한다.
32. 미지인이 앞에서 허리 굽히면 움츠린다.
33. 음식을 게걸스럽게 먹는다.
34. 사람들을 반기려고 뛰어오른다.
35. 다른 개들과 싸우는 것을 좋아한다.
36. 인사행동으로 소변을 본다.
37. 땅을 파고 묻는 것을 좋아한다.
38. 다른 개에게 구애나 교미행동을 한다.
39. 어린 개에게 시비를 건다.
40. 궁지에 몰리면 문다.

출처: Jack Volhard

► 표 5-11 성격 평가 평가항목 분류

음식충동	무리충동	방어(싸움)	방어(도망)
1	2	3	4
5	6	7	8
9	10	11	12
13	14	15	16
17	18	19	20
21	22	23	24
25	26	27	28
29	30	31	32
33	34	35	36
37	38	39	40

성격 테스트 이해

방어(공격)욕구 60 이상

이 강아지는 엄하게 다루어도 괜찮다. 지도사의 정확한 몸동작이 결정적이지 않지만, 행동이 정확하지 않으면 진도가 더딜 수 있다. 목소리는 단호하지만 위협적이지 않아야 한다.

방어(도주)욕구 60 이상

이 강아지는 강제훈련에 적합하지 않다. 정확한 몸동작과 조용하고 상냥한 톤의 목소리가 매우 중요하다. 엄격한 목소리는 피하고 강아지 주위에서 서성거리거나 몸을 구부리는 것도 자제한다. 부드러운 몸동작과 핸들링이 좋은 결과를 가져온다.

음식욕구 60 이상

이 강아지는 훈련을 진행하는 동안 음식이나 장난감에 좋은 반응을 보인다. 강아지가 고양이를 쫓거나 다람쥐를 발견했을 때처럼 흥분하면 음식욕구를 억제하기 위해 엄하게 다룰 필요가 있다. 이런 강아지는 반응이 좋지만 주의력이 분산되기 쉽다. 손동작과 견줄을 정확히 이용하면 좋은 결과를 볼 수 있다.

음식욕구 60 이하

이 강아지는 음식이나 다른 움직임에 의해 쉽게 자극되지 않는다.

무리욕구 60 이상

이 강아지는 칭찬이나 만져주는 것에 쉽게 반응한다. 지도사와 함께 있는 것을 좋아하며 지도에 잘 반응한다.

무리욕구 60 이하

이 강아지는 지도사의 존재 여부에 영향을 받지 않는다. 자기 자신의 행동에 몰입하는 것을 좋아하고 쉽게 자극되지 않는다. 유일한 방법은 음식욕구를 이용하는 것이다.

음식욕구나 무리욕구가 큰 강아지들은 그 강도를 파악하여 적절한 수준을 유지하면 교육이 순조롭다. 강아지의 방어(공격) 욕구가 크면 팔로우십 교육을 자주 복습해야 한다. 또한 음식욕구가 큰 강아지도 움직이는 물건에 대하여 지도사가 통제력을 가질 수 있도록 팔로우십 훈련을 보강한다.

3-3 독일의 반려견 성격평가^{Wesen Test}

이 테스트는 반려견의 공격성 수준을 평가하기 위해 개발되었다. 여러 방법 중 작센 테스트가 대표적이다. 1997년 NETTO와 PLANTA에 의해 개발된 이후 행동학적 지식을 근거로 계속 개선되었다.

테스트는 행동학적 지식을 이수한 자에 의하여 실시된다. 테스트 전에 개의 행동에 영향을 줄 수 있는 진정제 투여 및 질병에 대하여 검사한다. 테스트 과정은 모두 문서로 기록한다. 그리고 모든 테스트 항목은 2회 이상 실시한다. 평가자는 개의 행동을 법정에서 사용할 수 있도록 자세하게 기록한다. 테스트 항목은 임의로 추가하거나 생략할 수 없다. 테스트 수행과정에서 이의가 제기되면 승인이 취소될 수 있다. 시행기관은 관리목적상 영상녹화 및 행동보고서를 점검할 수 있다.

섹션 1(사람과의 관계)은 위험한 행동(머리나 등에 손을 얹거나 입 잡기), 위협적 응시, 회초리나 지팡이를 든 여러 사람들과 조우, 조깅하는 사람이나 술 취한 사람과 조우, 모르는 사람이 다가와 몸을 만짐, 바닥에 누워 있던 사람이 2m 거리에 도달할 때 갑자기 일어섬, 개를 향해 소리를 지르는 것으로 이루어져 있다.

섹션 2(환경과의 관계)는 개 바로 앞에서 우산이 펼쳐짐, 이동하는 자전거와 경적을 울리는 자동차가 옆으로 지나감, 아기 소리가 나는 유모차를 밀고 지나감, 평가자가 개에게 다가가서 소리를 지름, 막대기로 위협, 어떤 사람이 등을 켜고 다가오는 것으로 이루어져 있다.

섹션 3(다른 개와의 관계)은 2두의 개가 교행, 울타리를 사이에 두고 동성의 개와 대치, 보호자와 격리된 상태에서 울타리를 사이에 두고 2m 간격에서 동성의 개와 대치하는 것으로 구성되어 있다.

섹션 4(복종훈련)는 일정하지 않은 거리에서 앉아·기다려·와 동작 수행, 실행어에 따라 장난감(공)을 놓는 것 등 다양한 일상 행동이 포함되어 있다.

성격 테스트 설문

처음으로 기르는 개인가요?   예 _____ 아니오 _____

지금의 개를 선택한 이유는 무엇인가요?

- 같은 견종의 개를 길러본 적이 있다.
- 이 견종에 대해 좋은 평가를 많이 들었다.
- 이 견종의 외모가 마음에 들었다.
- 이 견종을 지인들이 기르고 있다.
- 동정심 때문이다.
- 사려 깊지 못한 결정이었다.
- 기타:

이 개를 입양할 때 나이는?

이 개를 입양한 곳은?

- 브리더
- 펫샵
- 개인
- 유기견 보호소
- 반려견이 나에게 다가왔다.
- 선물
- 기타

이 개의 동배 강아지는 몇 마리인가요?

전체: _____, 그 중 수캐 _____ 암캐 _____

이 개가 다른 개에게 접근하는 것을 보았나요?   예 _____ 아니오 ____

이 개를 선택한 특별한 이유는?

_____

이 개는 이전에 행동지도사가 있었나요?   아니요 ____ 예 ____ 명

이 개가 유기된 이유를 알고 있나요?

아니요

예, 이유는 _____

개를 어디에서 기르나요?

  · 실내

  · 견사

  · 마당

다른 동물들을 기르세요?

  · 아니오

  · 예

그렇다면, 종류(   ), 나이(   ), 성별(   )

이 개를 주기적으로 만나는 사람은? 나이(   ), 성별(   ), 관계(   )

산책은 얼마나 자주 하나요?

산책 시간은 얼마나 되나요?

이전에 개를 풀어 놓았나요?

  · 절대 아님

  · 예, 공원에서

  · 예, 들판이나 초원에서

  · 예, 항상

  · 예, 사람이 없는 곳에서만

  · 예, 다른 개가 없는 곳에서만

  · 예, 이런 경우에만 _____

산책 시 줄을 당기나요?

  · 절대 안 당김

  · 가끔 _____

  · 예, 거의 항상

  · 다른 개가 올 때

  · 자주, 이런 경우 _____

개가 줄에 묶여 있을 때 다른 개나 사람에게 더 짖는 경향이 있나요?

  · 예

  · 아니오

개가 하루에 혼자 있는 시간은? _____

개가 다른 개와 놀이에 참여한 적이 있나요?

- 예
- 아니오

그렇다면, 놀이의 내용은 무엇이었나요?(모두 선택)

- 강아지 놀이
- 성견 놀이
- 사람들과 놀이
- 조기교육 경험
- 환경 적응 경험

훈련을 몇 살에 시작했나요?

훈련 담당자는 누구였나요?

하루 중 개와 함께 하는 시간은?

훈련 간 사용한 도구는?

- 가죽 또는 부드러운 목줄
- 조임줄
- 프롱 칼라
- 도구
- 플랙시 줄
- 전기 충격기
- 홀터
- 로프
- 장난감
- 음식
- 기타:

개가 배운 실행어는? _____

개에게 실행어를 얼마나 반복해야 "와" 또는 "앉아"를 하나요?

개가 기꺼이 복종하는 것을 느끼나요?

- 예
- 아니오

개와 함께 훈련소에 다니나요?

- 예

· 아니오

특별한 훈련을 받았나요?

· 예

· 아니오

그렇다면, 어떤 교육인가요?

교육이 끝났나요?

· 예

· 아니오

그렇다면 끝나지 못한 이유는?

개가 다른 개를 문 적이 있나요?

· 예

· 아니오

개가 도망친 적이 있나요?

· 아니오

· 예, 다른 동물을 사냥

· 예, 번식기 암캐 때문에

· 예, 아마도

이 개는 사냥욕구가 강한가요?

· 예, 하지만 다음 동물에만 그래요: _____

· 아니오

당신은 이 개를 다시 기르겠어요?

· 예

· 아니오

이유를 간략하게 설명하시오. _____

옳다고 생각하는 것에 체크해 주세요:

개가 사람을 문 적이 있나요?

· 예, 가족 구성원

· 예, 낯선 사람

· 예, 상황에 대해 적어 주세요.

_____

· 아니오

개가 아픈 적이 있나요?

　· 예, 다음과 같은 질병이 있었습니다.

　　_____

　· 아니오

이 개의 반응은?

	우호	태연	짖음	공격	자신	돌진	놀람	긴장
모르는 수캐								
모르는 암캐								
아이								
모르는 사람								
군중								
라이더, 스케이터, 휠체어								
이동 차량								
총성								
대중교통 승차								

이 개가 실행어를 수행했을 때 상을 주는 방법은?

　· 음식물

　· 놀이

　· 쓰다듬기

　· 장난감 주기

　· 칭찬

　· 나중에 음식 주기

　· 개가 하고자 하는 행동 하도록 하기

　· 산책

　· 실행어를 알고 있으므로 더 이상 보상이 필요하지 않음

이 개에게 벌을 주는 방법은?

　· 소리 지르기

　· 행동할 때까지 때리기

　· 목덜미를 잡고 흔들기

- 무시하고 격리하기
- 음식을 적게 주기
- 산책을 취소하거나 장난감을 빼앗기
- 엄격히 복종하도록 강요하기
- 외면하기
- 땅바닥으로 밀어 넣기
- 목이나 귀를 잡아당기기
- 간접적으로 벌하는 방법으로 말없이 물을 뿌리거나 먼 거리에서 무언가를 던지기
- 신문으로 때리고 손으로는 절대 때리지 않기

▶ 표 5-12 독일의 메젠 테스트 항목

구분	평가항목	수준
1	지도사가 개와 놀기 위하여 자극적으로 행동한다.	
2	미지인이 개에게 정면으로 다가와 쳐다본다.	
3	미지인이 기둥에 묶여 있는 개의 앞을 50cm 간격으로 지나간다.	
4	검정색 긴 코트를 입고 모자를 쓴 사람이 지나가며 코트로 개를 건드린다.	
5	지팡이 또는 워커를 가진 사람이 개 앞을 지나간다.	
6	미지인이 개 앞에서 무릎을 꿇고 손을 내밀며 인사한다.	
7	지도사와 동행할 때 웅크리고 있던 사람이 약 2m 거리에서 갑자기 일어난다.	
8	미지인이 걷다가 개 1m 거리에서 넘어진다.	
9	양방향에서 조깅하던 사람이 갑자기 개 앞에서 도망친다.	
10	지팡이를 든 사람이 2m 거리에서 길을 더듬으며 간다.	
11	술에 취한 사람이 2m 거리에서 비틀거리며 지나간다.	
12	미지인이 개에게 말을 건다.	
13	미지인이 개에게 화를 내며 소리를 지른다.	
14	미지인이 아이처럼 운다.	
15	미지인이 박수치고 소리 지르며 지나갈 때 지도사가 친근하게 말하며 만진다.	
16	지도사가 개의 목/등에 손을 얹고 친근하게 잡는다.	
17	미지인이 지나가며 개의 몸을 만진다.	

18	미지인이 개 앞에서 놀이를 한다.	
19	4명의 미지인이 개를 향해 다가가 옆에 서서 몸을 만진다.	
20	미지인이 말을 하면서 개의 등을 쓰다듬으려고 한다.	
21	한 무리의 사람들이 개 옆에 서서 대화하며 가끔 가볍게 만진다.	
22	지도사와 개 2m 앞에 다른 개가 짖는다.	
23	크기·외모·성별이 다른 모르는 개 2두가 2m 거리에서 지나간다.	
24	지도사가 넘어져 개를 만진다.	
25	울타리를 사이에 두고 동성의 개와 대치한다.	
26	지도사와 격리된 상태에서 2m 울타리 앞에 묶여있는 동성의 개와 대치한다.	
27	여러 사람이 개의 옆에 있는 상태에서 시끄러운 소음을 내는 장비가 지나간다.	
28	지도사와 함께 다양한 풍선 옆을 가까이 지나간다.	
29	위험하지 않는 정도의 거리에서 우산이 펼쳐진다.	
30	공이 개를 향해 굴러간다.	
31	아기 울음소리가 나는 유아차에 아기 인형을 태우고 지나간다.	
32	2m 간격을 두고 자전가가 지나가면서 벨을 울린다.	
33	평가자가 개에게 다가가 소리 지르며 위협한다.	
34	미지인이 선 상태에서 지팡이로 위협한다.	
35	미지인이 손전등을 켠 상태로 개에게 다가간다.	
36	청소용 도구로 소리를 내며 바닥을 닦는다.	

참고문헌

개를 키울 수 있는 자격. 셀리나 델 아모. 이혜원

개에 대하여. 스티븐 부디안스키.

개와 고양이의 행동학. 문창종

경찰견 수색 및 인명구조훈련. 경찰교육원

경찰청 과학수사 표준업무 처리지침.

공격성 및 분노조절 프로그램. 김봉년

내 강아지 스트레스 없이 행복한 75가지 놀이 방법. 글레어 애로스미스. 강현정

네 발 달린 명상가. 토니 터커. 김충현

동기의 생물심리학. Hugh Wagner. 손영숙

동물 인간의 동반자. 제임스 서펠. 윤영애

동물과 인간 사이. 프리데리케 랑게

동물의 감정. 마크 베코프. 김미옥

반려동물 행동학. 연성찬

분리불안장애. 김기환

성격심리학. 노안영

실종사건 수사 매뉴얼. 경찰청.

애견의 행동학. George J, Mekeon. 오문균

애완동물 사육. 안재국

애완동물 영양학. 정영학.

애착장애의 이해와 치료. 이민희 역

정서심리학. Robert Plutchik. 박권생

철학자와 늑대. 마크 롤랜즈. 강수희

클리커 트레이닝. 케런 프라이어. 김소희

탐지견훈련교안. 관세국경관리연수원.

표정, 몸짓, 행동에서 알 수 있는 106가지 강아지 마음. 후지이 사토시(다운 역).

행동은 어디까지 유전될까? 야마모토 다이스케. 이자윤

환경심리학. 차재호

20세기를 빛낸 심리학자. 최창호.

'Agility training' by Jane Simons−Moake.

'Analysis of the Uniqueness and Persistence of Human Scent' by Allison M. Curran Florida International University Park Miami, Florida.

'Cadaver Dog Handbook' by Andrew Rebmann Edward David Marcella.

'Clicking with your dog' by Peggy Tillman.

'Dog Heroes' by Jin Bidner.

'Explosive Identification Guide' by Mike Pickett.

'Fly Ball' by Lisa Pignetti.

'Guide to Search and Rescue Dogs' by Angela Eaton Snovak.

'How to speak dog' by Stanley Coren.

'K9 Explosive Detection' by Ron Mistafa.

'K9 Officer's Manual' by R.S Eden.

'K9 professional Tracking' by Resi Gerristen and Ruud Haak.

'K−9 Scent Detection' by Jan Kaldenbach.

'Police Dog Tactics' by Sandy Bryson.

'Scent and the Scenting dog' by William G Syrotuck.

'Search and Rescue Dog' by American Rescue dog association.

Search and Rescue Dogs(Training the K−9 hero Second Edition).

'Ready! A step−by−step Guide for Training the Search and Rescue Dog' by Susan Bulanda.

'Rescue Dogs' by Judith Janda Presnall.

'The Koehler Method of GUARD DOG TRAINING' by William Koehler.

'The Intelligence of dogs'. Stanley Coren

'The Search and Rescue Dog' by Royal Canin.

저자약력

김 병 부

경 력

▫ Since 1984
▫ 반려견 훈련소 훈련사
▫ 관세청 탐지견센터 핸들러
▫ 군견훈련소 탐지견 교관
▫ 대한민국 탐지견연구소

저 서

▫ 견 훈련학(개의 훈련원리와 적용). 2004.
▫ 애견 훈련학(IPO 훈련의 이론과 실제). 2005.
▫ 군견운용. 2011. 2019.
▫ 반려견 예절교육(Canine Good Citizen). 2019.
▫ NCS 반려견 행동분석. 2020.

연구활동

▫ 진돗개의 특수목적견 적합성
▫ 과학장비를 활용한 폭발물탐지견의 작전수행능력 향상 방안
▫ 지뢰탐지견 훈련 및 운용방안
▫ 반려동물 행동지도사 국가자격체계 구축 및 관리방안
▫ 개 후각을 이용한 사람 전립샘 암세포의 유기성 휘발물질 탐지

반려견 훈련학

초판발행	2022년 2월 7일
중판발행	2023년 1월 30일
지은이	김병부
펴낸이	노 현
편 집	심윤성
기획/마케팅	김한유
표지디자인	Benstory
제 작	고철민·조영환
펴낸곳	㈜ 피와이메이트
	서울특별시 금천구 가산디지털2로 53, 210호(가산동, 한라시그마밸리)
	등록 2014. 2. 12. 제2018-000080호
전 화	02)733-6771
f a x	02)736-4818
e-mail	pys@pybook.co.kr
homepage	www.pybook.co.kr
I S B N	979-11-6519-219-8 93490

정 가   19,000원

박영스토리는 박영사와 함께하는 브랜드입니다.